# 学ぶ人は、変えてゆく人だ。

目の前にある問題はもちろん、

人生の問いや、

社会の課題を自ら見つけ、

挑み続けるために、人は学ぶ。

「学び」で、

少しずつ世界は変えてゆける。

いつでも、どこでも、誰でも、

学ぶことができる世の中へ。

旺文社

大学受験
Do Start

図やイラストがカラーで見やすい

橋爪の

# ゼロから
# 劇的にわかる
## 無機・有機化学の授業

改訂版

橋爪健作 著

旺文社

「受験勉強を始めたいが，どこから何を勉強したらよいか困っている。」
「とりあえず受験勉強を始めてはみたけれど…。」
「化学が苦手で困っている。」
「理論は得意なのだが，無機・有機になるとどう勉強してよいかわからない。」

など，最近，このような質問や意見を多く受けるようになりました。『化学基礎』と『化学』の教科書を合わせると800ページ近くのページ数になることや「発展」という形で高校化学の範囲を超えた内容の記述が教科書に多く書かれていることなどもその原因なのかなと思っています。教科書は多くのことが記載されているため，どこをどう覚えたらよいのか，入試ではそれぞれの分野がどのように問われるのかというのは，教科書をくり返し読み，ひたすら入試問題を解いてもなかなか見えてこないと思います。

　そこで，
「入試で頻出する最重要の内容」を「教科書よりもやさしく，わかりやすく」を目標に，この本を執筆しました。本文をていねいに読み，「必要最小限にしぼりこんだ問題」を解くことで，

「入試で必要とされる内容が短時間で要領よく身につき」，
「正確な知識が得られ」，
「入試問題を解き切るための本物の基礎力がつく」

ようになると思います。

　かたくるしい『まえがき』になりましたが，「読みやすく」，「わかりやすく」執筆しました。あまり身構えず，気楽に読んでみてください。短時間で得点力が飛躍的につくはずです。

　本書で学んでくれた人が目標の大学・学部に合格できるよう，祈っております。第一志望の大学・学部に合格できるように頑張ってくださいね。

橋爪 健作

# 本書の構成と使い方

　高校化学は，教科書（化学基礎・化学）の全範囲を 3 分野（「理論化学」・「無機化学」・「有機化学」）に分けることができます。本書では，その中の「無機化学」と「有機化学」をくわしく学びます。

　無機・有機の学習をこれからはじめる人，この分野に苦手意識をもっている人，試験で点が伸び悩んでいる人のために，本書は，超基礎からていねいに説明していますので，教科書がわからなかったという人でも，無理なく実力がつくようになるはずです。

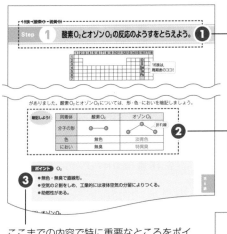

**①** この Step での目標です。Step にそって，橋爪先生が超基礎からていねいに説明をします。じっくり，ていねいに読み，勉強していきましょう。無機化学・有機化学の学習には，理論化学の知識が必要な部分があります。理論化学の学習に不安のある人は，姉妹書『橋爪のゼロから劇的にわかる理論化学の授業 改訂版（以下，理論化学編）』も読んでおくと安心です。

**②** 暗記する事項・考え方のポイントなど，大切なところです。ノートに書きとって暗記する，自分なりのコメントをつけて暗記するなど，工夫して覚えましょう。

**③** ここまでの内容で特に重要なところをポイントとしてまとめてあります。しっかり確認しましょう。

イメージのしかたや，理解を深めるための説明です。橋爪先生オリジナルの考え方がつまっています。

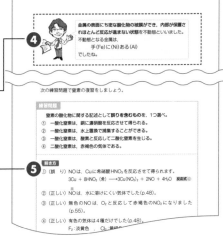

**④**

**⑤** 学んだ内容を確認しながら，練習問題を解きましょう。とてもくわしい解説になっていますので，理解がスムーズに進み，知識の定着と実戦力がつきます。なお，問題は学習しやすいように，適宜改題しています。

# 目 次

**無機化学編**

## 有機化学編

| 著者紹介 | 橋爪健作（はしづめけんさく） |
|---|---|

東進ハイスクール講師・駿台予備学校講師。やさしい語り口調と，情報が体系的に整理された明快な板書で大人気。群を抜く指導力も折り紙つき。基礎から応用まであらゆるレベルに対応するその授業は，丁寧でわかりやすく，受験生はもちろん高校 1，2 年生からも圧倒的な支持を得ている。著書に，『橋爪のゼロから劇的にわかる 理論化学の授業 改訂版』『基礎からのジャンプアップノート無機・有機化学（化学基礎・化学）暗記ドリル』（以上，旺文社）『化学（化学基礎・化学）基礎問題精講 四訂版』『化学（化学基礎・化学）標準問題精講 六訂版』（以上，共著。旺文社），『化学基礎 一問一答【完全版】2nd Edition』『化学 一問一答【完全版】2nd Edition』（以上，東進ブックス）などがある。

## 無機化学編

第 1 講　沈殿と溶解度積

Step

① ゴロあわせやイオン化傾向を利用し，
沈殿を暗記しよう。

② 「イオンの色」・「沈殿の色」など，
色を覚えよう！

③ 暗記の成果をためしてみよう！

④ 錯イオンを覚え，
沈殿の総まとめをしよう！

⑤ 沈殿する・しないを
計算で判定しよう！

## Step ① ゴロあわせやイオン化傾向を利用し、沈殿を暗記しよう。

### ●沈殿

　水溶液どうしを混ぜあわせると、水に溶けにくい固体ができ、水溶液がにごる
ことがあります。このにごりは、やがて容器の底に沈むので**沈殿**といいます。

　例えば、塩化ナトリウム NaCl 水溶液に硝酸銀 AgNO₃ 水溶液を加えると、白色
の塩化銀 AgCl が沈殿します。

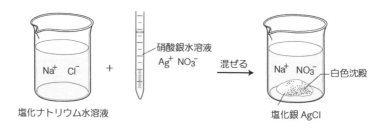

塩化ナトリウム水溶液　　　　　　　　　　　　塩化銀 AgCl

　水溶液どうしを混ぜあわせたときに、

　　出あった陽イオンと陰イオンの組み合わせが、
　　水に溶けにくい固体物質であると沈殿する

ので、

　　「どの陽イオンとどの陰イオンの組み合わせが沈殿するのか」
を暗記する必要があります。また、

　　水溶液中のイオンの色や沈殿の色
も覚えましょう。

---

> **ポイント**　沈殿
>
> ① 沈殿を生じる陽イオンと陰イオンのペアを暗記しよう。
> ② 水溶液中のイオンの色と沈殿の色も暗記しよう。

## ●沈殿（陰イオンからのアプローチ）

陰イオンから陽イオンをみて，沈殿が生じる組み合わせを覚えましょう。

### (1) 硝酸イオン $NO_3^-$

$NO_3^-$ は，どの金属イオンとも沈殿しません。

### (2) 塩化物イオン $Cl^-$

$Cl^-$ は， $Ag^+$ ， $Pb^{2+}$ などと沈殿します。

$$\begin{cases} Ag^+ + Cl^- \longrightarrow AgCl \downarrow （白） \\ Pb^{2+} + 2Cl^- \longrightarrow PbCl_2 \downarrow （白） \end{cases}$$

沈殿を生じるこれらのペアは，

> キャッシュレス決済が
> 増えてきたので，
> 現金不足になりがちです。

「現 $(Ag^+)$ ナマ $(Pb^{2+})$ で苦労 $(Cl^-)$ する」

とゴロで覚えましょう。

また， $AgCl$ は光が当たると分解して $Ag$ になり黒くなる性質（⇒感光性といいます）があり， $PbCl_2$ は熱水に溶けてイオンになります。

$$2AgCl \xrightarrow[分解]{光} 2Ag + Cl_2 \quad \left( \begin{array}{l} 感光性があり，細かい銀の \\ 粒子が生じるので黒く見える \end{array} \right)$$

$$PbCl_2 \xrightarrow{熱水} Pb^{2+} + 2Cl^- \quad （熱水に溶ける）$$

## (3) 硫酸イオン $SO_4{}^{2-}$ と炭酸イオン $CO_3{}^{2-}$

$SO_4{}^{2-}$ は，$Ca^{2+}$，$Ba^{2+}$，$Pb^{2+}$ などと沈殿します。また，$CO_3{}^{2-}$ は，$Ca^{2+}$，$Ba^{2+}$ などと沈殿します。

$$\begin{cases} Ca^{2+} + SO_4{}^{2-} \longrightarrow CaSO_4\downarrow（白） \\ Ba^{2+} + SO_4{}^{2-} \longrightarrow BaSO_4\downarrow（白） \\ Pb^{2+} + SO_4{}^{2-} \longrightarrow PbSO_4\downarrow（白） \end{cases} \quad \begin{cases} Ca^{2+} + CO_3{}^{2-} \longrightarrow CaCO_3\downarrow（白） \\ Ba^{2+} + CO_3{}^{2-} \longrightarrow BaCO_3\downarrow（白） \end{cases}$$

沈殿を生じるこれらのペアは，

> 「カ（$Ca^{2+}$）バ（$Ba^{2+}$）な（$Pb^{2+}$）硫酸（$SO_4{}^{2-}$），
> カ（$Ca^{2+}$）バ（$Ba^{2+}$）炭酸（$CO_3{}^{2-}$）」

とゴロで覚えましょう。

強酸（塩酸 HCl など）を加えると，$SO_4{}^{2-}$ の沈殿は溶けませんが，
強酸のイオン
$CO_3{}^{2-}$ の沈殿は $CO_2$ を発生して溶けます。くわしくは，p.32, 33 の「弱
弱酸のイオン
酸の遊離」で紹介します。

## (4) クロム酸イオン $CrO_4{}^{2-}$

$CrO_4{}^{2-}$ は，$Ba^{2+}$，$Pb^{2+}$，$Ag^+$ などと沈殿します。

$$\begin{cases} Ba^{2+} + CrO_4{}^{2-} \longrightarrow BaCrO_4\downarrow（黄） \\ Pb^{2+} + CrO_4{}^{2-} \longrightarrow PbCrO_4\downarrow（黄） \\ 2Ag^+ + CrO_4{}^{2-} \longrightarrow Ag_2CrO_4\downarrow（赤褐） \end{cases}$$

沈殿を生じるこれらのペアは，

> 「バ（$Ba^{2+}$）ナナ（$Pb^{2+}$）を銀（$Ag^+$）貨で買ったら，苦労（$CrO_4{}^{2-}$）した」

とゴロで覚えましょう。

ここからは，「理論化学編」で暗記した「イオン化傾向の大きさの順」

$$\underset{\text{リ}}{Li} > \underset{\text{カ}}{K} > \underset{\text{バ}}{Ba} > \underset{\text{カ}}{Ca} > \underset{\text{ナ}}{Na} > \underset{\text{マ}}{Mg} > \underset{\text{ア}}{Al} > \underset{\text{ア}}{Zn} > \underset{\text{テ}}{Fe} >$$
$$\underset{\text{ニ}}{Ni} > \underset{\text{ス}}{Sn} > \underset{\text{ナ}}{Pb} > \underset{\text{ヒ}}{(H_2)} > \underset{\text{ド}}{Cu} > \underset{\text{ス}}{Hg} > \underset{\text{ぎる}}{Ag} > \underset{\text{借}}{Pt} > \underset{\text{金}}{Au}$$

を利用し，覚えましょう。

## (5) 水酸化物イオン OH⁻

水酸化ナトリウム NaOH 水溶液やアンモニア NH$_3$ 水は，それぞれ次のように電離して塩基性を示しました。

$$NaOH \longrightarrow Na^+ + OH^-$$
$$NH_3 + H_2O \rightleftharpoons NH_4^+ + OH^-$$

NaOH や NH$_3$ は，水の中で OH⁻ を生じます

これらの塩基性を示す水溶液を加えると，

**「イオン化傾向がNaよりも小さな金属イオン」**

が沈殿します。

このとき，$Al^{3+}$ や $Zn^{2+}$ などは，

$Al^{3+}$ OH⁻ なので $Al(OH)_3 \downarrow$ ， $Zn^{2+}$ OH⁻ なので $Zn(OH)_2 \downarrow$
価数をたすきにかく　　　　　　　　　　　価数をたすきにかく

のような水酸化物が沈殿し，
OH⁻ をもつ化合物

$Hg^{2+}$ や $Ag^+$ は，$HgO \downarrow$，$Ag_2O \downarrow$ の酸化物が沈殿します。
O²⁻ をもつ化合物

まとめると，次の表のようになります。この表を覚えましょう。

**暗記しよう！**

|  | Li⁺ K⁺ Ba²⁺ Ca²⁺ Na⁺ | Mg²⁺ Al³⁺ Zn²⁺ Fe³⁺ Fe²⁺ Ni²⁺ Sn²⁺ Pb²⁺ Cu²⁺ | Hg²⁺ Ag⁺ |
|---|---|---|---|
| OH⁻ | 沈殿しません | 水酸化物が沈殿します<br>OH⁻ がくっついた形 | 酸化物が沈殿します<br>O²⁻ がくっついた形 |

注 OH⁻ の濃度が大きいと Ca²⁺ は
Ca(OH)$_2$（白）が沈殿します。

$HgO \downarrow$（黄），$Ag_2O \downarrow$（褐）

$Mg(OH)_2 \downarrow$（白），　　$Al(OH)_3 \downarrow$（白），　$Zn(OH)_2 \downarrow$（白），
水酸化鉄（Ⅲ）↓（赤褐），$Fe(OH)_2 \downarrow$（緑白），$Ni(OH)_2 \downarrow$（緑），
混合物であり，1つの化学式では表せません
$Sn(OH)_2 \downarrow$（白），　　$Pb(OH)_2 \downarrow$（白），　$Cu(OH)_2 \downarrow$（青白）

水酸化物や酸化物の沈殿の中には，「**過剰量**」のNaOH水溶液やNH₃水を加えると，[ ]を使って表す錯イオン(p.20参照)というイオンをつくって**沈殿が溶ける**ものがあります。

① **NaOH水溶液を「過剰量」加えると，一度生じた沈殿が溶けるもの**

$$Al^{3+} \xrightarrow{\text{NaOH}} Al(OH)_3 \downarrow (白) \xrightarrow{\text{NaOH}} [Al(OH)_4]^- (無色透明)$$

$$Zn^{2+} \xrightarrow{\text{NaOH}} Zn(OH)_2 \downarrow (白) \xrightarrow{\text{NaOH}} [Zn(OH)_4]^{2-} (無色透明)$$

$$Sn^{2+} \xrightarrow{\text{NaOH}} Sn(OH)_2 \downarrow (白) \xrightarrow{\text{NaOH}} [Sn(OH)_4]^{2-} (無色透明)$$

$$Pb^{2+} \xrightarrow{\text{NaOH}} Pb(OH)_2 \downarrow (白) \xrightarrow{\text{NaOH}} [Pb(OH)_4]^{2-} (無色透明)$$

「あ($Al^{3+}$) あ($Zn^{2+}$) すん($Sn^{2+}$) なり($Pb^{2+}$) と 溶ける」

とゴロで覚えましょう。

② **NH₃水を「過剰量」加えると，一度生じた沈殿が溶けるもの**

$$Cu^{2+}(青) \xrightarrow{\text{NH}_3} Cu(OH)_2 \downarrow (青白) \xrightarrow{\text{NH}_3} [Cu(NH_3)_4]^{2+} (深青)$$

$$Zn^{2+} \xrightarrow{\text{NH}_3} Zn(OH)_2 \downarrow (白) \xrightarrow{\text{NH}_3} [Zn(NH_3)_4]^{2+} (無色透明)$$

$$Ni^{2+}(緑) \xrightarrow{\text{NH}_3} Ni(OH)_2 \downarrow (緑) \xrightarrow{\text{NH}_3} [Ni(NH_3)_6]^{2+} (青紫)$$

$$Ag^+ \xrightarrow{\text{NH}_3} Ag_2O \downarrow (褐) \xrightarrow{\text{NH}_3} [Ag(NH_3)_2]^+ (無色透明)$$

「安($NH_3$)藤($Cu^{2+}$)さんのあ($Zn^{2+}$)に($Ni^{2+}$)は銀($Ag^+$)行員」

とゴロで覚えましょう。

$Zn^{2+}$だけが，「NaOH水溶液過剰」・「NH₃水過剰」のどちらでも一度生じた沈殿が溶けているね。

## (6) 硫化物イオン $S^{2-}$

硫化水素 $H_2S$ を通じると，水溶液の液性(酸性，中性，塩基性)によって，硫化物の沈殿を生じる金属イオンの種類が異なります。

例えば，$Cu^{2+}$ は水溶液の pH によらず(酸性・中性・塩基性どれでも OK)，$H_2S$ を通じると黒色の $CuS$ が沈殿します。ところが，$Zn^{2+}$ は水溶液が酸性では $H_2S$ を通じても沈殿せず，中性・塩基性であれば白色の $ZnS$ が沈殿します。

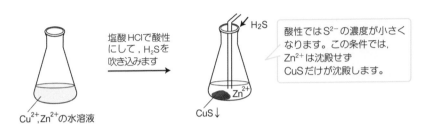

塩酸 HCl で酸性にして，$H_2S$ を吹き込みます

$Cu^{2+}, Zn^{2+}$ の水溶液

$H_2S$

$Zn^{2+}$
$CuS\downarrow$

酸性では $S^{2-}$ の濃度が小さくなります。この条件では，$Zn^{2+}$ は沈殿せず $CuS$ だけが沈殿します。

硫化物の沈殿は，次の表を覚えましょう。$Zn^{2+} \sim Ni^{2+}$ のグループと $Sn^{2+} \sim Ag^+$
　　　　　　　　　　　　　　　　　　　　　イオン化傾向が Zn～Ni の金属イオン　　イオン化傾向が
のグループに分けて覚えます。
Sn 以下の金属イオン

**暗記しよう!**

| $Li^+$ $K^+$ $Ba^{2+}$ $Ca^{2+}$ $Na^+$ $Mg^{2+}$ $Al^{3+}$ | $Zn^{2+}$ $Fe^{3+}$ $Fe^{2+}$ $Ni^{2+}$ | $Sn^{2+}$ $Pb^{2+}$ $Cu^{2+}$ $Hg^{2+}$ $Ag^+$ |
|---|---|---|
| 沈殿しません | 酸性では沈殿しません | 液性に関係なく沈殿します |

中性・塩基性でのみ $H_2S$ を加えると硫化物が沈殿します。

$ZnS\downarrow$(白)，$FeS\downarrow$(黒)，$NiS\downarrow$(黒)

注 $Fe^{3+}$ と $Fe^{2+}$ は，どちらも $FeS$(黒)が沈殿します。
($Fe^{3+}$ は $S^{2-}$ によって $Fe^{2+}$ に変化してから，$FeS$(黒)として沈殿します。)
また，$Mn^{2+}$ はこのグループになり，$MnS$(淡桃)が沈殿します。

pH に関係なく(酸性・中性・塩基性のいずれでも)，$H_2S$ を加えると硫化物が沈殿します。

$SnS\downarrow$(黒～褐)，$PbS\downarrow$(黒)，$CuS\downarrow$(黒)，$HgS\downarrow$(黒)，$Ag_2S\downarrow$(黒)

注 $Cd^{2+}$ はこのグループになり，$CdS$(黄)が沈殿します。

# Step ② 「イオンの色」・「沈殿の色」など，色を覚えよう！

## ●水溶液中のイオンの色，沈殿の色

### （1）水溶液中のイオンの色

ほとんどが無色です。下の 暗記しよう! にのっている無色以外のものを覚えましょう。

### （2）沈殿の色

次の❶～❹を覚えましょう。

❶ $Cl^-$，$SO_4{}^{2-}$，$CO_3{}^{2-}$ の沈殿は，すべて白色です。

❷ $CrO_4{}^{2-}$ の沈殿は，ゴロ（p.10）の「バ（$Ba^{2+}$）ナナ（$Pb^{2+}$）」と「黄色」，「買（か）っ」と「赤褐色（かっしょく）」をくっつけて覚えましょう。

❸ $OH^-$ の沈殿は，白以外を覚えましょう。

❹ $S^{2-}$ の沈殿は，黒以外を覚えましょう。

---

#### 暗記しよう! イオンや沈殿の色

| | |
|---|---|
| 水溶液中のイオン<br>⇒右以外のイオンは，<br>　ほとんどが無色です | $Fe^{2+}$：淡緑　$Fe^{3+}$：黄褐　$Cu^{2+}$：青　$Cr^{3+}$：緑<br>$Mn^{2+}$：淡桃（たんとう）　$Ni^{2+}$：緑　$CrO_4{}^{2-}$：黄　$Cr_2O_7{}^{2-}$：赤橙<br>$MnO_4{}^-$：赤紫　$[Cu(NH_3)_4]^{2+}$：深青　$[Ni(NH_3)_6]^{2+}$：青紫 |
| 塩化物（$Cl^-$ の沈殿） | $AgCl$　：白　$PbCl_2$　：白 |
| 硫酸塩（$SO_4{}^{2-}$ の沈殿） | $CaSO_4$：白　$BaSO_4$：白　$PbSO_4$　：白 |
| 炭酸塩（$CO_3{}^{2-}$ の沈殿） | $CaCO_3$：白　$BaCO_3$：白 |
| クロム酸塩（$CrO_4{}^{2-}$ の沈殿） | $BaCrO_4$：黄　$PbCrO_4$：黄　$Ag_2CrO_4$：赤褐 |
| 水酸化物<br>（$OH^-$ の沈殿） | 一般に典型元素の水酸化物は白。$Zn(OH)_2$も白<br>$Fe(OH)_2$：緑白　水酸化鉄（Ⅲ）：赤褐<br>$Cu(OH)_2$：青白　$Ni(OH)_2$：緑 |
| 酸化物<br>注 $Ag_2O$と$HgO$以外は，<br>　今後紹介します。 | $CuO$：黒　$Cu_2O$：赤　$Ag_2O$：褐　$MnO_2$：黒<br>$Fe_3O_4$：黒　$Fe_2O_3$：赤褐　$ZnO$　：白　$HgO$：黄 |
| 硫化物（$S^{2-}$ の沈殿） | 一般に黒<br>$ZnS$：白　$MnS$：淡桃　$SnS$：黒～褐　$CdS$：黄 |

## ●炎色反応

<u>アルカリ金属のイオン</u>，<u>Be²⁺とMg²⁺を除くアルカリ土類金属のイオン</u>，<u>銅の</u>
　Li⁺, Na⁺, K⁺, …　　　　　Ca²⁺, Sr²⁺, Ba²⁺, …　　　　　　　　　Cu²⁺

<u>イオン</u>などの金属イオンを含んでいる水溶液を白金線につけ，ガスバーナーの外

炎に入れると，それぞれの**元素に特有な色があらわれます**。この反応を**炎色反応**

といいます。

実験前に，白金線を濃塩酸HClで洗い，炎色反応を示さないことをガスバーナーの外炎に入れて確かめます。

　炎色反応は，ゴロで覚えましょう。

Li 赤　Na 黄　K 紫　Cu 緑　Ba 緑　Ca 橙　Sr 紅
リ アカー　　なき　　K 村，　動 力に　馬 力　借りるとう　するもくれない

つまり，

　　　リチウムLiは赤色，　ナトリウムNaは黄色，　カリウムKは赤紫色，

　　　銅Cuは青緑色，　バリウムBaは黄緑色，　カルシウムCaは橙赤色，

　　　ストロンチウムSrは紅色

になります。

次の練習問題で暗記したことを確認してみましょう。

**練習問題**

水溶液中でイオンAとイオンB，およびイオンAとイオンCをそれぞれ反応させる。いずれか一方のみに沈殿が生じるA～Cの組み合わせを，次の①～⑤のうちから1つ選べ。

|   | A | B | C |
|---|---|---|---|
| ① | $Ca^{2+}$ | $Cl^-$ | $CO_3{}^{2-}$ |
| ② | $Fe^{3+}$ | $NO_3{}^-$ | $SO_4{}^{2-}$ |
| ③ | $Zn^{2+}$ | $Cl^-$ | $SO_4{}^{2-}$ |
| ④ | $Ag^+$ | $OH^-$ | $CrO_4{}^{2-}$ |
| ⑤ | $Mg^{2+}$ | $Cl^-$ | $SO_4{}^{2-}$ |

**解き方**

① $Cl^-$ と沈殿を生じるのは，$\overset{現}{Ag^+}$，$\overset{ナマ}{Pb^{2+}}$

　　　　　⇒$Ca^{2+}$ とは沈殿を生じません。

　$CO_3{}^{2-}$ と沈殿を生じるのは，$\overset{カ}{Ca^{2+}}$，$\overset{バ}{Ba^{2+}}$

　　　　　⇒$CaCO_3$(白)の沈殿が生じます。

　一方($CO_3{}^{2-}$)のみに沈殿が生じるので，①が**答**です。

② $NO_3{}^-$ は，どの金属イオンとも沈殿を生じない

　　　　　⇒$Fe^{3+}$ とは沈殿を生じません。

　$SO_4{}^{2-}$ と沈殿を生じるのは，$\overset{カ}{Ca^{2+}}$，$\overset{バ}{Ba^{2+}}$，$\overset{ナ}{Pb^{2+}}$

　　　　　⇒$Fe^{3+}$ とは沈殿を生じません。

③ $Cl^-$，$SO_4{}^{2-}$ は，$Zn^{2+}$ とは沈殿を生じません。

④ $OH^-$ は，イオン化傾向が Na よりも小さな金属イオンと沈殿を生じる

　　　　　⇒$Ag_2O$(褐)の沈殿が生じます。

　$CrO_4{}^{2-}$ と沈殿を生じるのは，$\overset{バ}{Ba^{2+}}$，$\overset{ナナ}{Pb^{2+}}$，$\overset{銀}{Ag^+}$

　　　　　⇒$Ag_2CrO_4$(赤褐)の沈殿が生じます。

⑤ $Cl^-$，$SO_4{}^{2-}$ は，$Mg^{2+}$ とは沈殿を生じません。

**答え**　①

# Step ③ 暗記の成果をためしてみよう！

## ●金属イオンの分離

Ag$^+$，Cu$^{2+}$，Fe$^{3+}$，Zn$^{2+}$，Ca$^{2+}$，Na$^+$ の6種類の金属イオンが含まれている水溶液から，次の操作1〜操作5を行い，それぞれの金属イオンを分離してみましょう。

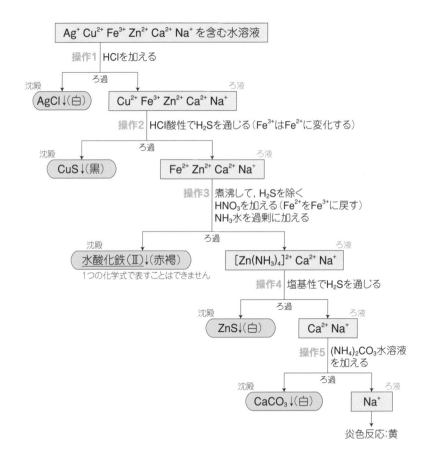

操作5 で生じた沈殿 CaCO$_3$↓（白）に対し Na$^+$ は 炎色反応：黄

## 操作1

Ag$^+$, Cu$^{2+}$, Fe$^{3+}$, Zn$^{2+}$, Ca$^{2+}$, Na$^+$を含む水溶液に希塩酸HClを加えます。

> Cl$^-$と沈殿する金属イオンは,「Ag$^+$, Pb$^{2+}$」
>
> ▶「現(Ag$^+$)ナマ(Pb$^{2+}$)で苦労(Cl$^-$)する」と覚えました。

でした。よって,白色のAgClが沈殿します。

## 操作2

操作1のろ液には,Cu$^{2+}$, Fe$^{3+}$, Zn$^{2+}$, Ca$^{2+}$, Na$^+$が残っています。このろ液に硫化水素H$_2$Sを通じます。つまり,操作2では,操作1でHClを加え,酸性溶液となっているところにH$_2$Sを通じています。

> 酸性溶液中でもS$^{2-}$と沈殿する(pHによらずS$^{2-}$と沈殿する)金属イオンは,
>
> 「イオン化傾向がSn以下の金属イオンとCd$^{2+}$」

でした。よって,黒色のCuSが沈殿します。

## 操作3

┌3＋ではありません。注意しましょう。

操作2のろ液には,Fe$^{2+}$, Zn$^{2+}$, Ca$^{2+}$, Na$^+$が残っていて,このろ液を煮沸して操作2で通じたH$_2$Sを除きます。このとき,ろ液中のFe$^{3+}$は還元剤である

温度が高くなると気体の溶解度は小さくなります

H$_2$SによってFe$^{2+}$に還元されています。そこで,酸化剤である硝酸HNO$_3$を加えて,Fe$^{2+}$をFe$^{3+}$に戻します。

Fe(OH)$_2$より水酸化鉄(Ⅲ)の方が溶解度が小さいので,水酸化鉄(Ⅲ)として沈殿させるために加えます

$$Fe^{3+} \xrightarrow[\text{還元}]{H_2S} Fe^{2+} \xrightarrow[\text{酸化}]{HNO_3} Fe^{3+}$$

ここにアンモニアNH$_3$水を「過剰」に加えます。

> NH$_3$水を加えると,
>
> 「イオン化傾向がNaよりも小さな金属イオン」が沈殿
>
> しました。そこに,NH$_3$水を「過剰」に加えると,
>
> 「Cu$^{2+}$, Zn$^{2+}$, Ni$^{2+}$, Ag$^+$の沈殿」は溶けました。
>
> ▶「安(NH$_3$)藤(Cu$^{2+}$)さんのあ(Zn$^{2+}$)に(Ni$^{2+}$)は銀(Ag$^+$)行員」と覚えました。

　よって，イオン化傾向が Na よりも小さな $Fe^{3+}$ と $Zn^{2+}$ が赤褐色の水酸化鉄（Ⅲ）と白色の $Zn(OH)_2$ の沈殿となりますが，2つの沈殿のうち $Zn(OH)_2$ は $[Zn(NH_3)_4]^{2+}$ をつくって溶けてしまいます。

　つまり，操作3では，赤褐色の水酸化鉄（Ⅲ）が沈殿し，ろ液には $[Zn(NH_3)_4]^{2+}$，$Ca^{2+}$，$Na^+$ が残ることになります。

## 操作4

　操作3で得られた $[Zn(NH_3)_4]^{2+}$，$Ca^{2+}$，$Na^+$ を含むろ液に $H_2S$ を通じます。操作4では操作3で $NH_3$ 水を過剰に加えて塩基性溶液になっているところに $H_2S$ を通じています。

> 塩基性溶液中で $S^{2-}$ と沈殿する（中性・塩基性で $S^{2-}$ と沈殿する）金属イオンは，
> 　　　「イオン化傾向が Zn 以下の金属イオンと $Mn^{2+}$ 」

でした。よって，$[Zn(NH_3)_4]^{2+}$ から白色の ZnS が沈殿します。

## 操作5

　操作4のろ液には，$Ca^{2+}$ と $Na^+$ が残っています。このろ液に，$CO_3^{2-}$ を含んでいる炭酸アンモニウム $(NH_4)_2CO_3$ 水溶液を加えます。

> $CO_3^{2-}$ と沈殿する金属イオンは，「$Ca^{2+}$，$Ba^{2+}$ 」
> 　　▶「カ（$Ca^{2+}$）バ（$Ba^{2+}$）炭酸（$CO_3^{2-}$）」と覚えました。

でした。よって，白色の $CaCO_3$ が沈殿します。

　ろ液に残った $Na^+$ は炎色反応で検出できます。ナトリウム Na は黄色を示しましたね。

最後にもう一度
p.17の流れ図を
復習しましょう。

**Step 4** 錯イオンを覚え，沈殿の総まとめをしよう！

## ●錯イオン

$[Zn(NH_3)_4]^{2+}$ や $[Fe(CN)_6]^{3-}$ のような [　　] を使って表すイオンを錯イオンといいます。錯イオンは，

$$\underline{Zn^{2+}，Cu^{2+}，Ag^+，Fe^{2+}，Fe^{3+}}_{\text{遷移元素のイオンが多い}} \quad \text{などの金属イオン}$$

に，

$$NH_3，H_2O，CN^-，OH^- \quad \text{などの分子や陰イオン}$$

が配位結合してできています。ここで，

錯イオンをつくっている分子や陰イオンを「配位子」
配位子の数を「配位数」

といいます。

## （1）錯イオンの名前

錯イオンは，次の手順にしたがって名前をつけましょう。

手順1　配位数を調べ，ギリシャ語の数詞をチェックします。

> ［数詞］
> 1 → モノ　　　2 → ジ　　3 → トリ　　4 → テトラ
> 5 → ペンタ　　6 → ヘキサ

$[Zn(NH_3)_4]^{2+}$
└─配位数はココです!!

> 数詞は，有機化学でも活躍しますよ。

手順2　配位子を調べ，配位子の名前をチェックします。

> ［配位子の名前］
> $NH_3$ → アンミン　　$H_2O$ → アクア　　$CN^-$ → シアニド
> $OH^-$ → ヒドロキシド

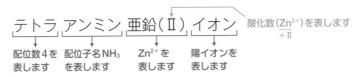

**手順3** 錯イオンに,

「**配位数** → **配位子名** → **中心金属イオンの名前** → **イオン**」

酸化数は( )をつけて,ローマ数字で表します。
$+1\to\text{I}$,$+2\to\text{II}$,$+3\to\text{III}$,…

と → の順に名前をつけます。

ただし,陰イオンのときは「イオン」ではなく「酸イオン」にします。

例えば, $[Zn(NH_3)_4]^{2+}$ は,

配位数は4なので「テトラ」,配位子名は$NH_3$なので「アンミン」とチェックし,

<u>テトラ</u> <u>アンミン</u> <u>亜鉛(II)</u> <u>イオン</u>　酸化数($Zn^{2+}$)を表します
$+\text{II}$

配位数4を　配位子名$NH_3$　$Zn^{2+}$を　陽イオンを
表します　を表します　表します　表します

$[Fe(CN)_6]^{3-}$ は,

配位数は6なので「ヘキサ」,配位子名は$CN^-$なので「シアニド」とチェックし,

ヘキサ　シアニド　鉄(III)　酸イオン　「陰イオン」なので「酸」を
つけ忘れないようにしましょう

配位数6を　配位子名$CN^-$　$Fe^{3+}$を　陰イオンを　酸化数($Fe^{3+}$)を表します
表します　を表します　表します　表します　$+\text{III}$

## (2) 錯イオンの形

錯イオンの形は,配位数からおさえていくと覚えやすいですよ。

入試では,配位数が金属イオンの価数の2倍になる
錯イオンが多く出題されます。つまり,
　　　$Ag^+$は2 , $Zn^{2+}$と$Cu^{2+}$は4 , $Fe^{3+}$は6
です。例外として,
　　　$Fe^{2+}$の6
を覚えましょう。

**❶  配位数「2」のもの ➡ 直線形**

[Ag(NH₃)₂]⁺
ジアンミン銀（Ⅰ）イオン

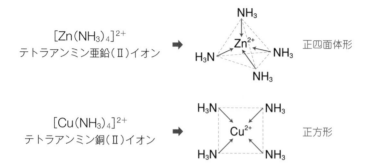

➡  H₃N ⟶ Ag⁺ ⟵ NH₃  直線形

（⟵は配位結合を表しています）

**❷  配位数「4」のもの ➡ 正四面体形 か 正方形**

[Zn(NH₃)₄]²⁺
テトラアンミン亜鉛（Ⅱ）イオン

正四面体形

[Cu(NH₃)₄]²⁺
テトラアンミン銅（Ⅱ）イオン

正方形

$[Zn(NH_3)_4]^{2+}$ や $[Zn(OH)_4]^{2-}$ のような $Zn^{2+}$ の錯イオンは「正四面体形」，

$[Cu(NH_3)_4]^{2+}$ のような $Cu^{2+}$ の錯イオンは「正方形」です。

**❸  配位数「6」のもの ➡ 正八面体形**

[Fe(CN)₆]⁴⁻
ヘキサシアニド鉄（Ⅱ）酸イオン

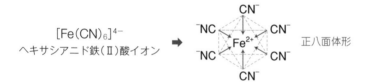

正八面体形

┌**【錯イオンの名前と形】**─────────────────────────────

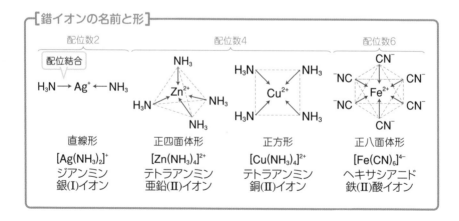

| 配位数2 | 配位数4 | | 配位数6 |
|---|---|---|---|
| 配位結合 | NH₃ | H₃N NH₃ | CN⁻ |
| H₃N ⟶ Ag⁺ ⟵ NH₃ | Zn²⁺ | Cu²⁺ | ⁻NC Fe²⁺ CN⁻ |
| | H₃N NH₃ NH₃ | H₃N NH₃ | ⁻NC CN⁻ CN⁻ |
| 直線形 | 正四面体形 | 正方形 | 正八面体形 |
| [Ag(NH₃)₂]⁺ | [Zn(NH₃)₄]²⁺ | [Cu(NH₃)₄]²⁺ | [Fe(CN)₆]⁴⁻ |
| ジアンミン銀(Ⅰ)イオン | テトラアンミン亜鉛(Ⅱ)イオン | テトラアンミン銅(Ⅱ)イオン | ヘキサシアニド鉄(Ⅱ)酸イオン |

## ●沈殿（陽イオンからのアプローチ）

陽イオンから陰イオンをみて，沈殿が生じる組み合わせを覚えましょう。

### (1) 鉄(Ⅱ)イオン$Fe^{2+}$と鉄(Ⅲ)イオン$Fe^{3+}$

$Fe^{2+}$を含む水溶液にヘキサシアニド鉄(Ⅲ)酸カリウム$K_3[Fe(CN)_6]$を加えると濃青色の沈殿が生じます。また，$Fe^{3+}$を含む水溶液にヘキサシアニド鉄(Ⅱ)酸カリウム$K_4[Fe(CN)_6]$を加えると濃青色の沈殿が生じます。

$$Fe^{2+} \xrightarrow{\ K_3[Fe(CN)_6]\ } 濃青色 沈殿$$
$$Fe^{3+} \xrightarrow{\ K_4[Fe(CN)_6]\ } 濃青色 沈殿$$

ここは，「＋2は＋3と，＋3は＋2と濃青色沈殿を生じる」と覚えましょう。

$Fe^{2+}$と濃青色沈殿を生じる$K_3[Fe(CN)_6]$は，

ヘキサシアニド鉄(Ⅲ)酸カリウム

$$K_3[Fe(CN)_6] \xrightarrow{\ 電離\ } 3K^+ + [Fe(CN)_6]^{3-} \quad から，$$

「$[Fe(CN)_6]^{3-}$は，$Fe^{3+}$に6個の$CN^-$が配位結合している」つまり，「$Fe^{3+}$（＋3）を含んでいる」ことがわかります。

また，$Fe^{3+}$と濃青色沈殿をつくる$K_4[Fe(CN)_6]$は，

ヘキサシアニド鉄(Ⅱ)酸カリウム

$$K_4[Fe(CN)_6] \xrightarrow{\ 電離\ } 4K^+ + [Fe(CN)_6]^{4-} \quad から，$$

「$[Fe(CN)_6]^{4-}$は$Fe^{2+}$に6個の$CN^-$が配位結合している」つまり，「$Fe^{2+}$（＋2）を含んでいる」とわかります。

まとめると，
　　$Fe^{2+}$ は $Fe^{3+}$を含む$K_3[Fe(CN)_6]$ と 濃青色沈殿
　　　　　　　　ヘキサシアニド鉄(Ⅲ)酸カリウム
　　$Fe^{3+}$ は $Fe^{2+}$を含む$K_4[Fe(CN)_6]$ と 濃青色沈殿
　　　　　　　　ヘキサシアニド鉄(Ⅱ)酸カリウム
を生じます。

また，$Fe^{3+}$を含む水溶液は，チオシアン酸カリウム$KSCN$で血赤色溶液になります。沈殿ではなく，溶液である点に注意しましょう。

暗記しよう！ $Fe^{2+}$, $Fe^{3+}$

●$Fe^{2+}$ $\xrightarrow{K_3[Fe(CN)_6]}$ 濃青色沈殿

●$Fe^{3+}$ $\xrightarrow{K_4[Fe(CN)_6]}$ 濃青色沈殿

$\searrow$ $\xrightarrow{KSCN}$ 血赤色溶液 ← ここは溶液です

## (2) 銀イオン $Ag^+$

$Ag^+$ はハロゲン化物イオンの $Cl^-$，$Br^-$，$I^-$ と沈殿を生じます。

この中で，AgClは$NH_3$水に錯イオンをつくって溶けますが，AgBrはわずかに
しか溶けず，AgIはほとんど溶けません。

$F^- \xrightarrow{Ag^+}$ 沈殿を生じない（水に溶ける）

$Cl^- \xrightarrow{Ag^+} AgCl\downarrow（白） \xrightarrow{NH_3}$ 溶ける $[Ag(NH_3)_2]^+$

$Br^- \xrightarrow{Ag^+} AgBr\downarrow（淡黄） \xrightarrow{NH_3}$ わずかに溶ける $[Ag(NH_3)_2]^+$

$I^- \xrightarrow{Ag^+} AgI\downarrow（黄） \xrightarrow{NH_3}$ 溶けない（沈殿のまま）

チオ硫酸ナトリウム$Na_2S_2O_3$水溶液を加えると，AgCl，AgBr，AgIの沈殿は
すべて錯イオンをつくって溶けます。

$\left.\begin{array}{l} AgCl\downarrow（白） \\ AgBr\downarrow（淡黄） \\ AgI\downarrow（黄） \end{array}\right\} \xrightarrow{Na_2S_2O_3} [Ag(S_2O_3)_2]^{3-}$ ← すべて溶け，同じ錯イオンになります

暗記しよう！ ハロゲン化銀の沈殿

|  | AgCl（白） | AgBr（淡黄） | AgI（黄） |
|---|---|---|---|
| $NH_3$水 | 溶ける | 少し溶ける | 溶けない |
| $Na_2S_2O_3$水溶液 | 溶ける | 溶ける | 溶ける |

**練習問題**

錯イオンに関する記述(a)〜(d)のうち,正しいもののみをすべて含む組み合わせはどれか。

(a) 錯イオンには,中心金属イオンが典型元素のイオンのものがある。

(b) 錯イオンには,配位数2のものがある。

(c) 錯イオンには,水分子が配位子であるものがある。

(d) ヘキサシアニド鉄(Ⅲ)酸イオンは,4価の陰イオンである。

① (a), (b)　　② (a), (c)　　③ (a), (d)　　④ (b), (c)

⑤ (b), (d)　　⑥ (c), (d)　　⑦ (a), (b), (c)　　⑧ (a), (b), (d)

⑨ (a), (c), (d)　　⑩ (b), (c), (d)

(神戸薬科大)

---

**解き方**

(a) (正しい) 例えば,$[Al(OH)_4]^-$ をつくる $Al^{3+}$ は典型元素のイオンですね。ただし,錯イオンの中心金属イオンの多くは遷移元素のイオンです。

(b) (正しい) 例えば,$[Ag(NH_3)_2]^+$ は配位数2の錯イオンです。

(c) (正しい) 例えば,$Cu^{2+}$ は水中では $[Cu(H_2O)_4]^{2+}$ のような錯イオンをつくっています。**配位子が $H_2O$ の錯イオンをアクア錯イオンといいます。**$[Cu(H_2O)_4]^{2+}$ の名前は,

$$\underset{\substack{\text{配位数4を}\\\text{表します}}}{\underline{\text{テトラ}}}\ \underset{\substack{\text{配位子名}\\H_2O\text{を}\\\text{表します}}}{\underline{\text{アクア}}}\ \underset{\substack{Cu^{2+}\text{を}\\\text{表します}}}{\underline{\text{銅(Ⅱ)}}}\ \underset{\substack{\text{陽イオンを}\\\text{表します}}}{\underline{\text{イオン}}}$$

とつけます。アクア錯イオンの $H_2O$ は省略して書かれることが多いです。

(d) (誤り) ヘキサ → 6, シアニド → $CN^-$, 鉄(Ⅲ) → $Fe^{3+}$ ですから,

$$[\underset{Fe^{3+}}{Fe}(\underset{CN^-}{CN})_6]^{3-} \underset{(+3)+(-1)\times 6 = -3 \text{より}}{}$$

となります。つまり,4価の陰イオンは誤り,3価の陰イオンが正しいです。

**答え** ⑦

| Step | **5** | 沈殿する・しないを計算で判定しよう！ |

## ●溶解度積 $K_{sp}$

AgCl，$Ag_2CrO_4$ などは，沈殿であってもごくわずかには水に溶けています。

このとき，沈殿とイオンとの間に次のような平衡がなりたちます。

$$AgCl \rightleftarrows Ag^+ + Cl^- \quad \cdots ①$$

$$Ag_2CrO_4 \rightleftarrows 2Ag^+ + CrO_4{}^{2-} \quad \cdots ②$$

それぞれの水溶液では，「**イオンのモル濃度〔mol/L〕の積**」が一定温度で一定の値になります。この値を**溶解度積** $K_{sp}$ といい，$K_{sp}$ は次のように表します。

①式の $K_{sp}$ は， $K_{sp} = [Ag^+][Cl^-]$

②式の $K_{sp}$ は， $K_{sp} = [Ag^+]^2[CrO_4{}^{2-}]$ ──②式の $Ag^+$ の係数は2です

つまり，

$$A_xB_y \rightleftarrows xA^{y+} + yB^{x-} \quad なら，\quad K_{sp} = [A^{y+}]^x[B^{x-}]^y$$

反応式の係数乗となる

となります。$K_{sp}$ を使い，沈殿が「生じる」か「生じない」かを判定できます。

┌─【判定方法】────────────────────────────────
│
│　すべてイオンとして存在している（沈殿を生じていない）と考えたときのモ
│ル濃度の積を計算し，$K_{sp}$ と比べて沈殿が「生じる」か「生じない」かを判
│定する。
│
│　　　　　　　　　　$K_{sp}$を超える
│（A）（計算値）　＞　$K_{sp}$　のとき
│
│　沈殿が生じていて，水溶液中では $K_{sp}$ が成立している。
│
│　　　　　　　　　　$K_{sp}$以下
│（B）（計算値）　≦　$K_{sp}$　のとき
│
│　沈殿は生じない。
│
└────────────────────────────────────────

次の練習問題2題を使い，考えてみましょう。

### 練習問題 1

表に示す濃度の硝酸銀水溶液100mLと塩化ナトリウム水溶液100mLを混合する実験Ⅰ～Ⅲを行った。実験Ⅰ～Ⅲでの沈殿生成の有無をそれぞれ答えよ。

ただし，塩化銀の溶解度積は，$K_{sp, AgCl} = [Ag^+][Cl^-] = 1.8 \times 10^{-10}$ (mol/L)$^2$とする。

| | 硝酸銀水溶液の濃度〔mol/L〕 | 塩化ナトリウム水溶液の濃度〔mol/L〕 |
|---|---|---|
| 実験Ⅰ | $2.0 \times 10^{-3}$ | $2.0 \times 10^{-3}$ |
| 実験Ⅱ | $2.0 \times 10^{-5}$ | $2.0 \times 10^{-5}$ |
| 実験Ⅲ | $2.0 \times 10^{-5}$ | $1.0 \times 10^{-5}$ |

#### 解き方

同体積（100mLずつ）混合し200mLとするので，濃度は$\dfrac{1}{2}$倍になります。

**実験Ⅰ**：$\underbrace{\left(2.0 \times 10^{-3} \times \dfrac{1}{2}\right)}_{[Ag^+]} \times \underbrace{\left(2.0 \times 10^{-3} \times \dfrac{1}{2}\right)}_{[Cl^-]} = 10^{-6} \overset{K_{sp}を超える}{>} K_{sp, AgCl} = 1.8 \times 10^{-10}$

となり，AgClの沈殿が生じます。

**実験Ⅱ**：$\underbrace{\left(2.0 \times 10^{-5} \times \dfrac{1}{2}\right)}_{[Ag^+]} \times \underbrace{\left(2.0 \times 10^{-5} \times \dfrac{1}{2}\right)}_{[Cl^-]} = 10^{-10} \overset{K_{sp}を超えない}{<} K_{sp, AgCl} = 1.8 \times 10^{-10}$

となり，AgClの沈殿は生じません。

**実験Ⅲ**：$\underbrace{\left(2.0 \times 10^{-5} \times \dfrac{1}{2}\right)}_{[Ag^+]} \times \underbrace{\left(1.0 \times 10^{-5} \times \dfrac{1}{2}\right)}_{[Cl^-]} = 0.5 \times 10^{-10} \overset{K_{sp}を超えない}{<} K_{sp, AgCl} = 1.8 \times 10^{-10}$

となり，AgClの沈殿は生じません。

**答え**　実験Ⅰ：沈殿が生じる

　　　　　実験Ⅱ：沈殿は生じない

　　　　　実験Ⅲ：沈殿は生じない

水に溶解した$H_2S$は次の2段階の反応により電離する。

$$H_2S \rightleftharpoons H^+ + HS^-$$

$$HS^- \rightleftharpoons H^+ + S^{2-}$$

電離定数をそれぞれ$K_1$，$K_2$とすると，その値は

$$K_1 = \frac{[H^+][HS^-]}{[H_2S]} = 8.5 \times 10^{-8}\,mol/L, \quad K_2 = \frac{[H^+][S^{2-}]}{[HS^-]} = 6.0 \times 10^{-13}\,mol/L$$

である。

二価の重金属イオン$M^{2+}$の硫化物MSの溶解度積は

$K_{sp} = [M^{2+}][S^{2-}] = 1.0 \times 10^{-16}\,mol^2/L^2$である。$1.0 \times 10^{-3}\,mol/L$の$M^{2+}$を含むpH2.0の水溶液に$H_2S$の気体を通じて$[H_2S]$を$0.10\,mol/L$としたとき，MSが沈殿するかしないかを書け。

（新潟大・改）

---

**解き方**

$H_2S \rightleftharpoons 2H^+ + S^{2-}$ より，$H_2S$の電離定数を$K$とすると，$K$は$K_1 \times K_2$から次のように表せます。

$$K_1 \times K_2 = \frac{[H^+]\cancel{[HS^-]}}{[H_2S]} \times \frac{[H^+][S^{2-}]}{\cancel{[HS^-]}} = \frac{[H^+]^2[S^{2-}]}{[H_2S]} = K$$

よって，$K = K_1 \times K_2 = 8.5 \times 10^{-8} \times 6.0 \times 10^{-13} = 5.1 \times 10^{-20}\,mol^2/L^2$になります。また$[H_2S] = 0.10\,mol/L$，pH$= 2.0$つまり$[H^+] = 10^{-2}\,mol/L$になります。

これらの値を$K = \dfrac{[H^+]^2[S^{2-}]}{[H_2S]}$に代入することで$[S^{2-}]$が求められます。

$$5.1 \times 10^{-20} = \frac{(10^{-2})^2[S^{2-}]}{0.10} \quad より \quad [S^{2-}] = 5.1 \times 10^{-17}\,mol/L$$

ここで，$[M^{2+}] = 1.0 \times 10^{-3}\,mol/L$なので，

$$[M^{2+}][S^{2-}] = (1.0 \times 10^{-3}) \times (5.1 \times 10^{-17})$$
$$\underset{K_{sp}を超えない}{= 5.1 \times 10^{-20}\,mol^2/L^2} < 1.0 \times 10^{-16}\,mol^2/L^2 = K_{sp}$$

となり，MSの沈殿は生じません。

このように，水溶液のpHにより$[S^{2-}]$が変化するので，水溶液が酸性か塩基性かによって沈殿する金属イオンの種類が異なることになります（酸性で$[S^{2-}]$は小さくなり，塩基性で$[S^{2-}]$は大きくなります）。

**答 え** 沈殿しない

無機化学編

## 第 2 講　気体の発生実験

## ●還元剤と酸化剤

還元剤は**電子$e^-$を与える物質**，酸化剤は**電子$e^-$をうばう物質**でした。

還元剤　$\xrightarrow{\quad e^- \quad}$　酸化剤

酸化還元の反応式は，次に紹介する 手順1 ～ 手順6 でつくることができます。

## ●酸化還元反応の反応式のつくり方

おもな還元剤や酸化剤の「**名前**」や「**水溶液中での反応のようす**」を紹介します。

### (1) 酸化剤のはたらきを示す反応式

酸化剤 ＋ △$e^-$ ⟶ 変化後

| | |
|---|---|
| ハロゲン単体($Cl_2$，$Br_2$，$I_2$) | 例 $Cl_2 + 2e^- \longrightarrow 2Cl^-$ |
| オゾン$O_3$(酸性条件下) | $O_3 + 2H^+ + 2e^- \longrightarrow O_2 + H_2O$ |
| 酸化マンガン(IV)$MnO_2$(酸性条件下) | $MnO_2 + 4H^+ + 2e^- \longrightarrow Mn^{2+} + 2H_2O$ |
| 熱濃硫酸$H_2SO_4$(加熱した濃硫酸) | $H_2SO_4 + 2H^+ + 2e^- \longrightarrow SO_2 + 2H_2O$ |
| 濃硝酸$HNO_3$ | $HNO_3 + H^+ + e^- \longrightarrow NO_2 + H_2O$ |
| 希硝酸$HNO_3$ | $HNO_3 + 3H^+ + 3e^- \longrightarrow NO + 2H_2O$ |

### (2) 還元剤のはたらきを示す反応式

還元剤 ⟶ 変化後 ＋ △$e^-$

| | |
|---|---|
| 金属単体 | 例 $Zn \longrightarrow Zn^{2+} + 2e^-$<br>$Cu \longrightarrow Cu^{2+} + 2e^-$ |
| ハロゲン化物イオン($Cl^-$，$Br^-$，$I^-$) | 例 $2Cl^- \longrightarrow Cl_2 + 2e^-$ |
| 硫化水素$H_2S$ | $H_2S \longrightarrow S + 2H^+ + 2e^-$ |

注 $H_2O_2$や$SO_2$は酸化剤や還元剤としてはたらきます。

| 過酸化水素 | 酸化剤のとき | $H_2O_2 + 2H^+ + 2e^- \longrightarrow 2H_2O$ |
|---|---|---|
| $H_2O_2$ | 還元剤のとき | $H_2O_2 \longrightarrow O_2 + 2H^+ + 2e^-$ |
| 二酸化硫黄 | 酸化剤のとき | $SO_2 + 4H^+ + 4e^- \longrightarrow S + 2H_2O$ |
| $SO_2$ | 還元剤のとき | $SO_2 + 2H_2O \longrightarrow SO_4^{2-} + 4H^+ + 2e^-$ |

みなさんに覚えてほしいことは反応式のすべてではなく，色のついた部分，つまり
「**酸化剤や還元剤の化学式**」と「**その変化後の化学式**」です。

これらの$e^-$を含むイオン反応式は，次の 手順 にしたがい，つくります。

```
┌─ 電子$e^-$を含むイオン反応式のつくり方の例 ─
 手順1  酸化剤，還元剤とその変化後を書きます。◀ ここは暗記します
 手順2  両辺のOの数が等しくなるように$H_2O$を加えます。
 手順3  両辺のHの数が等しくなるように$H^+$を加えます。
 手順4  両辺の電荷が等しくなるように電子$e^-$を加えます。
```

$MnO_2$と$Cl^-$について，$e^-$を含むイオン反応式をつくってみましょう。

**手順1** 酸化剤：$MnO_2$ $\longrightarrow$ $Mn^{2+}$ ← 変化後を書きます

**手順2** $MnO_2$ $\longrightarrow$ $Mn^{2+} + 2H_2O$ ← 両辺のOの数を $H_2O$でそろえます

**手順3** $MnO_2 + 4H^+$ $\longrightarrow$ $Mn^{2+} + 2H_2O$ ← 両辺のHの数を $H^+$でそろえます

**手順4** $MnO_2 + 4H^+ + 2e^-$ $\longrightarrow$ $Mn^{2+} + 2H_2O$ ← 両辺の電荷を $e^-$でそろえます

左辺の電荷の合計は，$0 + 4 \times (+1) = +4$　　右辺の電荷の合計は，$(+2) + 2 \times 0 = +2$

**手順1** 還元剤：$2Cl^-$ $\longrightarrow$ $Cl_2$ ← 変化後を書きます

**手順2** $2Cl^-$ $\longrightarrow$ $Cl_2$ ← 左辺と右辺にOはないので，$H_2O$は加えません

**手順3** $2Cl^-$ $\longrightarrow$ $Cl_2$ ← 左辺と右辺にHはないので，$H^+$は加えません

**手順4** $2Cl^-$ $\longrightarrow$ $Cl_2 + 2e^-$ ← 両辺の電荷を$e^-$でそろえます

この2つの反応式を **手順5** と **手順6** にしたがって組み合わせましょう。

---
**イオン反応式や化学反応式のつくり方**

**手順5** それぞれの反応式を何倍かし，反応式をたして電子$e^-$を消去します。これで，イオン反応式が完成します。

**手順6** **手順5** でつくったイオン反応式の両辺に，省略していた陽イオンや陰イオンを加えます。これで化学反応式が完成します。

---

「酸化マンガン(Ⅳ)に濃塩酸を加えて加熱したときの化学反応式」をつくりましょう。$MnO_2$や$Cl^-$について$e^-$を含むイオン反応式をつくりました。

$$MnO_2 + 4H^+ + 2e^- \longrightarrow Mn^{2+} + 2H_2O \quad \cdots ①$$
$$2Cl^- \longrightarrow Cl_2 + 2e^- \quad \cdots ②$$

**手順5** $e^-$を消去します。

①式と②式をたすことで，$2e^-$を消去します

$(+)$ $MnO_2 + 4H^+ + 2e^- \longrightarrow Mn^{2+} + 2H_2O \quad \cdots ①$
$2Cl^- \longrightarrow Cl_2 + 2e^- \quad \cdots ②$

**イオン反応式** $MnO_2 + 4H^+ + 2Cl^- \longrightarrow Mn^{2+} + Cl_2 + 2H_2O$

「化学反応式を書け」という問題では，最後の **手順6** を行います。

**手順6** **手順5** のイオン反応式を見ながら，省略していたイオンを加えます。

イオン反応式の左辺にあるイオン$H^+$と$Cl^-$に注目します。問題文には，「$MnO_2$に濃塩酸$HCl$を加え，…」とありました。つまり，左辺には$MnO_2$と$HCl$だけを書くことになります。

ですから，左辺の $4H^+ + 2Cl^-$ に $2Cl^-$ を加えて $4HCl$ とします。左辺に加えたイオン（2個の$Cl^-$）と同じ数のイオンを右辺にも忘れずに加えましょう。

**イオン反応式** $MnO_2 + 4H^+ + 2Cl^- \longrightarrow Mn^{2+} + Cl_2 + 2H_2O$

左辺に$2Cl^-$を加えます　　右辺にも$2Cl^-$を加えます　← 両辺に$2Cl^-$を加えます

**化学反応式** $MnO_2 + 4HCl \xrightarrow{\text{加熱}} MnCl_2 + Cl_2 + 2H_2O$ 答

# Step ① 気体の製法パターンをおさえ，考え方をマスターしよう！

中学時代に学習した気体のつくり方も，理論を考えながらおさえると忘れにくくなりますよ。ここでは，気体の製法を次の4パターンに分けて考えましょう。

**パターン1** 「酸・塩基の反応」を利用する
**パターン2** 濃硫酸の性質（「不揮発性」や「脱水作用」）を利用する
　　　　　　　　　　気体になりにくい性質　　水 $H_2O$ を引き抜くはたらき
**パターン3** 「熱分解（加熱してバラバラになる）反応」を利用する
**パターン4** 「酸化還元反応」を利用する

　**パターン1**「酸・塩基の反応」を利用し，弱酸・弱塩基の気体を発生させます。

## (1) 弱酸の遊離

　塩酸 $HCl$ や希硫酸 $H_2SO_4$ などの強酸は，「自分より弱い酸」つまり「弱酸」の硫化水素 $H_2S$・二酸化炭素 $CO_2$（炭酸 $H_2CO_3$）・二酸化硫黄 $SO_2$（亜硫酸 $H_2SO_3$）を追い出すことができます。この反応を「弱酸の追い出し反応」（「弱酸の遊離」）といい，次のようなイメージでとらえましょう。

　「弱酸の追い出し反応」で，$H_2S$，（$H_2CO_3$ は $H_2O$ と $CO_2$ に分かれるので）$CO_2$，（$H_2SO_3$ は $H_2O$ と $SO_2$ に分かれるので）$SO_2$ を発生させることができます。

① 硫化水素 $H_2S$ の製法

　$H_2S$ は，強酸の塩酸 $HCl$ や希硫酸 $H_2SO_4$ を使って発生させることができます。

イメージ図を反応式に直すと，次のようになります。

$$2HCl + S^{2-} \longrightarrow 2Cl^- + H_2S$$

$$H_2SO_4 + S^{2-} \longrightarrow SO_4^{2-} + H_2S$$

$H_2S$の製法には硫化鉄（Ⅱ）FeSがよく使われますから，両辺に$Fe^{2+}$を加えます。

$$2HCl + FeS \longrightarrow FeCl_2 + H_2S \quad \text{反応式 ①}$$

$$H_2SO_4 + FeS \longrightarrow FeSO_4 + H_2S \quad \text{反応式 ②}$$

> 重要な反応式 ①〜⑩は，
> p.407〜410に付録として
> まとめてあります。

② 二酸化炭素$CO_2$の製法

$CO_2$は，強酸の塩酸HClを使って発生させることができます。

| 強酸 | ⇒ | $CO_3^{2-}$ | ぶつかって反応します→ | 強酸のイオン | + | $H_2CO_3$ | ⇒ |

HCl

$Cl^-$

$H_2O$と$CO_2$に分かれます。

イメージ図を反応式に直すと，

$$2HCl + CO_3^{2-} \longrightarrow 2Cl^- + H_2CO_3$$

分かれます

となり，さらに，

$$2HCl + CO_3^{2-} \longrightarrow 2Cl^- + H_2O + CO_2$$

$CO_2$の製法には石灰石（主成分$CaCO_3$）がよく使われるので，両辺に$Ca^{2+}$を加えます。

$$2HCl + CaCO_3 \longrightarrow CaCl_2 + H_2O + CO_2 \quad \text{反応式 ⑬}$$

この反応で強酸として希硫酸$H_2SO_4$を使うと，水にほとんど溶けない$CaSO_4$に$CaCO_3$がおおわれてしまい，$CO_2$はほとんど発生しません。

希硫酸$H_2SO_4$→

$CaCO_3$

$CaCO_3$

> $CO_2$がほとんど
> 発生しません。

水にほとんど溶けない$CaSO_4$が
表面をおおう

③ 二酸化硫黄 SO₂ の製法

SO₂ は，強酸の希硫酸 $H_2SO_4$ を使って発生させることができます。

イメージ図を反応式に直すと，

$$H_2SO_4 + SO_3^{2-} \longrightarrow SO_4^{2-} + H_2SO_3$$

となり，さらに，

分かれます

$$H_2SO_4 + SO_3^{2-} \longrightarrow SO_4^{2-} + H_2O + SO_2$$

SO₂ の製法には亜硫酸ナトリウム $Na_2SO_3$ がよく使われますから，両辺に $2Na^+$ を加えます。

$$H_2SO_4 + Na_2SO_3 \longrightarrow Na_2SO_4 + H_2O + SO_2 \quad \boxed{反応式 04}$$

**注** SO₂ の製法は，「亜硫酸水素ナトリウム $NaHSO_3$ と希硫酸 $H_2SO_4$」のペアで出題されることがあります。このときは，$H_2SO_4$ から生じるイオンが $HSO_4^-$ になることに注意しましょう。

$$H_2SO_4 + HSO_3^- \longrightarrow HSO_4^- + H_2SO_3$$

から，さらに，

分かれます

$$H_2SO_4 + HSO_3^- \longrightarrow HSO_4^- + H_2O + SO_2$$

とし，両辺に $Na^+$ を加えます。

$$H_2SO_4 + NaHSO_3 \longrightarrow NaHSO_4 + H_2O + SO_2 \quad \boxed{反応式 05}$$

## (2) 弱塩基の遊離

### ④ アンモニア $NH_3$ の製法

弱塩基の気体は，$NH_3$ が出題されるだけなので，次のように覚えましょう。

$NH_3$ が水に溶けて電離する　$NH_3 + H_2O \rightleftarrows NH_4^+ + OH^-$

の逆反応（左向きの反応）

$NH_4^+ + OH^- \longrightarrow NH_3 + H_2O$ …ⓐ　　を利用する

$NH_4^+$ として，塩化アンモニウム $NH_4Cl$ が，$OH^-$ として $NaOH$ がよく使われますから，ⓐ式の両辺に $Cl^-$ と $Na^+$ を加えます。

$NH_4^+ + OH^- \longrightarrow NH_3 + H_2O$ 〔右辺にも左辺と同じイオンを加えます〕 …ⓐ

左辺に $Cl^-$ を加えます　　左辺に $Na^+$ を加えます　　　　　　　　　　右辺にも $Na^+$ と $Cl^-$ を加えます

$NH_4Cl + NaOH \xrightarrow{\text{加熱}} NH_3 + H_2O + NaCl$ 　反応式 06

また，水酸化カルシウム $Ca(OH)_2$ が使われるときは，ⓐ式を2倍し，

$2NH_4^+ + 2OH^- \longrightarrow 2NH_3 + 2H_2O$ ← ⓐ式を2倍します

とした後の両辺に $2Cl^-$ と $Ca^{2+}$ を加えます。

左辺に $2Cl^-$ を加えます　　左辺に $Ca^{2+}$ を加えます　　　　右辺にも $Ca^{2+}$ と $2Cl^-$ を加えます

$2NH_4Cl + Ca(OH)_2 \xrightarrow{\text{加熱}} 2NH_3 + 2H_2O + CaCl_2$ 　反応式 07

---

**ポイント** パターン1 「酸・塩基の反応」を利用する

**（1）弱酸の遊離**

| 弱酸のイオンを含む塩 ＋ 強酸 ⟶ 弱酸 ＋ 強酸の塩 |
|---|

$FeS + 2HCl \longrightarrow H_2S + FeCl_2$ 　反応式 01

$FeS + H_2SO_4 \longrightarrow H_2S + FeSO_4$ 　反応式 02

$CaCO_3 + 2HCl \longrightarrow H_2O + CO_2 + CaCl_2$ 　反応式 03

$Na_2SO_3 + H_2SO_4 \longrightarrow H_2O + SO_2 + Na_2SO_4$ 　反応式 04

$NaHSO_3 + H_2SO_4 \longrightarrow H_2O + SO_2 + NaHSO_4$ 　反応式 05

**（2）弱塩基の遊離**

| 弱塩基のイオンを含む塩 ＋ 強塩基 ⟶ 弱塩基 ＋ 強塩基の塩 |
|---|

$NH_4Cl + NaOH \xrightarrow{\text{加熱}} NH_3 + H_2O + NaCl$ 　反応式 06

$2NH_4Cl + Ca(OH)_2 \xrightarrow{\text{加熱}} 2NH_3 + 2H_2O + CaCl_2$ 　反応式 07

パターン2「濃硫酸のもつかわった性質」を利用します。

## (1)「不揮発性」の利用

① 塩化水素HClの製法

　濃硫酸は沸点が約300℃ととても高く，気体になりにくいので，「不揮発性」の酸であるといいます。

　不揮発性の濃硫酸を，濃硫酸よりも沸点の低いHCl（沸点約−85℃）やHF（沸点約20℃）などの揮発性の酸の塩（NaClやCaF₂）と混ぜて加熱します。すると，ホタル石の主成分
沸点の低い揮発性の酸（HClやHF）を発生させることができます。

　例えば，HClのCl⁻を含むNaClと濃硫酸H₂SO₄を混ぜてみます。すると，NaClはNa⁺とCl⁻に，H₂SO₄もH⁺とHSO₄⁻に電離します。

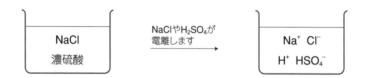

　この溶液を加熱すると，沸点約300℃の濃硫酸が気体になるよりも先に沸点約−80℃のHClが気体となって発生します。

## 沸点の低いものが 沸点の高いものよりも先に気体になる
　　　　└→HClのこと　　　└→濃H₂SO₄のこと

ということです。

　これを反応式で表すと，

$$NaCl + H_2SO_4 \xrightarrow{\text{加熱}} HCl + NaHSO_4 \quad \text{反応式 08}$$

となります。

② フッ化水素 HF の製法

同じように，HF の $F^-$ を含むフッ化カルシウム $\underset{\text{ホタル石の主成分}}{\underline{CaF_2}}$ と濃硫酸 $H_2SO_4$ を混ぜて加熱すると，濃硫酸よりも沸点の低い HF が発生します。

$$\underset{\text{ホタル石の主成分}}{CaF_2} + H_2SO_4 \xrightarrow{\text{加熱}} 2HF + CaSO_4 \quad \boxed{\text{反応式 09}}$$

このとき，HF は 2 mol 発生します。
「HCl は 1 mol 発生」，「HF は 2 mol 発生」
と覚えましょう。

## (2)「脱水作用」の利用

③ 一酸化炭素 CO の製法

脱水とは，「脱 $H_2O$」つまり「H と OH を $H_2O$ の形で引き抜く」ことをいいます。脱水作用を利用して，有機化合物のギ酸 HCOOH から一酸化炭素 CO を発生させることができます。この反応は，**ギ酸から $H_2O$ を引き抜く**と覚えましょう。

$$\underset{\text{ギ酸}}{H-\overset{\overset{\displaystyle O}{\|}}{C}-O-H} \xrightarrow{\text{書き直します}} \underset{\substack{\text{ギ酸}\\ H_2O \text{の形で引き抜きます}}}{\boxed{H}-\overset{\overset{\displaystyle O}{\|}}{C}-\boxed{OH}} \xrightarrow[\text{抜きます}]{H_2O \text{を引き}} \begin{array}{l} CO \\ \boxed{H_2O} \end{array}$$

よって，

**ギ酸 HCOOH に濃硫酸を加えて加熱すると，CO が発生**します。

$$HCOOH \xrightarrow{\text{加熱}} CO + H_2O \quad \boxed{\text{反応式 10}}$$

---

**ポイント** パターン 2 「濃硫酸の性質」を利用する

(1)「不揮発性」の利用

$$\text{Cl}^- \text{や F}^- \text{を含む塩} + \text{濃硫酸} \xrightarrow{\text{加熱}} \text{HCl や HF} + \text{HSO}_4^- \text{や SO}_4^{2-} \text{を含む塩}$$

$$NaCl + H_2SO_4 \xrightarrow{\text{加熱}} HCl + NaHSO_4 \quad \boxed{\text{反応式 08}}$$

$$CaF_2 + H_2SO_4 \xrightarrow{\text{加熱}} 2HF + CaSO_4 \quad \boxed{\text{反応式 09}}$$

(2)「脱水作用」の利用

$H_2O$ の形で引き抜く

$$HCOOH \xrightarrow{\text{加熱}} CO + H_2O \quad \boxed{\text{反応式 10}}$$

パターン3 「熱分解反応」を利用して気体を発生させましょう。

**加熱して，バラバラになる反応**を熱分解反応といいます。

① 酸素$O_2$の製法

「塩素酸カリウム$KClO_3$に酸化マンガン(IV) $MnO_2$(触媒)を加え，加熱する」と，

$$
\begin{array}{l}
KCl \vdots O_3 \\
KCl \vdots O_3
\end{array}
\xrightarrow[\text{バラバラになります}]{\text{加熱すると} \vdots \text{で切れて，}}
\begin{array}{l}
KCl \\
KCl
\end{array}
+
\begin{array}{l}
O_2 \\
O_2 \\
O_2
\end{array}
$$

のように分解し，$O_2$を発生します。②個の$KClO_3$が，②個の$KCl$と③個の$O_2$に分解しているので，

$$
\boxed{2}KClO_3 \xrightarrow[\text{加熱}]{\overset{\text{触媒}}{MnO_2}} \boxed{2}KCl + \boxed{3}O_2 \quad \text{反応式⑪}
$$

と書くことができます。

② 窒素$N_2$の製法

　亜硝酸アンモニウム$NH_4NO_2$の水溶液を準備します。$NH_4NO_2$はアンモニウムイオン$NH_4^+$と亜硝酸イオン$NO_2^-$がイオン結合で結びついていて，水溶液中では$NH_4^+$と$NO_2^-$に電離します。この水溶液を加熱すると，

$$
\begin{array}{l}
N \vdots H_4^+ \\
N \vdots O_2^-
\end{array}
\xrightarrow[\text{バラバラになります}]{\text{加熱すると} \vdots \text{で切れて，}}
N_2 +
\begin{array}{l}
H_2O \\
H_2O
\end{array}
$$

のように分解し，$N_2$を発生します。①個の$NH_4^+NO_2^-$が，①個の$N_2$と②個の$H_2O$に分解しているので，

$$
\boxed{1}NH_4NO_2 \xrightarrow{\text{加熱}} \boxed{1}N_2 + \boxed{2}H_2O \quad \text{反応式⑫}
$$

と書くことができます。

---

**ポイント** パターン3 「熱分解反応」を利用する

$$
2KClO_3 \xrightarrow{\text{加熱}} 2KCl + 3O_2 \quad \text{反応式⑪}
$$

$$
NH_4NO_2 \xrightarrow{\text{加熱}} N_2 + 2H_2O \quad \text{反応式⑫}
$$

パターン4 「酸化還元反応」を利用して，気体を発生させましょう。酸化還元の反応式のつくり方は，もう一度p.30，31で確認しましょう。

理論化学編で「イオン化傾向の大きさの順と酸との反応」を紹介しました。

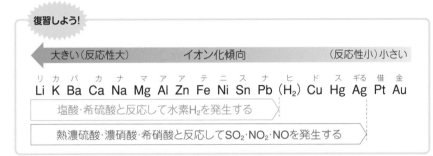

① 水素$H_2$の製法

**水素$H_2$よりイオン化傾向の大きな金属**は，塩酸$HCl$や希硫酸$H_2SO_4$から電離して生じた**$H^+$と反応して$H_2$を発生**します。

例えば，亜鉛$Zn$を，塩酸$HCl$に入れると，イオン化傾向は$Zn>H_2$なので，

$$\begin{cases} Zn \longrightarrow Zn^{2+} + 2e^- & \cdots ① \quad \Leftarrow Zn は e^- を失います \\ 2H^+ + 2e^- \longrightarrow H_2 & \cdots ② \quad \Leftarrow H^+ は Zn の e^- をうばいます \end{cases}$$

となり，ともに$2e^-$で係数がそろっているので①式と②式をたします。

$$\underset{\substack{(イオン化\\傾向⦿)}}{Zn} + 2H^+ \underset{起こる}{\xrightarrow{\quad}} \underset{\substack{(イオン化\\傾向⦿)}}{Zn^{2+}} + H_2 \quad \cdots ③ \quad \Leftarrow ①+②より$$

の反応が起こり，$H_2$が発生します。

ここで，③式の両辺に$2Cl^-$を加えると，亜鉛$Zn$と塩酸$HCl$の反応式になります。

$$Zn + 2HCl \longrightarrow ZnCl_2 + H_2 \quad \boxed{反応式 ⑬}$$

また，③式の両辺に$SO_4^{2-}$を加えると，亜鉛$Zn$と希硫酸$H_2SO_4$の反応式になります。

$$Zn + H_2SO_4 \longrightarrow ZnSO_4 + H_2 \quad \boxed{反応式 ⑭}$$

**注意1** 鉄$Fe$を塩酸$HCl$や希硫酸$H_2SO_4$と反応させるときには，**$Fe$は$Fe^{2+}$に変化**します。$Fe^{3+}$ではありません。

$$\begin{cases} Fe \longrightarrow Fe^{2+} + 2e^- & \cdots ① \quad \Leftarrow Fe は Fe^{2+} になります \\ 2H^+ + 2e^- \longrightarrow H_2 & \cdots ② \quad \Leftarrow 2H^+ は H_2 になります \end{cases}$$

となり，ともに2e⁻なので①式と②式をたします。

$$Fe + 2H^+ \longrightarrow Fe^{2+} + H_2 \quad \cdots③ \quad \Leftarrow ①+②より$$

③式の両辺に2Cl⁻を加えると，鉄Feと塩酸HClの反応式です。

$$Fe + 2HCl \longrightarrow FeCl_2 + H_2 \quad \boxed{反応式⑮}$$

③式の両辺に$SO_4^{2-}$を加えると，鉄Feと希硫酸$H_2SO_4$の反応式です。

$$Fe + H_2SO_4 \longrightarrow FeSO_4 + H_2 \quad \boxed{反応式⑯}$$

**注意2** **鉛Pb**は，水に溶けにくい$PbCl_2$や$PbSO_4$がPbの表面をおおってしまうので，**塩酸HClや希硫酸$H_2SO_4$とはほとんど反応しません。**

② **二酸化硫黄$SO_2$，二酸化窒素$NO_2$，一酸化窒素NOの製法**

Cu，Hg，Agなどの**イオン化傾向がAg以上の金属**は，**熱濃硫酸**（加熱した濃硫酸）$H_2SO_4$・濃硝酸$HNO_3$・希硝酸$HNO_3$と反応し，**$SO_2$・$NO_2$・NOを発生**します。

「濃からは2，希からは1」が発生します。
$\begin{pmatrix} 濃硫酸 \rightarrow SO_2 & 希硝酸 \rightarrow NO_1 \\ 濃硝酸 \rightarrow NO_2 \end{pmatrix}$

ⓐ 「**Cuと熱濃硫酸の反応式**」は，

$$\left\{ \begin{array}{l} Cu \longrightarrow Cu^{2+} + 2e^- \quad \cdots① \\ H_2SO_4 + 2H^+ + 2e^- \longrightarrow SO_2 + 2H_2O \quad \cdots② \end{array} \right.$$

$\Leftarrow$ Cuは $Cu^{2+}$になります
$\Leftarrow$ $H_2SO_4$は $SO_2$になります

となり，ともに2e⁻なので①式と②式をたします。

$$Cu + H_2SO_4 + 2H^+ \longrightarrow Cu^{2+} + SO_2 + 2H_2O \quad \Leftarrow ①+②より$$

左辺に$SO_4^{2-}$を加えます　右辺にも$SO_4^{2-}$を加えます　$\Leftarrow$ 両辺に$SO_4^{2-}$を加えます

$$Cu + 2H_2SO_4 \xrightarrow{加熱} CuSO_4 + SO_2 + 2H_2O \quad \boxed{反応式⑰}$$

ⓑ 「**Cuと濃硝酸の反応式**」は,

$$\begin{cases} Cu \longrightarrow Cu^{2+} + 2e^- & \cdots① \quad \Leftarrow CuはCu^{2+}になります \\ HNO_3 + H^+ + e^- \longrightarrow NO_2 + H_2O & \cdots② \quad \Leftarrow HNO_3はNO_2になります \end{cases}$$

②式を2倍して2e$^-$でそろえ，①式と②式×2をたします。

$$Cu + \underset{\substack{左辺に2NO_3^-を \\ 加えます}}{\underline{2HNO_3 + 2H^+}} \longrightarrow \underset{\substack{右辺にも2NO_3^-を \\ 加えます}}{\underline{Cu^{2+}}} + 2NO_2 + 2H_2O \quad \Leftarrow ①+②×2より$$
$\quad\quad\quad\quad\quad\quad\quad\quad\quad\quad$ $\Leftarrow$ 両辺に2NO$_3^-$を加えます

$$Cu + 4HNO_3 \longrightarrow Cu(NO_3)_2 + 2NO_2 + 2H_2O \quad \boxed{反応式 ⑱}$$

ⓒ 「**Cuと希硝酸の反応式**」は,

$$\begin{cases} Cu \longrightarrow Cu^{2+} + 2e^- & \cdots① \quad \Leftarrow CuはCu^{2+}になります \\ HNO_3 + 3H^+ + 3e^- \longrightarrow NO + 2H_2O & \cdots② \quad \Leftarrow HNO_3はNOになります \end{cases}$$

①式を3倍，②式を2倍して6e$^-$でそろえ，①式×3と②式×2をたします。

$$3Cu + \underset{\substack{左辺に6NO_3^-を \\ 加えます}}{\underline{2HNO_3 + 6H^+}} \longrightarrow \underset{\substack{右辺にも6NO_3^-を \\ 加えます}}{\underline{3Cu^{2+}}} + 2NO + 4H_2O \quad \Leftarrow \substack{①×3+②×2 \\ より}$$
$\quad\quad\quad\quad\quad\quad\quad\quad\quad\quad$ $\Leftarrow$ 両辺に6NO$_3^-$を加えます

$$3Cu + 8HNO_3 \longrightarrow 3Cu(NO_3)_2 + 2NO + 4H_2O \quad \boxed{反応式 ⑲}$$

**鉄Fe，ニッケルNi，アルミニウムAl**は，濃硝酸にはその表面に**ち密な酸化物の被膜**ができて内部が保護されるために，ほとんど溶けません。このような状態を**不動態**といいます。

反応しない

Alと濃硝酸

AL
$\xrightarrow{\text{濃硝酸}}$

Al
ち密な酸化被膜がAlの表面をおおいます

不動態

不動態となる金属は，

$$手(Fe)に(Ni)ある(Al)$$

と覚えましょう。

③ 酸素O₂の製法

「過酸化水素H₂O₂の水溶液に触媒として酸化マンガン(Ⅳ)MnO₂を加える」とO₂を発生させることができます。中学時代には、「オキシドール(うすい過酸化水素水)に二酸化マンガンを加える」と学んだ反応です。酸化マンガン(Ⅳ)(二酸化マンガン)MnO₂は触媒で、MnO₂は反応の前後で変化せずに反応の速さを大きくします。

この反応式をつくるときは、

**H₂O₂は酸化剤や還元剤としてはたらき、H₂OやO₂へと変化する**

ことを思い出しましょう。つまり、

$$\begin{cases} H_2O_2 + 2H^+ + 2e^- \longrightarrow 2H_2O & \cdots① \\ H_2O_2 \longrightarrow O_2 + 2H^+ + 2e^- & \cdots② \end{cases}$$

← H₂O₂はH₂Oになります

← H₂O₂はO₂にもなります

となり、①+②から

$$2H_2O_2 \xrightarrow{\text{MnO}_2 \ \text{触媒}} O_2 + 2H_2O$$ 反応式⑳

とつくることができます。

> H₂O₂がO₂やH₂Oになったことを思い出して、
> H₂O₂ ⟶ O₂ + H₂O
> とし、最後に係数をあわせてもいいですね。

④ 塩素Cl₂の製法

$$2Cl^- \longrightarrow Cl_2 + 2e^-$$

の反応を利用し、Cl₂を発生させることができます。例えば、「Cl⁻を含む濃塩酸HClと酸化剤の酸化マンガン(Ⅳ)MnO₂を加熱して反応」させるとCl₂が発生します。この反応式は、p.31でも紹介しました。

Cl⁻やMnO₂についてのe⁻を含むイオン反応式は、

$$\begin{cases} 2Cl^- \longrightarrow Cl_2 + 2e^- & \cdots① \\ MnO_2 + 4H^+ + 2e^- \longrightarrow Mn^{2+} + 2H_2O & \cdots② \end{cases}$$

← 2Cl⁻はCl₂になります

← MnO₂はMn²⁺になります

となり、ともに2e⁻なので①+②より、

$$MnO_2 + 4H^+ + 2Cl^- \longrightarrow Mn^{2+} + Cl_2 + 2H_2O$$ ← ①+②より

左辺に2Cl⁻を加えます　右辺にも2Cl⁻を加えます　← 両辺に2Cl⁻を加えます

$$MnO_2 + 4HCl \xrightarrow{\text{加熱}} MnCl_2 + Cl_2 + 2H_2O$$ 反応式㉑

**ポイント** パターン4 酸化還元反応を利用する

変化後を覚え，流れ作業で反応式をつくる。

$Zn \longrightarrow Zn^{2+}$ ， $Fe \longrightarrow Fe^{2+}$ ， $2H^+ \longrightarrow H_2$

$Zn + 2HCl \longrightarrow ZnCl_2 + H_2$ **反応式⑬**

$Zn + H_2SO_4 \longrightarrow ZnSO_4 + H_2$ **反応式⑭**

$Fe + 2HCl \longrightarrow FeCl_2 + H_2$ **反応式⑮**

$Fe + H_2SO_4 \longrightarrow FeSO_4 + H_2$ **反応式⑯**

$Cu \longrightarrow Cu^{2+}$ ， $H_2SO_4(熱濃) \longrightarrow SO_2$ ， $HNO_3(濃) \longrightarrow NO_2$ ， $HNO_3(希) \longrightarrow NO$

$Cu + 2H_2SO_4 \xrightarrow{加熱} CuSO_4 + SO_2 + 2H_2O$ **反応式⑰**

$Cu + 4HNO_3 \longrightarrow Cu(NO_3)_2 + 2NO_2 + 2H_2O$ **反応式⑱**

$3Cu + 8HNO_3 \longrightarrow 3Cu(NO_3)_2 + 2NO + 4H_2O$ **反応式⑲**

$H_2O_2 \longrightarrow H_2O$ ， $H_2O_2 \longrightarrow O_2$

$2H_2O_2 \longrightarrow O_2 + 2H_2O$ **反応式⑳**

$2Cl^- \longrightarrow Cl_2$ ， $MnO_2 \longrightarrow Mn^{2+}$

$MnO_2 + 4HCl \xrightarrow{加熱} MnCl_2 + Cl_2 + 2H_2O$ **反応式㉑**

気体の発生実験の一覧表は，
p.406に付録としてまとめました。

# Step 2 加熱を必要とする反応を4つ覚えよう。

## ●加熱を必要とする反応

　気体の発生実験について，加熱を必要とする・しないの判定ができると実験装置を選ぶ問題を解くときに役立ちます。加熱を必要とする反応は，

> ❶ アンモニア$NH_3$を発生させる反応
>
> ❷ 濃硫酸を使う反応
>
> ❸ 熱分解反応
>
> ❹ 濃塩酸$HCl$と酸化マンガン(IV)$MnO_2$から塩素$Cl_2$を発生させる反応

を覚えましょう。❶〜❹を覚えることで，

「亜鉛$Zn$と希硫酸$H_2SO_4$から水素$H_2$を発生させる」

　　　⇒ 加熱する必要はない！

「塩化ナトリウム$NaCl$と濃硫酸$H_2SO_4$から塩化水素$HCl$を発生させる」

　　　⇒ 加熱を必要とする！

と判定することができますね。

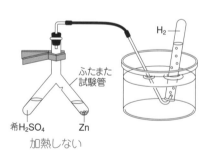

希$H_2SO_4$　　Zn
加熱しない

$$Zn + H_2SO_4 \longrightarrow ZnSO_4 + H_2$$
希硫酸　　　反応式⑭

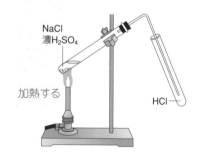

NaCl
濃$H_2SO_4$

加熱する

HCl

$$NaCl + H_2SO_4 \xrightarrow{\text{加熱}} HCl + NaHSO_4$$
濃硫酸　　　反応式08

## 練習問題

| 反応 | 試薬類 | | | 反応条件 | 発生する気体 |
|---|---|---|---|---|---|
| （Ⅰ） | 塩化アンモニウム | ＋ | あ | ア | アンモニア |
| （Ⅱ） | い | ＋ | 希硫酸 | イ | 硫化水素 |
| （Ⅲ） | 過酸化水素水 | ＋ | 酸化マンガン(Ⅳ) | ウ | a |
| （Ⅳ） | う | ＋ | 濃硫酸 | エ | 塩化水素 |
| （Ⅴ） | 濃硫酸 | ＋ | 銅 | オ | b |
| （Ⅵ） | 濃塩酸 | ＋ | え | カ | 塩素 |

(1) 試薬類の　あ　～　え　にあてはまるものを，次のⒶ～Ⓕから選べ。
　Ⓐ 炭酸カルシウム　　Ⓑ 塩化ナトリウム　　Ⓒ 酸化マンガン(Ⅳ)
　Ⓓ 硝酸アンモニウム　Ⓔ 硫化鉄(Ⅱ)　　　Ⓕ 水酸化カルシウム

(2) 　ア　～　カ　に，加熱する・加熱しない　のいずれかを答えよ。

(3) 発生する気体の　a　と　b　を化学式で記せ。

---

### 解き方

（Ⅰ）p.44❶より ア 加熱する
$$2NH_4Cl + Ca(OH)_2 \longrightarrow 2NH_3 + 2H_2O + CaCl_2 \quad 反応式⑰$$
塩化アンモニウム　水酸化カルシウム あ　アンモニア

（Ⅱ）イ 加熱しない
$$FeS + H_2SO_4 \longrightarrow H_2S + FeSO_4 \quad 反応式⑫$$
硫化鉄(Ⅱ) い　希硫酸　　硫化水素

（Ⅲ）ウ 加熱しない
$$2H_2O_2 \longrightarrow 2H_2O + {}^aO_2 \quad 反応式⑳$$
過酸化水素水　　　　　酸素

（Ⅳ）p.44❷より エ 加熱する
$$NaCl + H_2SO_4 \longrightarrow HCl + NaHSO_4 \quad 反応式⑱$$
塩化ナトリウム う　濃硫酸　　塩化水素

（Ⅴ）p.44❷より オ 加熱する
$$Cu + 2H_2SO_4 \longrightarrow CuSO_4 + {}^bSO_2 + 2H_2O \quad 反応式⑰$$
銅　　濃硫酸　　　　　　　二酸化硫黄

（Ⅵ）p.44❹より カ 加熱する
$$MnO_2 + 4HCl \longrightarrow MnCl_2 + Cl_2 + 2H_2O \quad 反応式㉑$$
酸化マンガン(Ⅳ) え　濃塩酸　　　塩素

### 答え
(1) あ：Ⓕ　　い：Ⓔ　　う：Ⓑ　　え：Ⓒ

(2) ア：加熱する　　イ：加熱しない　　ウ：加熱しない　　エ：加熱する

オ：加熱する　　カ：加熱する　　(3) a：$O_2$　　b：$SO_2$

## 第3講　気体の性質・捕集法・検出

**Step** ① 気体の性質と捕集法を覚えよう。

② 乾燥剤の種類を覚え，
乾燥できる気体をおさえよう。

③ 気体の検出法はとても大切です。
すべて覚えましょう。

# Step ① 気体の性質と捕集法を覚えよう。

## ●気体の性質

### (1) 有色の気体

$F_2 \Rightarrow$ 淡黄色 , $Cl_2 \Rightarrow$ 黄緑色 , $NO_2 \Rightarrow$ 赤褐色 , $O_3 \Rightarrow$ 淡青色

の4つを覚えましょう。この4つ以外の気体は，無色です。

### (2) 水への溶けやすさと液性

水に溶けにくい気体は，

農　・工　・水　・産　・地　・　油
NO　　CO　　H₂　　O₂　　N₂　　$CH_4$ , $C_2H_4$ , $C_2H_2$
　　　　　　　　　　　　　　　　メタン　　エチレン　アセチレン

とゴロを覚えましょう。「油」からは石油，つまり石油をつくっている有機化合物をイメージします。メタン$CH_4$，エチレン$C_2H_4$，アセチレン$C_2H_2$はいずれも有機化合物で，石油は水に溶けにくいですね。ですから，

農$NO$・工$CO$・水$H_2$・産$O_2$・地$N_2$・油($CH_4$, $C_2H_4$, $C_2H_2$)

は，いずれも水に溶けにくく，水上置換で捕集します。水に溶けにくい気体は，水に溶けて酸性や塩基性を示すことはありません。つまり，「農工水産地油」は，いずれも中性の気体です。

「農工水産地油」以外の気体は水に溶けます。水に溶ける気体のうち，

### $NH_3$ だけ が 塩基性 の 気体

なので，「農工水産地油」と「$NH_3$」以外の気体は，酸性の気体
　　　↳$H_2S$, $Cl_2$, HF, HCl, $CO_2$, $NO_2$, $SO_2$など

です。また，上方置換で捕集する気体は$NH_3$だけなので，下方置換で捕集する気体は酸性の気体になりますね。

$\begin{cases} NH_3 \Rightarrow 上方置換で捕集する \\ 「農工水産地油」と「NH_3」以外の気体 \Rightarrow 下方置換で捕集する \end{cases}$
　　↳水上置換で捕集　　　　　↳上方置換で捕集

$\begin{cases} NO, \ CO, \ H_2, \ O_2, \ N_2, \ CH_4, \ C_2H_4, \ C_2H_2 \ \Rightarrow \ 水上置換。中性の気体 \\ NH_3 \ \Rightarrow \ 上方置換。塩基性の気体 \\ H_2S, \ Cl_2, \ HF, \ HCl, \ CO_2, \ NO_2, \ SO_2 \ など \ \Rightarrow \ 下方置換。酸性の気体 \end{cases}$

## (3) においのある気体

$\begin{cases} H_2S \ \Rightarrow \ 腐卵臭(卵の腐った臭い) \\ O_3 \ \Rightarrow \ 特異臭 \\ Cl_2, \ NH_3, \ HF, \ HCl, \ NO_2, \ SO_2 \ \Rightarrow \ 刺激臭 \end{cases}$ いずれも有毒です

の8つを覚えましょう。この8つ以外は，無臭です。

---

**Step 1** の内容をまとめると ▶ 気体の性質のまとめ

| 有色の気体 | $F_2$(淡黄色)，$Cl_2$(黄緑色)，$NO_2$(赤褐色)，$O_3$(淡青色) ← 4つだけ |
|---|---|
| 水に溶けにくい気体(中性の気体) | 農 工 水産 地 油<br>$NO$, $CO$, $H_2$, $O_2$, $N_2$, $CH_4$, $C_2H_4$, $C_2H_2$ |
| 水に溶け，塩基性を示す気体 | $NH_3$ ← これだけ |
| 水に溶け，酸性を示す気体 | 「農工水産地油」と「$NH_3$」以外<br>$H_2S$, $Cl_2$, $HF$, $HCl$, $CO_2$, $NO_2$, $SO_2$ など |
| においの<br>ある気体 | $H_2S$(腐卵臭)，$O_3$(特異臭)，<br>$Cl_2$, $NH_3$, $HF$, $HCl$, $NO_2$, $SO_2$ (刺激臭) いずれも有毒気体 注 |

注 加えて，においのないNOやCOも有毒気体です。

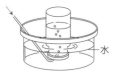

**水上置換**

水に溶けにくい気体
⇒農工水産地油を集めます
$NO$, $CO$, $H_2$, $O_2$, $N_2$,
$CH_4$, $C_2H_4$, $C_2H_2$

**上方置換**

水に溶け, 空気より軽い気体
⇒$NH_3$を集めます

**下方置換**

水に溶け, 空気より重い気体
⇒酸性気体を集めます
$H_2S$, $Cl_2$, $HF$, $HCl$, $CO_2$,
$NO_2$, $SO_2$ など

空気より重い・軽いは，空気の平均分子量(見かけの分子量)29より分子
量が大きいか小さいかで判定します。
空気の平均分子量は，空気フ(2)ク(9) とゴロで覚えましょう。

## Step 2 乾燥剤の種類を覚え,乾燥できる気体をおさえよう。

### ●乾燥剤の種類

　発生させた気体が水蒸気 $H_2O$ を含んでいるときには,水蒸気を除く(乾燥する)ために乾燥剤

| 酸性の乾燥剤 | | ・ | 中性の乾燥剤 | ・ | 塩基性の乾燥剤 | |
|---|---|---|---|---|---|---|
| $P_4O_{10}$ | $H_2SO_4$ | | $CaCl_2$ | | $CaO$ | , $CaO + NaOH$ |
| 十酸化四リン | 濃硫酸 | | 塩化カルシウム | | 酸化カルシウム | ソーダ石灰 |

を使います。乾燥剤は,

### 乾燥させる気体と乾燥剤 が 反応しないように選ぶ

ようにします。

　つまり,「酸性と塩基性のペア」にならないようにしましょう。

| 酸性の乾燥剤 | ・ 中性の乾燥剤 ・ | 塩基性の乾燥剤 |
|---|---|---|
| ↓ | | ↓ |
| 塩基性の気体($NH_3$)の乾燥には使えない | | 酸性の気体($H_2S$, $Cl_2$, HF, HCl,<br>「農工水産地油」と「$NH_3$」以外←┘<br>$CO_2$, $NO_2$, $SO_2$など)の乾燥には使えない |

　中性の乾燥剤 $CaCl_2$ はほとんどの気体の乾燥に使うことができますが,$NH_3$ とは $CaCl_2 \cdot 8NH_3$ をつくるので,$CaCl_2$ は $NH_3$ の乾燥には使えません。

　酸性の乾燥剤の濃硫酸 $H_2SO_4$ は,酸性の気体である $H_2S$ の乾燥に使えそうです。ところが,濃硫酸(酸化剤)・$H_2S$(還元剤)であり,濃硫酸は $H_2S$ の乾燥に使うことができません。

**ポイント** 気体の乾燥

「乾燥させる気体」と「乾燥剤」が反応するのを防ぐように，乾燥剤を選ぶことが必要。

| | 乾燥剤 | 乾燥可能な気体 | 乾燥に不適当な気体 | |
|---|---|---|---|---|
| 酸性 | 十酸化四リン $P_4O_{10}$ | 中性または酸性の気体 | $NH_3$ | 塩基性の気体なので酸性の乾燥剤と反応してしまう |
| | 濃硫酸 $H_2SO_4$ | | $NH_3$ および $H_2S$ | 還元剤なので酸化剤の濃 $H_2SO_4$ と反応してしまう |
| 中性 | 塩化カルシウム $CaCl_2$ | ほとんどの気体 | $NH_3$ | $CaCl_2 \cdot 8NH_3$ となってしまう |
| 塩基性 | 酸化カルシウム $CaO$ | 中性または塩基性の気体 | 酸性の気体 | 塩基性の乾燥剤と反応してしまう |
| | ソーダ石灰 $CaO + NaOH$ | | | |

塩化カルシウム

湿気とり

図のふたまた試験管のAの部分に(ア)〜(ウ)の酸を,Bの部分に(ア)〜(ウ)の固体物質をそれぞれ入れて反応させた。発生した気体は下の図のC,D,Eのいずれかの方法で捕集した。

(ア) 希硫酸と硫化鉄(Ⅱ)　　(イ) 希硝酸と銅　　(ウ) 塩酸と炭酸カルシウム

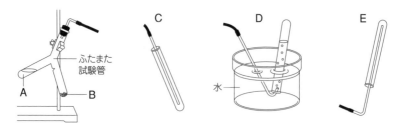

(1) (ア)〜(ウ)の反応で,それぞれ発生する気体の化合物名と化学反応式を書け。

(2) (ア)〜(ウ)の反応で,それぞれ発生する気体の捕集方法として最も適当なものを,C,D,Eの中から選べ。

(3) (ア)〜(ウ)の反応で,それぞれ発生する気体の乾燥剤として,次の組み合わせ@〜©のうち不適当なものを1つ選べ。

　@　(ア)の気体に対して酸化カルシウム

　ⓑ　(イ)の気体に対して塩化カルシウム

　©　(ウ)の気体に対して十酸化四リン

---

**解き方**

(1),(2)

(ア) p.32 パターン1 「酸・塩基の反応」の「弱酸の遊離」です。

$$FeS + H_2SO_4 \longrightarrow H_2S + FeSO_4$$ **反応式②**
硫化鉄(Ⅱ)　希硫酸　　硫化水素

$H_2S$は「農工水産地油」と「$NH_3$」以外の気体ですから,下方置換(→C)で捕集します。

(イ) p.39 パターン4 「酸化還元反応」です。

$$3Cu + 8HNO_3 \longrightarrow 3Cu(NO_3)_2 + 2NO + 4H_2O$$ **反応式⑲**
銅　　希硝酸　　　　　　　　　一酸化窒素

NOは「農工水産地油」の「農」ですから,水上置換(→D)で捕集します。

（ウ）　p.32 パターン1「酸・塩基の反応」の「弱酸の遊離」です。

$$CaCO_3 + 2HCl \longrightarrow H_2O + CO_2 + CaCl_2$$ 　反応式 03

炭酸カルシウム　　塩酸　　　　　　二酸化炭素

$CO_2$ は「農工水産地油」と「$NH_3$」以外の気体ですから，下方置換（→C）で捕集します。

(3)　ⓐ　酸化カルシウム CaO は，塩基性の乾燥剤です。よって，酸性の気体 $H_2S$ の乾燥には使用できません。
　　　　　<sub>(ア)</sub>

　　ⓑ　塩化カルシウム $CaCl_2$ は，中性の乾燥剤です。よって，中性の気体 NO の乾燥に使うことができます。
　　　　　<sub>(イ)</sub>

　　ⓒ　十酸化四リン $P_4O_{10}$ は，酸性の乾燥剤です。よって，酸性の気体 $CO_2$ の乾燥に使うことができます。
　　　　　<sub>(ウ)</sub>

　　よって，不適当なものはⓐです。

参考　**ふたまた試験管について**

　　くびれのある側に固体を入れ，反対側に液体を入れます。試験管を傾けて液体を固体に注ぐと反応が起こり，気体が発生します。気体の発生を止めるときには，ふたまた試験管を傾けて液体をもとに戻します。

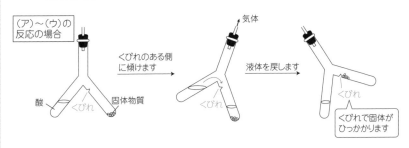

（ア）～（ウ）の反応の場合

気体

くびれのある側に傾けます

液体を戻します

酸　　くびれ　　固体物質

くびれ

くびれで固体がひっかかります

答え　(1)　（ア）　硫化水素　$FeS + H_2SO_4 \longrightarrow FeSO_4 + H_2S$
　　　　　（イ）　一酸化窒素
　　　　　　　　　$3Cu + 8HNO_3 \longrightarrow 3Cu(NO_3)_2 + 2NO + 4H_2O$
　　　　　（ウ）　二酸化炭素
　　　　　　　　　$CaCO_3 + 2HCl \longrightarrow H_2O + CO_2 + CaCl_2$
　　　(2)　（ア）　C　　（イ）　D　　（ウ）　C
　　　(3)　ⓐ

## Step ③ 気体の検出法はとても大切です。すべて覚えましょう。

### ●気体の検出法

#### (1) 硫化水素 $H_2S$ や二酸化硫黄 $SO_2$ の検出

$H_2S$ の水溶液に $SO_2$ を通すと，こまかい硫黄 $S$ ができて溶液が白くにごります。この反応は，$H_2S$ が $S$，$SO_2$ も $S$ へと変化することで起こる酸化還元反応です。

$$\begin{cases} H_2S \longrightarrow S + 2H^+ + 2e^- & \cdots① \quad \Leftarrow H_2S は S になります \\ SO_2 + 4H^+ + 4e^- \longrightarrow S + 2H_2O & \cdots② \quad \Leftarrow SO_2 も S になります \end{cases}$$

となり，①式を2倍して $4e^-$ でそろえ，①式×2と②式をたします。

$$2H_2S + SO_2 \longrightarrow \underset{白濁}{3S\downarrow} + 2H_2O \quad \boxed{反応式㉒} \quad \Leftarrow ①×2+②より$$

#### (2) 二酸化炭素 $CO_2$ の検出

石灰水（水酸化カルシウム $Ca(OH)_2$ の飽和水溶液）に $CO_2$ を通すと，炭酸カルシウム $CaCO_3$ の白い沈殿ができて溶液が白くにごります。

#### (3) アンモニア $NH_3$ や塩化水素 $HCl$ の検出

無色の気体 $NH_3$ と無色の気体 $HCl$ が反応すると，中和反応が起こり，塩化アンモニウム $NH_4Cl$ のこまかい結晶ができるので白煙を生じます。

$$NH_3 + HCl \longrightarrow NH_4Cl \quad \boxed{反応式㉓}$$

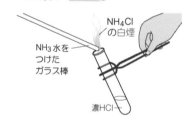

また，塩基性の気体は $NH_3$ だけですから，

赤色リトマス紙を青色に変色させる気体は $NH_3$

とわかります。

## (4) 一酸化窒素NOの検出

無色の気体NOは，空気中の$O_2$にふれるとすぐに赤褐色の気体$NO_2$になります。

$$NO \xrightarrow{\text{空気中の}O_2} NO_2$$
無色　　　　　　　　　　赤褐色

## (5) 塩素$Cl_2$やオゾン$O_3$の検出

**ヨウ化カリウムKIとデンプンの水溶液をろ紙にひたしてつくったものをヨウ化カリウムデンプン紙**といいます。水でしめらせたヨウ化カリウムデンプン紙に，$Cl_2$や$O_3$をふきつけると青紫色になります。

水でしめらせた
KIデンプン紙　$\xrightarrow{Cl_2\text{や}O_3}$　青紫色

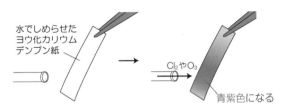

水でしめらせた
ヨウ化カリウム
デンプン紙

$Cl_2$や$O_3$

青紫色になる

$Cl_2$や$O_3$によって，KIから$I_2$が生じます。この$I_2$とデンプンによるヨウ素デンプン反応により，青紫色になります。

## (6) 塩素$Cl_2$，二酸化硫黄$SO_2$の検出

$Cl_2$や$SO_2$は，花の色素を漂白します。

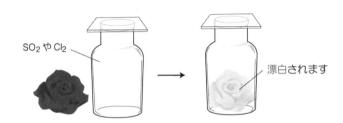

$SO_2$や$Cl_2$

漂白されます

（1）$H_2S$ または $SO_2$ ⇒ $H_2S$ と $SO_2$ を反応させると水溶液が<u>白濁</u>する。

（2）$CO_2$ ⇒ 石灰水（$Ca(OH)_2$水）が $CaCO_3$ により<u>白濁</u>する。

（3）$NH_3$ または HCl ⇒ $NH_3$ と HCl を空気中で反応させると<u>白煙</u>を生じる。

注 $NH_3$ は赤色リトマス紙を青色に変色させる。

（4）NO ⇒ 空気にふれると<u>赤褐色</u>になる。

（5）$Cl_2$, $O_3$

⇒ 水でしめらせたヨウ化カリウム KI デンプン紙を<u>青紫色に変色させる</u>。

（6）$Cl_2$ または $SO_2$ ⇒ 花の色素を<u>漂白する</u>。

---

練習問題

　（A）〜（E）の気体の検出方法について，最も適当なものをあとの⑦〜⑰から1つ選べ。

（A）塩素　　（B）塩化水素　　（C）二酸化炭素　　（D）アンモニア

（E）一酸化窒素

　⑦ 空気にふれさせる。　　⑦ 濃塩酸を近づける。　　⑰ 硫酸にふれさせる。

　⑤ 石灰水に通じる。　　⑦ 濃アンモニア水を近づける。

　⑰ しめったヨウ化カリウムデンプン紙を近づける。

- - - - - - - - - - - - - - - - - - - - - - - - - - - - - - - -

解き方

（A）　塩素 $Cl_2$ は，しめった KI デンプン紙を青紫色に変色させます。

（B）　塩化水素 HCl は，$NH_3$ と反応して白煙を生じます。

（C）　二酸化炭素 $CO_2$ は，石灰水に通じると白濁します。

（D）　アンモニア $NH_3$ は，濃塩酸 HCl と反応して白煙を生じます。

（E）　一酸化窒素 NO は，空気にふれると赤褐色になります。

答え　（A）⑰　　（B）⑦　　（C）⑤　　（D）⑦　　（E）⑦

## 第4講　酸化物の反応とオキソ酸

Step ① 酸化物の反応式のつくり方の
5パターンを覚えよう。

② オキソ酸の分子式を覚え，
酸性の強さの順をおさえましょう。

## Step 1 酸化物の反応式のつくり方の5パターンを覚えよう。

### ●酸化物，酸化物と水の反応

$Na_2O$，$CaO$，$Al_2O_3$，$ZnO$，$CO_2$，$SiO_2$ のような

酸素 O の化合物を 酸化物（さんかぶつ）

といいます。酸化物には，

金属の酸化物　と　非金属の酸化物

└→ $Na_2O$，$CaO$，$Al_2O_3$，$ZnO$       └→ $CO_2$，$SiO_2$

があります。

### （1）金属の酸化物と水 $H_2O$ の反応

金属の酸化物が水 $H_2O$ と反応するときには，次のように反応します。

例えば，金属の酸化物である $Na_2O$ が水と反応するときには，まず $Na_2O$ が水に溶けて $2Na^+$ と $O^{2-}$ に電離します。

$$Na_2O \xrightarrow{\text{電離}} 2Na^+ + O^{2-} \quad \cdots ①$$

次に，電離により生じた $O^{2-}$ は $H_2O$ から $H^+$ をうばい，$OH^-$ 2個になります。

$$O^{2-} + H_2O \longrightarrow OH^- + OH^- \quad \cdots ②$$

（$H^+$ が移動します）
（$H^+$ をうばいます）（$H^+$ をわたします）

この①式と②式の反応が，水の中で連続で起こります。ですから，$Na_2O$ と水の反応式は，①式と②式をたして，つくることができます。

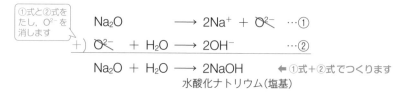

（①式と②式をたし，$O^{2-}$ を消します）

$$Na_2O \longrightarrow 2Na^+ + \cancel{O^{2-}} \quad \cdots ①$$
$$+)\ \cancel{O^{2-}} + H_2O \longrightarrow 2OH^- \quad\quad\quad \cdots ②$$
$$Na_2O + H_2O \longrightarrow 2NaOH \quad \leftarrow ①式+②式でつくります$$

水酸化ナトリウム（塩基）

反応式のつくり方 その1

金属の酸化物と水の反応は，

「$O^{2-} + H_2O \longrightarrow 2OH^-$」を利用する

## (2) 非金属の酸化物と水 $H_2O$ の反応

　非金属の酸化物が水 $H_2O$ と反応するときには，次のように反応します。

　例えば，非金属の酸化物である $CO_2$ が $H_2O$ と反応すると，炭酸になります。
　　　　　　　　　　　　　　　　　　　　　　　　　　$H_2CO_3$

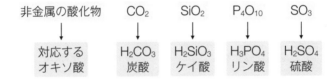

おたがいの
＋と－が引きあいます。

炭酸 $H_2CO_3$
ですね。

　炭酸 $H_2CO_3$，硝酸 $HNO_3$，硫酸 $H_2SO_4$ のように，**酸素 O を含む酸をオキソ酸**といいます。次に紹介する「非金属の酸化物に対応するオキソ酸」を覚えましょう。

第4講　酸化物の反応とオキソ酸

| 非金属の酸化物 | $CO_2$ | $SiO_2$ | $P_4O_{10}$ | $SO_3$ |
|---|---|---|---|---|
| ↓ | ↓ | ↓ | ↓ | ↓ |
| 対応する オキソ酸 | $H_2CO_3$ 炭酸 | $H_2SiO_3$ ケイ酸 | $H_3PO_4$ リン酸 | $H_2SO_4$ 硫酸 |

$CO_2$，$SiO_2$，$SO_3$ に対応するオキソ酸は，酸化物の化学式に $H_2O$ をたして

$$\underline{CO_2 + H_2O}_{H_2CO_3} \quad, \quad \underline{SiO_2 + H_2O}_{H_2SiO_3} \quad, \quad \underline{SO_3 + H_2O}_{H_2SO_4}$$

とすることで，覚えられますよ。

---

**反応式の つくり方 その2**　非金属の酸化物と水の反応は，

　　**「非金属の酸化物　＋　水　⟶　対応するオキソ酸」** を利用する

---

**ポイント**　酸化物，酸化物と水の反応

酸化物 ─┬─ 金属の酸化物　⇒　水と反応すると，塩基になる
　　　　└─ 非金属の酸化物　⇒　水と反応すると，オキソ酸になる

例　$CaO + H_2O → Ca(OH)_2$　　　$SO_3 + H_2O → H_2SO_4$
　　金属の酸化物　　　　塩基　　非金属の酸化物　　オキソ酸

## ●塩基性酸化物・両性酸化物・酸性酸化物

### (1) 塩基性酸化物・両性酸化物

$Na_2O$，$CaO$，$Al_2O_3$，$ZnO$ のような金属の酸化物のうち，

　　$Na_2O$ や $CaO$ のように**水と反応して塩基になる酸化物**を塩基性酸化物

といいます。塩基性酸化物は，酸と反応する金属の酸化物ともいえます。

　また，金属の酸化物のうち，

　　**あ($Al^{3+}$)あ($Zn^{2+}$)すん($Sn^{2+}$)なり($Pb^{2+}$)と $O^{2-}$ からなる酸化物**

　　$Al_2O_3$，$ZnO$，$SnO$，$PbO$ を**両性酸化物**

といいます。両性酸化物は，酸だけでなく塩基とも反応する酸化物です。両性酸
化物は，$Al_2O_3$ と $ZnO$ が大切ですよ。

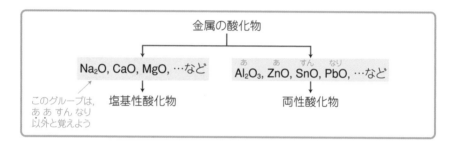

### (2) 酸性酸化物

　非金属の酸化物のうち，**水と反応してオキソ酸になるもの**や，**塩基と反応する
もの**を**酸性酸化物**といい，$CO_2$，$SiO_2$，$P_4O_{10}$，$SO_3$ などがあります。ただし，
p.48で覚えた中性の気体の $NO$，$CO$ は酸性酸化物には分類しません。

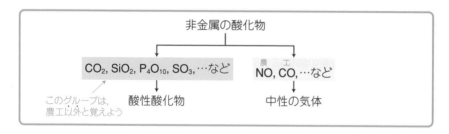

## ●酸化物と酸や塩基の反応

### (1) 塩基性酸化物や両性酸化物と酸の反応

<u>塩基性酸化物や両性酸化物</u>のもつ$O^{2-}$は，酸の$H^+$と次のように反応します。
いずれも金属の酸化物です

$$O^{2-} + 2H^+ \longrightarrow H_2O \quad \cdots ①$$

例えば，①式の両辺に$Ca^{2+}$と$2Cl^-$を加えると，$CaO$と$HCl$の反応式

$$\underset{\text{塩基性酸化物}}{CaO} + \underset{\text{酸}}{2HCl} \longrightarrow H_2O + CaCl_2 \quad \text{← ①式の両辺に}Ca^{2+}\text{と}2Cl^-\text{を加えました}$$

となり，①式の両辺に$Zn^{2+}$と$2Cl^-$を加えると，$ZnO$と$HCl$の反応式

$$\underset{\text{両性酸化物}}{ZnO} + \underset{\text{酸}}{2HCl} \longrightarrow H_2O + ZnCl_2 \quad \text{← ①式の両辺に}Zn^{2+}\text{と}2Cl^-\text{を加えました}$$

になります。

> **反応式の つくり方 その3**
>
> 金属の酸化物と酸の反応は，
> 「$O^{2-} + 2H^+ \longrightarrow H_2O$」を利用する

### (2) 酸性酸化物と塩基の反応

<u>酸性酸化物</u>は，塩基の$OH^-$と次のように反応します。
非金属の酸化物です

$$\boxed{酸化物} + 2OH^- \longrightarrow \underline{酸化物と O^{2-} がくっついたイオン} + H_2O$$

この反応は，$OH^-$2個が

$$\underset{H^+\text{をわたします}}{OH^-} + \underset{H^+\text{をうけとります}}{OH^-} \longrightarrow O^{2-} + H_2O$$

（$H^+$が移動します）

のように反応して生じる$O^{2-}$と$H_2O$のうち，「酸性酸化物に$O^{2-}$がくっつき，$H_2O$が余る」と覚えましょう。

例えば，$\underset{\text{酸性酸化物}}{CO_2}$と$NaOH$の反応式は，$2OH^-$から生じる$O^{2-}$と$H_2O$のうち，「$CO_2$に$O^{2-}$がくっつき$CO_3{}^{2-}$となり，$H_2O$が余る」と考え，

$$\underset{\text{酸性酸化物}}{CO_2} + \underset{\text{塩基}}{2OH^-} \longrightarrow CO_3{}^{2-} + H_2O \quad \cdots ①$$

とします。①式の両辺に$2Na^+$を加えると，$CO_2$と$NaOH$の反応式

$$CO_2 + 2NaOH \longrightarrow Na_2CO_3 + H_2O \quad \text{になります。}$$

> **反応式の つくり方 その4**
>
> 非金属の酸化物と塩基の反応は，
> 「$\boxed{酸化物} + 2OH^- \longrightarrow \underline{酸化物 + O^{2-}} + H_2O$」を利用する
> 非金属の酸化物と$O^{2-}$がくっついたイオン

## ●複雑な反応式の係数のつけ方

酸化物の反応式は， として，

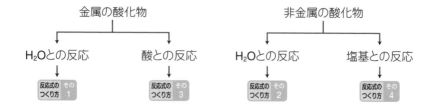

の4パターンを紹介しました。 〜 にあてはまらない

「<u>両性酸化物</u>　と　塩基　の反応」
Al₂O₃, ZnO, …

「両性酸化物と酸の反応」は
でつくることができ
ました。

は，次のようにつくりましょう。

 〜 のパターンにあてはまらないときは，
「反応物と生成物を覚え，係数をあわせる」

例えば，両性酸化物である$Al_2O_3$は，塩基の$NaOH$水溶液と反応して，
$Na[Al(OH)_4]$を生じます。つまり，

　　「$Al_2O_3$　と　$NaOH$水溶液　から，$Na[Al(OH)_4]$　が生じる」
と覚え，反応式を

水が使われています

　　$Al_2O_3$　+　$NaOH$　+　$H_2O$　⟶　$Na[Al(OH)_4]$
と書き，この中でもっとも複雑そうな$Na[Al(OH)_4]$の係数を$\boxed{1}$とします。

　　$Al_2O_3$　+　$NaOH$　+　$H_2O$　⟶　$1Na[Al(OH)_4]$

ここで，$O$や$H$にくらべると，$Al$や$Na$の数はそろえやすそうです。そこで，
$Al$と$Na$の数をそろえてみます。

$$\frac{1}{2}Al_2O_3 \ + \ 1NaOH \ + \ H_2O \ \longrightarrow \ 1\,Na[Al(OH)_4]$$

右辺に$Na$は1個

$NaOH$の係数を1として，
左辺の$Na$の数を1個にします

右辺に$Al$は1個

$Al_2O_3$の係数を$\frac{1}{2}$として，左辺の$Al$の数を1個にします

最後に，$H_2O$ の係数をつけます。Oの数かHの数の数えやすいものを数えます。

例えば，Hを数えてみると，次のようになります。

$$\frac{1}{2}Al_2O_3 \; + \; 1NaOH \; + \; \frac{3}{2}H_2O \; \longrightarrow \; 1Na[Al(OH)_4]$$

②ここに，Hが1個あります　③左辺にあとHが3個必要なので，$H_2O$ の係数を $\frac{3}{2}$ とします　①右辺に，Hは4個あります

2倍して，反応式を完成させます。

$$Al_2O_3 \; + \; 2NaOH \; + \; 3H_2O \; \longrightarrow \; 2Na[Al(OH)_4]$$

反応式の つくり方 その5 は「両性酸化物と塩基の反応」以外でも使えます。

例えば，$SiO_2$ はHFと反応して，$H_2SiF_6$ と $H_2O$ が生じます。この反応式は，

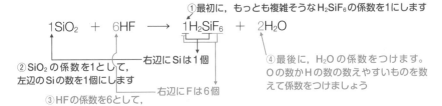

①最初に，もっとも複雑そうな $H_2SiF_6$ の係数を1にします

$$1SiO_2 \; + \; 6HF \; \longrightarrow \; 1H_2SiF_6 \; + \; 2H_2O$$

②$SiO_2$ の係数を1として，左辺のSiの数を1個にします

右辺にSiは1個

③HFの係数を6として，左辺のFの数を6個にします

右辺にFは6個

④最後に，$H_2O$ の係数をつけます。Oの数かHの数の数えやすいものを数えて係数をつけましょう

のように係数をつけることができます。これで，反応式は完成です。

$$SiO_2 \; + \; 6HF \; \longrightarrow \; H_2SiF_6 \; + \; 2H_2O$$

反応式がつくりにくいと感じたら，反応式の つくり方 その5 をためしてみましょう。

---

**Step 1** の内容をまとめると　酸化物の反応式のつくり方の5パターン

金属の酸化物や非金属の酸化物の反応式は，

反応式の つくり方 その1 ～ 反応式の つくり方 その4 を利用してつくりましょう。

反応式の つくり方 その1 から 反応式の つくり方 その4 にあてはまらない反応式は，

反応式の つくり方 その5 でつくりましょう。

## Step 2 オキソ酸の分子式を覚え, 酸性の強さの順をおさえましょう。

### ●オキソ酸

炭酸 $H_2CO_3$, 硝酸 $HNO_3$, 硫酸 $H_2SO_4$ のように酸素 O を含む酸をオキソ酸といいました。オキソ酸は, 次の(1)〜(4)の化学式・名前を覚えましょう。

### (1) Clを含むもの

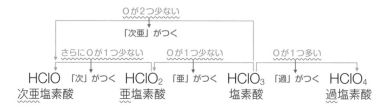

O が 2 つ少ない
「次亜」がつく

さらに O が 1 つ少ない 「次」がつく

O が 1 つ少ない 「亜」がつく

O が 1 つ多い 「過」がつく

| $HClO$ | $HClO_2$ | $HClO_3$ | $HClO_4$ |
| 次亜塩素酸 | 亜塩素酸 | 塩素酸 | 過塩素酸 |

### (2) Sを含むもの

O が 1 つ少ない 「亜」がつく

$H_2SO_3$ 亜硫酸　$H_2SO_4$ 硫酸

### (3) Nを含むもの

O が 1 つ少ない 「亜」がつく

$HNO_2$ 亜硝酸　$HNO_3$ 硝酸

### (4) PやCを含むもの

$H_3PO_4$ リン酸　$H_2CO_3$ 炭酸

オキソ酸の名前は, 規則性があるから覚えやすい！

### ●オキソ酸の酸の強さ

オキソ酸は中心の原子(Cl, S, N, P, Cなど)が同じとき,

「中心の原子に結合している酸素O原子の数が多いほど, 酸性が強い」または「中心の原子の酸化数が大きいほど 酸性が強い」

という特徴があります。つまり、

「酸の強さ」は、

$$\begin{array}{ccccccc} & \overset{\text{次亜塩素酸}}{HC\underline{l}O} & < & \overset{\text{亜塩素酸}}{HC\underline{l}O_2} & < & \overset{\text{塩素酸}}{HC\underline{l}O_3} & < & \overset{\text{過塩素酸}}{HC\underline{l}O_4} \\ \text{酸化数} & +1 & & +3 & & +5 & & +7 \end{array}$$

$$\begin{array}{ccc} & \overset{\text{亜硝酸}}{H\underline{N}O_2} & < & \overset{\text{硝酸}}{H\underline{N}O_3} \\ \text{酸化数} & +3 & & +5 \end{array}$$

$$\begin{array}{ccc} & \overset{\text{亜硫酸}}{H_2\underline{S}O_3} & < & \overset{\text{硫酸}}{H_2\underline{S}O_4} \\ \text{酸化数} & +4 & & +6 \end{array}$$

となります。

**ポイント　オキソ酸**

- 化学式と名前を覚えよう。
- 中心の原子が同じ場合

⇒ ｛結合している酸素原子の数が多い／中心の原子の酸化数が大きい｝ ほど、オキソ酸の酸性が強くなる

次の練習問題をやってみましょう。

**練習問題**

　塩素には酸化数が異なる4種類のオキソ酸が知られている。これらの中で酸としての性質が最も強いものと最も弱いものの名称と化学式を書け。

(金沢大)

**解き方**

　塩素のオキソ酸の「酸の強さ」は、次のようになります。

$$\begin{array}{ccccccc} & \overset{\text{過塩素酸}}{HC\underline{l}O_4} & > & \overset{\text{塩素酸}}{HC\underline{l}O_3} & > & \overset{\text{亜塩素酸}}{HC\underline{l}O_2} & > & \overset{\text{次亜塩素酸}}{HC\underline{l}O} \\ \text{酸の強さ} & & & & & & & \\ \text{酸化数} & +7 & & +5 & & +3 & & +1 \end{array}$$

**答え**　最も強いもの：過塩素酸、$HClO_4$

　　　　最も弱いもの：次亜塩素酸、$HClO$

この講で勉強した「酸化物の反応式」は，このあとでくり返し出てきますよ。

無機化学編

第5講　17族（ハロゲン）

Step **1** ハロゲン単体の状態・色・反応性を
おさえよう。

**2** $Cl_2$ の発生法を実験装置とあわせて
覚えよう。

**3** ハロゲン化水素の性質や
つくり方を確認しよう。

# Step ① ハロゲン単体の状態・色・反応性をおさえよう。

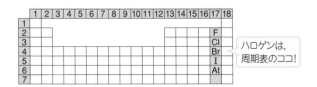

ハロゲンは、周期表のココ!

## ●単体の状態・色・融点や沸点

**17族元素**を**ハロゲン**といいます。ハロゲンは、

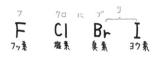

とゴロで覚えましょう。

　ハロゲンの単体は，$F_2$，$Cl_2$，$Br_2$，$I_2$のように$X_2$と表せる二原子からなる分子（二原子分子）で，**有色**で**有毒**です。常温（25℃）・常圧（$1.013 \times 10^5$ Pa）でのハロゲン単体の状態と色を暗記しましょう。

> **暗記しよう!**
>
> 　　フッ素$F_2$ ⇒ 気体で淡黄色　　　塩素$Cl_2$ ⇒ 気体で黄緑色
>
> 　　臭素$Br_2$ ⇒ 液体で赤褐色　　　ヨウ素$I_2$ ⇒ 固体で黒紫色

　ハロゲン単体の融点や沸点は，

　　　**分子量が大きいほど，ファンデルワールス力が強くなる**

ので，

$$F_2 \ < \ Cl_2 \ < \ Br_2 \ < \ I_2$$ ← 融点・沸点

の順になります。

## ●酸化力の違い

ハロゲン単体は,

$$Cl_2 + 2e^- \longrightarrow 2Cl^- \qquad \leftarrow Cl_2はe^-をうばい,2Cl^-へと変化します$$

のように電子$e^-$をうばい,酸化剤としてはたらきます。ハロゲン単体は,原子番号が小さいほど,**他の物質から$e^-$をうばう力**(酸化力)が強くなります。

---

**暗記しよう!** **酸化力の強さ**

$$F_2 \; > \; Cl_2 \; > \; Br_2 \; > \; I_2 \qquad の順$$

---

酸化力の違いを利用すると,ハロゲン単体をつくることができます。まずは,

**ルール** 酸化力 強 が,酸化力 弱 を追い出す

を覚えましょう。次に,この **ルール** をハロゲンどうしの反応「$Cl_2 + 2I^-$」と「$I_2 + 2Cl^-$」にあてはめます。

$$Cl_2 \;+\; 2I^- \;\xrightarrow{起こる}\; 2Cl^- \;+\; I_2 \quad\cdots ⓐ$$
(酸化力 強) (酸化力 弱)

$$I_2 \;+\; 2Cl^- \;\xcancel{\;}\;_{起こらない}\; 2I^- \;+\; Cl_2 \quad\cdots ⓑ$$
(酸化力 弱) (酸化力 強)

ⓐの反応は起こりますが,ⓑの反応は起こりません。このことから,酸化力の強さは $Cl_2 > I_2$ の順であることが確認できます。

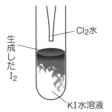

酸化力:$Cl_2 > I_2$ なので,
反応が起こる

酸化力:$Cl_2 > I_2$ なので,
反応が起こらない

「ハロゲン化物イオンの水溶液にハロゲン単体を加えたときの反応式は，次の
　　F⁻, Cl⁻, Br⁻, I⁻, …　　　　　　F₂, Cl₂, Br₂, I₂, …
手順にしたがってつくりましょう。

**手順1** 酸化力の強さの順を思い出し，「反応する」・「反応しない」を判定します。
$F_2 > Cl_2 > Br_2 > I_2$

**手順2** 電子$e^-$を含むイオン反応式をくみ合わせて，反応式をつくります。

> 「理論化学編」で反応式のどこかに単体($F_2$, $Cl_2$, $Br_2$, $I_2$
> など)があれば，酸化還元反応であると勉強しましたね。

次の〈A〉，〈B〉で練習しましょう。

〈**A**〉 ヨウ化カリウムKI水溶液に塩素$Cl_2$水を加える。

**手順1** 酸化力の強さが $Cl_2 > I_2$ なので，「反応する」と判定できます。

**手順2** $2I^-$ は$I_2$，$Cl_2$は$2Cl^-$ に変化します。

$$\begin{cases} 2I^- \longrightarrow I_2 + 2e^- & \cdots① \quad\Leftarrow I^-\text{は}e^-\text{を失います}\\ Cl_2 + 2e^- \longrightarrow 2Cl^- & \cdots② \quad\Leftarrow Cl_2\text{は}e^-\text{をうばいます} \end{cases}$$

ともに$2e^-$なので，①式と②式をたします。

$$2I^- + Cl_2 \longrightarrow I_2 + 2Cl^- \quad \Leftarrow ①+②\text{より}$$
　　　　　左辺に$2K^+$を加えます　　　　　　右辺にも$2K^+$を加えます
$$2KI + Cl_2 \longrightarrow I_2 + 2KCl \quad \boxed{\text{反応式㉔}}$$

〈**B**〉 塩化カリウムKCl水溶液にヨウ素$I_2$を加える。

**手順1** 酸化力の強さが $Cl_2 > I_2$ なので，「反応しない」と判定できます。

---

**ポイント** 「KI ＋ Cl₂」と「KCl ＋ I₂」のちがい

〈A〉 $2KI + Cl_2 \overset{\text{起こる}}{\longrightarrow} I_2 + 2KCl$

〈B〉 $2KCl + I_2 \overset{\text{起こらない}}{\nrightarrow}$
　　　　　　　　　　↖ 酸化力の強さは
　　　　　　　　　　↙ $Cl_2 > I_2$ の順なので

慣れてきたら，$X_2 + 2Y^- \longrightarrow 2X^- + Y_2$

と覚えて，XとYにハロゲン原子をあてはめて書くと，かんたんです。

---

酸化力の強さの順　$F_2 > Cl_2 > Br_2 > I_2$　より，

$Cl_2 + 2KBr$　⊖→　$2KCl + Br_2$　反応式㉕
　　　　　　起こる

$Br_2 + KCl$　⊗→　反応しない
　　　　　起こらない

$Br_2 + 2KI$　⊖→　$2KBr + I_2$　反応式㉖
　　　　　　起こる

$I_2 + 2KBr$　⊗→　反応しない
　　　　　起こらない

---

## ●水素 $H_2$ や水 $H_2O$ との反応

酸化力の違いは，「$H_2$ との反応」や「$H_2O$ との反応」でも見られます。

### （1）$H_2$ との反応

酸化力のきわめて強い $F_2$ は，低温・暗所でも $H_2$ と爆発的に反応して，フッ化水素 HF を生じます。このとき，次のように $F_2$ は $H_2$ から $e^-$ をうばいます。

$F_2 + 2e^- \longrightarrow 2F^-$　…①　← $F_2$ は，$H_2$ から $e^-$ をうばって $2F^-$ になります

$H_2 \longrightarrow 2H^+ + 2e^-$　…②　← $H_2$ は $e^-$ をうばわれて $2H^+$ になります

となり，ともに $2e^-$ なので①式と②式をたします。

$H_2 + F_2 \longrightarrow 2HF$　反応式㉗　← ①+②より

次に酸化力の強い $Cl_2$ は，常温・光により $H_2$ と爆発的に反応して，塩化水素 HCl を生じます。反応式㉗ の F を Cl にかえて反応式をつくりましょう。

$H_2 + Cl_2 \longrightarrow 2HCl$　反応式㉘

ところが，酸化力の弱い $Br_2$ や $I_2$ では，加熱と触媒でやっと反応もしくは一部反応する程度です。$H_2$ との反応性をまとめると，次のようになります。

---

| $F_2$ | > | $Cl_2$ | > | $Br_2$ | > | $I_2$ |
|:---:|:---:|:---:|:---:|:---:|:---:|:---:|
| 低温・暗所でも<br>爆発的に反応 | | 常温・光により<br>爆発的に反応 | | 高温・触媒により<br>反応 | | 高温・触媒により<br>一部が反応 |

## （2）H₂Oとの反応

酸化力のきわめて強い**F₂**は，H₂Oとはげしく反応し，フッ化水素HFを生じて O₂ を発生します。この反応式は，「理論化学編」の電気分解で出てきた反応式

$$4OH^- \longrightarrow O_2 + 2H_2O + 4e^-$$ ← 4OH⁻ が O₂ + 2H₂O に変化します

の両辺に4H⁺を加えてつくった

$$4OH^- \longrightarrow O_2 + 2H_2O + 4e^-$$

左辺に4H⁺を加えます　　　右辺にも4H⁺を加えます

$$4H_2O \longrightarrow O_2 + 2H_2O + 4H^+ + 4e^-$$

H₂Oをまとめます

$$2H_2O \longrightarrow O_2 + 4H^+ + 4e^- \quad \cdots ①$$

①式と，F₂のe⁻をうばう反応式

$$F_2 + 2e^- \longrightarrow 2F^- \qquad \cdots ②$$

からつくることができます。①＋②×2 より，

$$2F_2 + 2H_2O \longrightarrow 4HF + O_2 \quad \text{反応式㉙}$$

**Cl₂**は水に少し溶け，Cl₂の水溶液（塩素水）になります。塩素水では，Cl₂の一部がH₂Oと反応し，塩化水素HClと次亜塩素酸HClOになっています。この反応式は，⇌であることも覚えましょう。

$$Cl_2 + H_2O \rightleftharpoons HCl + HClO \quad \text{反応式㉚}$$

次亜塩素酸HClOは，オキソ酸でわずかに電離し弱酸性を示します。
O を含む酸

$$HClO \rightleftharpoons H^+ + ClO^-$$

電離により生じる次亜塩素酸イオンClO⁻は強い酸化剤で，Cl⁻に変化します。

$$ClO^- + 2H^+ + 2e^- \longrightarrow Cl^- + H_2O$$ ← ClO⁻ は Cl⁻ に変化します

そのため，次亜塩素酸HClOは強い酸化剤で，このHClOを含む塩素水は殺菌剤や漂白剤に使われます。

**Br₂**は水に少し溶けて赤褐色の臭素水になります。

**I₂**は水にはほとんど溶けませんが，ヨウ化カリウムKI水溶液には褐色の三ヨウ化物イオンI₃⁻をつくって溶けます。

$$I^- + I_2 \rightleftharpoons I_3^- \quad \text{反応式㉛}$$
無色　黒紫色　　褐色

この**KI水溶液にI$_2$を溶かした水溶液**を**ヨウ素溶液**，または**ヨウ素ヨウ化カリウム水溶液**といいます。褐色の**ヨウ素溶液**をデンプン水溶液に加えると，**青紫色**になります。この反応を**ヨウ素デンプン反応**といいます。

| Step 1 の内容をまとめると | ハロゲン単体（F$_2$，Cl$_2$，Br$_2$，I$_2$） | | | |
|---|---|---|---|---|
| | フッ素F$_2$ | 塩素Cl$_2$ | 臭素Br$_2$ | ヨウ素I$_2$ |
| 状態・色 | 気体・淡黄色 | 気体・黄緑色 | 液体・赤褐色 | 固体・黒紫色 |
| 融点・沸点 | 低 ————————————————————→ 高 | | | |
| 酸化力 | 大 ←———————————————————— 小 | | | |
| 水素との反応 | 冷暗所でも爆発的に反応する | 光により爆発的に反応する | 高温・触媒により反応する | 高温・触媒により一部が反応する |
| 水との反応 | 激しく反応する | 一部が反応する | 少し溶ける | 溶けにくい |

#### 練習問題

　次の①〜⑥のうちから，**誤りを含むもの**を1つ選べ。
① フッ素は水と反応し，酸素が発生する。
② 塩素を水に溶かすと，次亜塩素酸が生成する。
③ 臭素は常温で赤褐色の液体である。
④ 臭素を塩化カリウム水溶液に加えると，塩素が生成する。
⑤ ヨウ素はヨウ化カリウム水溶液に溶ける。
⑥ ヨウ素は常温で黒紫色の固体である。

#### 解き方

① （正しい）$2F_2 + 2H_2O \longrightarrow 4HF + O_2$ 　反応式㉙
② （正しい）$Cl_2 + H_2O \rightleftharpoons HCl + HClO$ 　反応式㉚
③ （正しい）$Br_2$は，常温で赤褐色の液体です。
④ （誤　り）酸化力は　$Cl_2 > Br_2$　なので，反応が起こりません。
⑤ （正しい）ヨウ素溶液のことですね。
⑥ （正しい）$I_2$は，黒紫色の固体です。

#### 答え　　④

# $Cl_2$の発生法を実験装置とあわせて覚えよう。

## ●塩素$Cl_2$の実験室でのつくり方

実験室での$Cl_2$のつくり方は，

(1) 酸化マンガン(Ⅳ)$MnO_2$に濃塩酸$HCl$を加えて加熱する

(2) さらし粉$CaCl(ClO)・H_2O$や高度さらし粉$Ca(ClO)_2・2H_2O$に塩酸$HCl$を加える

の2つをおさえましょう。**(1)**については，p.42でつくった 反応式㉑ だけでなく，実験装置も大切です。

$$\begin{array}{l} \cancel{Ca^{2+}} \ \cancel{2Cl^-} \ ClO^- \ H_2O \\ Ca^{2+} \ \cancel{2Cl^-} \ ClO^- \ H_2O \\ \text{さらし粉（2個分）} \end{array} \xrightarrow[\text{減らします}]{CaCl_2 \text{を1個分}} \begin{array}{l} Ca(ClO)_2・2H_2O \\ \text{高度さらし粉（1個分）} \end{array}$$

のように，さらし粉から$CaCl_2$を減らして$ClO^-$が含まれている
$\underset{CaCl(ClO)・H_2O}{}$
割合を増やしたものを高度さらし粉といいます。
$\underset{Ca(ClO)_2・2H_2O}{}$

## (1) $MnO_2$に濃$HCl$を加え，加熱する。

この反応式は，p.42 第2講 気体の発生実験 **パターン4**「酸化還元反応」の利用でつくりました。

$$\begin{cases} 2Cl^- \longrightarrow Cl_2 + 2e^- & \cdots① \\ MnO_2 + 4H^+ + 2e^- \longrightarrow Mn^{2+} + 2H_2O & \cdots② \end{cases}$$

← $2Cl^-$は$Cl_2$になります
← $MnO_2$は$Mn^{2+}$になります

となり，ともに$2e^-$なので①式と②式をたします。

$$MnO_2 + \underset{\substack{\text{左辺に}2Cl^-\text{を}\\\text{加えます}}}{4H^+ + 2Cl^-} \longrightarrow \underset{\substack{\text{右辺にも}2Cl^-\text{を}\\\text{加えます}}}{Mn^{2+} + Cl_2} + 2H_2O$$ ← ①+②より

$$MnO_2 + 4HCl \xrightarrow{\text{加熱}} MnCl_2 + Cl_2 + 2H_2O \quad \text{反応式㉑}$$

反応式㉑ を利用し，乾燥した$Cl_2$を得ることができます。このとき，次の装置を使って発生させます。

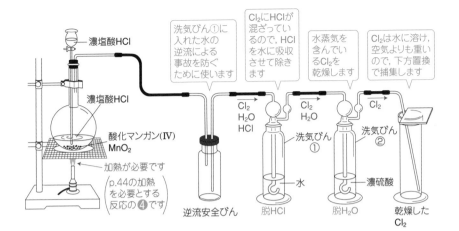

実験のポイントは，次の3つです。

**POINT 1**　この反応は，**加熱を必要とします**。　← p.44で勉強しました

**POINT 2**　洗気びんの中は，<u>水</u> ⟶ <u>濃硫酸</u>　の順です。
　　　　　　　　　洗気びん①　　洗気びん②

> 　加熱しているため，濃塩酸からHClや水蒸気$H_2O$が気体として生じ，$Cl_2$に混ざって発生します。
> 　そのため，まず洗気びん①の水に通すことで水によく溶ける HClを除きます。
> 　次に，水蒸気$H_2O$を含んだ$Cl_2$が洗気びん①から出てくるので，洗気びん②の濃硫酸に通すことで水蒸気を除きます。

**POINT 3**　発生する$Cl_2$は，**下方置換で捕集します**。　← p.49で勉強しました

（$Cl_2$は「農工水産地油」と「$NH_3$」以外の気体なので，下方置換で捕集します。）

## (2)　$CaCl(ClO)・H_2O$ や $Ca(ClO)_2・2H_2O$ に塩酸HClを加える。
　　　　　さらし粉　　　　　　　高度さらし粉

$ClO^-$ を含んでいるさらし粉や高度さらし粉にHClを加えると，
次亜塩素酸イオン

$$Cl_2 + H_2O \rightleftharpoons H^+Cl^- + H^+ClO^- \quad \boxed{反応式 ㉚}$$

の逆反応（左向きの反応）が起こります。

$$H^+ + Cl^- + H^+ + ClO^- \rightleftharpoons Cl_2 + H_2O \quad \cdots①$$

　この①式の両辺に$Ca^{2+}$と$H_2O$を加えると，さらし粉$CaCl(ClO)・H_2O$と$H^+$との反応式

$$H^+ + Cl^- + H^+ + ClO^- \longrightarrow Cl_2 + H_2O \quad \cdots ①$$

左辺に$Ca^{2+}$と$H_2O$を加えます　　$H^+$をまとめます　　右辺にも$Ca^{2+}$と$H_2O$を加えます

$$CaCl(ClO) \cdot H_2O + 2H^+ \longrightarrow Ca^{2+} + Cl_2 + 2H_2O$$

となり，両辺に$2Cl^-$を加えると「さらし粉$CaCl(ClO) \cdot H_2O$と塩酸$HCl$の反応式」になります。

$$CaCl(ClO) \cdot H_2O + 2H^+ \longrightarrow Ca^{2+} + Cl_2 + 2H_2O$$

左辺に$2Cl^-$を加えます　　右辺にも$2Cl^-$を加えます

$$CaCl(ClO) \cdot H_2O + 2HCl \longrightarrow CaCl_2 + Cl_2 + 2H_2O \quad \text{反応式 ㉜}$$

また，高度さらし粉には$ClO^-$が2個含まれているので①式を2倍し，これに$Ca^{2+}$と$2H_2O$を加えます。

$$2H^+ + 2Cl^- + 2H^+ + 2ClO^- \longrightarrow 2Cl_2 + 2H_2O \quad \leftarrow ①式\times2より$$

左辺に$Ca^{2+}$と$2H_2O$を加えます　　$H^+$をまとめます　　右辺にも$Ca^{2+}$と$2H_2O$を加えます

$$Ca(ClO)_2 \cdot 2H_2O + 4H^+ + 2Cl^- \longrightarrow Ca^{2+} + 2Cl_2 + 4H_2O$$

となり，両辺に$2Cl^-$を加えると，「高度さらし粉$Ca(ClO)_2 \cdot 2H_2O$と塩酸$HCl$の反応式」になります。

$$Ca(ClO)_2 \cdot 2H_2O + 4H^+ + 2Cl^- \longrightarrow Ca^{2+} + 2Cl_2 + 4H_2O$$

左辺に$2Cl^-$を加えます　　右辺にも$2Cl^-$を加えます

$$Ca(ClO)_2 \cdot 2H_2O + \quad 4HCl \longrightarrow CaCl_2 + 2Cl_2 + 4H_2O$$

反応式 ㉝

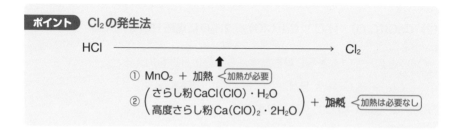

**ポイント**　$Cl_2$の発生法

$$HCl \xrightarrow{\hspace{6cm}} Cl_2$$

① $MnO_2 +$ 加熱 ＜加熱が必要

② $\begin{pmatrix} \text{さらし粉}\ CaCl(ClO) \cdot H_2O \\ \text{高度さらし粉}\ Ca(ClO)_2 \cdot 2H_2O \end{pmatrix} + \cancel{加熱}$ ＜加熱は必要なし

次図に塩素の製法の一部を示した。下の(1)〜(3)に答えよ。

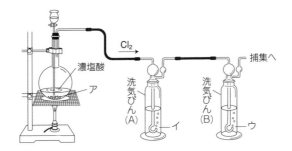

図のフラスコには黒色の ｜ ア ｜ を入れ，濃塩酸を加えて加熱すると塩素が発生する。次に発生したガスを ｜ イ ｜ の入った洗気びん(A)と ｜ ウ ｜ の入った洗気びん(B)を通した後，捕集する。

(1) ｜ ア ｜ 〜 ｜ ウ ｜ に適する物質を次の①〜⑥から選び，番号で答えよ。

① 濃硫酸　　② 過酸化水素　　③ 酸化マンガン(Ⅳ)

④ 水　　　　⑤ 酸化鉄(Ⅲ)　　⑥ 濃塩酸

(2) 洗気びん(A)および(B)に吸収される物質の化学式を次の①〜⑤からそれぞれ選び，番号で答えよ。

① $HCl$　　② $Cl_2$　　③ $CO_2$　　④ $H_2O$　　⑤ $SO_2$

(3) 塩素ガスの捕集法で最も適当なものは次の①〜③のうちどれか，番号で答えよ。

① 上方置換　　② 下方置換　　③ 水上置換

---

**解き方**

(1)，(2)，(3)　フラスコには黒色の酸化マンガン(Ⅳ) $MnO_2$ を入れ，濃塩酸 $HCl$ を加えて加熱すると，$H_2O$ や $HCl$ が $Cl_2$ に混ざって発生します。

$$MnO_2 + 4HCl \xrightarrow{\text{加熱}} MnCl_2 + Cl_2 + 2H_2O$$ 反応式㉑

$H_2O$ や $HCl$ を除くため，まず水で $HCl$ を吸収し，次に濃硫酸で $H_2O$ を吸収します。最後に，下方置換で $Cl_2$ を捕集します。

**答え**　(1)　ア：③　　イ：④　　ウ：①

(2)　(A)　①　　(B)　④

(3)　②

Step **3** ハロゲン化水素の性質やつくり方を確認しよう。

## ●ハロゲン化水素の性質

ハロゲン(F，Cl，Br，I)と水素Hからなる化合物をハロゲン化水素といいます。

ハロゲン化水素の色・常温・常圧での状態は，

HF，HCl，HBr，HI ⇒ いずれも無色の有毒な気体

です。

ハロゲン化水素の沸点は，

チェック
しよう！

| 化合物名 | 化学式 | 沸点(℃) |
|---|---|---|
| フッ化水素 | HF | 20 |
| 塩化水素 | HCl | −85 |
| 臭化水素 | HBr | −67 |
| ヨウ化水素 | HI | −35 |

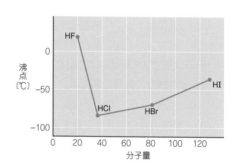

となります。HFは分子間で水素結合をつくっているので，HFの沸点は分子量から予想される値よりもかなり高くなります。

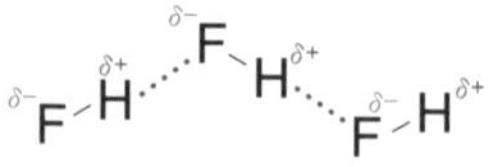

$$F-\overset{\delta+}{H}\cdots\overset{\delta-}{F}-\overset{\delta+}{H}\cdots\overset{\delta-}{F}-\overset{\delta+}{H}$$ ‥‥は水素結合です

水溶液の酸性の強さは，次の順になります。

チェック
しよう！   酸の強さ

| HF | ≪ | HCl | < | HBr | < | HI |
|---|---|---|---|---|---|---|
| フッ化水素酸 | | 塩酸 | | 臭化水素酸 | | ヨウ化水素酸 |
| ここだけ弱酸 | | | | いずれも強酸 | | |

フッ化水素HFの水溶液であるフッ化水素酸は，ガラスの主成分である二酸化ケイ素$SiO_2$と次のように反応します。この反応式は，生成物の$H_2SiF_6$と$H_2O$を覚え，p.62で紹介したように，[反応式のつくり方 その5]を利用してつくりましょう。

$$SiO_2 + 6HF \longrightarrow H_2SiF_6 + 2H_2O \quad 反応式 ㉞$$
ヘキサフルオロケイ酸

フッ化水素酸はガラスを溶かすため，ポリエチレンの容器に保存します。

---

**ポイント** ハロゲン化水素（HF，HCl，HBr，HI）

● 沸　　点：HF ≫ HI ＞ HBr ＞ HCl
● 酸の強さ：HF ≪ HCl ＜ HBr ＜ HI
● フッ化水素酸はガラスを溶かすので，ポリエチレンの容器に保存する。
　HFは，

　　　① 高い沸点　　② 弱酸　　③ ガラスを溶かす

というかわった性質をもつ。

第5講　17族（ハロゲン）

次の練習問題をやってみましょう。

---

**練習問題**

　ハロゲン（フッ素・塩素・臭素・ヨウ素）の化合物について述べた次の文章で，正しい場合は○を，間違っている場合は×とその理由を書け。
（ⅰ）　ハロゲン化水素は，すべて常温常圧で気体である。
（ⅱ）　ハロゲン化水素の水溶液は，すべて強酸である。
（ⅲ）　ハロゲン化水素の水溶液は，すべてガラスびんに保存できる。
（ⅳ）　ハロゲン化物イオンと銀イオンの塩は，すべて水に難溶性である。

---

**答え**　（ⅰ）　○
（ⅱ）　×，理由：フッ化水素酸は弱酸だから。
（ⅲ）　×，理由：フッ化水素酸はガラスびんを溶かすから。
（ⅳ）　×，理由：フッ化銀は水に溶けやすいから。
　　　**注** $AgCl\downarrow$，$AgBr\downarrow$，$AgI\downarrow$ で，$AgF$ は水に可溶でした。
　　　　　　沈殿　　　　　　　　　　　　　　　　p.24参照。

HFだけ，かわった性質をもっているのね。

## 第 6 講　16 族（酸素 O・硫黄 S）

| Step | **1** | **酸素O₂とオゾンO₃の反応のようすをとらえよう。** |

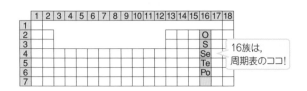

16族は，
周期表のココ！

## ●16族元素

16族元素は，

| オー | エス | セ | テ | ポ |
|------|------|-----|-----|-----|
| O | S | Se | Te | Po |
| 酸素 | 硫黄 | セレン | テルル | ポロニウム |

と覚えましょう。16族元素は，酸素Oと硫黄Sが大切です。

## ●酸素の単体

酸素の**同素体**には，

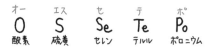

がありました。酸素O₂とオゾンO₃については，形・色・においを暗記しましょう。

**暗記しよう！**

| 同素体 | 酸素O₂ | オゾンO₃ |
|--------|--------|----------|
| 分子の形 |  ●─● | 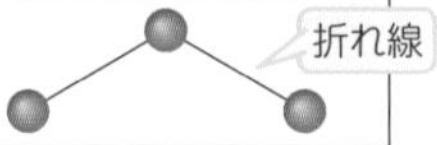 ●＜●（折れ線） |
| 色 | 無色 | 淡青色 |
| におい | 無臭 | 特異臭 |

### (1) 酸素O₂

無色・無臭のO₂は，

**空気中には体積で約20%含まれている**

ので，工業的には液体にした空気を沸点の違いによって分ける

**液体空気の分留** ← 空気はタダなので，安くO₂をつくることができますね

によってつくられます。また，O₂は物質が燃えるのを助けるはたらき（**助燃性**）を

もちます。

---

**ポイント** $O_2$

● 無色・無臭で直線形。
● 空気の2割をしめ，工業的には液体空気の分留によりつくる。
● 助燃性がある。

---

## (2) オゾン$O_3$

淡青色・特異臭の$O_3$は，

**地上20kmぐらいのところで濃度がとても高く，この層をオゾン層**

といいます。オゾン層は，太陽の光に含まれる有害な
紫外線の多くを吸収し，地上の生物を保護しています。
近年，このオゾン層の破壊が進んでおり，原因物質が
冷媒や洗浄剤として使われてきた**フロン**だと考えられ
ています。

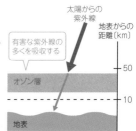

オゾン$O_3$は，「$O_2$中で無声放電（静かに放電させる）を行ったり」，「$O_2$に紫外
線を当てたりする」と発生します。

$$3O_2 \xrightarrow{\text{無声放電 または 紫外線}} 2O_3 \quad \boxed{\text{反応式㉟}}$$

p.55の「気体の検出法」で，$O_3$や$Cl_2$を水でしめらせたヨウ化カリウム$KI$デ
ンプン紙で検出しましたね。

$$\overset{\text{水でしめらせた}}{KI\text{デンプン紙}} \xrightarrow{O_3\text{や}Cl_2} \text{青紫色}$$

このときに起こる酸化還元反応の反応式をつくりましょう。

$O_3$のはたらきを示す反応式は，p.30で紹介しました。

$$O_3 + 2H^+ + 2e^- \longrightarrow O_2 + H_2O \quad \cdots① \quad \Leftarrow O_3\text{は}O_2\text{に分解します}$$

①式を見ると，左辺に$H^+$があることに気がつきます。この$H^+$は何を表して
いるのでしょうか？ $O_3$や$Cl_2$の検出では「水$H_2O$でしめらせた$KI$デンプン紙」
を使っていました。つまり，左辺の$H^+$は水$H_2O$ $\left(H^+OH^-\right)$ を表しています。

ココの$H^+$です　　これで$H_2O$

ですから，①式の両辺に$2OH^-$を加えて左辺の$2H^+$を$2H_2O$に直します。

$$O_3 + 2H^+ + 2e^- \longrightarrow O_2 + H_2O \quad \cdots ①$$

左辺に$2OH^-$を
加えます　　　　　　右辺にも$2OH^-$を
　　　　　　　　　　加えます

$$O_3 + 2H_2O + 2e^- \longrightarrow O_2 + 2OH^- + H_2O$$

$H_2O$をまとめます

$$O_3 + H_2O + 2e^- \longrightarrow O_2 + 2OH^- \quad \cdots ①'$$

この①′式と$I^-$の反応式

$$2I^- \longrightarrow I_2 + 2e^- \quad \cdots ②$$

をまとめることで反応式をつくることができます。

$$\begin{cases} O_3 + H_2O + 2e^- \longrightarrow O_2 + 2OH^- & \cdots ①' \\ 2I^- \longrightarrow I_2 + 2e^- & \cdots ② \end{cases}$$

①′式と②式をたし，両辺に$2K^+$を加えます。

$$2I^- + O_3 + H_2O \longrightarrow I_2 + 2OH^- + O_2 \quad \Leftarrow ①'+②より$$

左辺に$2K^+$を
加えます　　　　　　右辺にも$2K^+$を
　　　　　　　　　　加えます

$$2KI + O_3 + H_2O \longrightarrow I_2 + 2KOH + O_2 \quad \text{反応式❸❻}$$

これで，「水でしめらせたKIデンプン紙　と　$O_3$」の反応式が完成です。

また，「水でしめらせたKIデンプン紙　と　$Cl_2$」の反応式は，

$$\begin{cases} Cl_2 + 2e^- \longrightarrow 2Cl^- & \cdots ① \quad \Leftarrow Cl_2は2Cl^-になります \\ 2I^- \longrightarrow I_2 + 2e^- & \cdots ② \quad \Leftarrow 2I^-はI_2になります \end{cases}$$

となり，①式＋②式 より，

$$Cl_2 + 2I^- \longrightarrow I_2 + 2Cl^-$$

両辺に$2K^+$を加え，

$$Cl_2 + 2KI \longrightarrow I_2 + 2KCl \quad \text{反応式❷❹}$$

とつくることができます。この反応式はp.70でもつくりましたね。反応式❷❹ は，酸化力が　$Cl_2 > I_2$　なので起こりました。

　いずれの反応でも$I_2$が生じるので，ヨウ素デンプン反応が起こり青紫色になります。

**ポイント** O$_3$

- 淡青色・特異臭で折れ線形。
- オゾン層を形成し，有害な紫外線を吸収する。
- 「O$_2$中での無声放電」や「O$_2$に紫外線を当てる」と発生。
- 水でしめったKIデンプン紙を青紫色に変える。

次の練習問題をやってみましょう。

**練習問題**

　酸素は，空気中で窒素について多く存在する無色無臭の気体である。工業的には液体空気を分留することにより得られるが，実験室では，(a)過酸化水素水（過酸化水素の水溶液）に酸化マンガン(IV)を触媒として加えることにより得られる。空気中または酸素中で放電するか酸素に強い紫外線を当てると，酸素の同素体であるオゾンが得られる。オゾンの分子式は｜ア｜である。オゾンは強い酸化作用を示すので，繊維の漂白などに用いられている。また，(b)オゾンはヨウ化カリウム水溶液に通じると｜イ｜が遊離する。

(1)　文中の｜ア｜，｜イ｜にあてはまる分子式を答えよ。
(2)　下線部(a)，(b)の反応を化学反応式で表せ。

**解き方**

(2)　(a)　**パターン4**「H$_2$O$_2$の酸化還元反応」でつくりましょう(p.42参照)。反応式⑳ です。

(b)　「酸化還元反応」です。反応式㊱ です。

**答え**　(1)　ア：O$_3$　　イ：I$_2$
(2)　(a)　$2H_2O_2 \longrightarrow O_2 + 2H_2O$
(b)　$2KI + O_3 + H_2O \longrightarrow I_2 + 2KOH + O_2$

## Step 2 Sの同素体を確認し，化合物の性質を覚えよう！

### ●硫黄の単体

硫黄の**同素体**には，

$$斜方硫黄S_8，単斜硫黄S_8，ゴム状硫黄S_x$$

があります。単斜硫黄やゴム状硫黄を常温で放置すると，安定な斜方硫黄に変化します。同素体はどれも組成式Sで表すことができ，空気中で青い炎をあげて燃え，$SO_2$になります。

$$S + O_2 \longrightarrow SO_2 \quad \boxed{反応式㊲}$$

斜方硫黄と単斜硫黄は
**王冠状の環状分子$S_8$**
からできています。

### ●硫黄の化合物

#### （1）硫化水素$H_2S$

$H_2S$は，

$$無色・腐卵臭・有毒な気体$$

で，水に溶けて硫化水素水となります。硫化水素水は，次の電離

$$H_2S \rightleftharpoons H^+ + HS^- \qquad HS^- \rightleftharpoons H^+ + S^{2-}$$

により，弱酸性を示します。

また，$H_2S$は強い還元剤で，Sに変化します。

$$H_2S \longrightarrow S + 2H^+ + 2e^- \quad \cdots① \quad \Leftarrow H_2SはSに変化します$$

（$e^-$を与える物質）

例えば，$I_2$と次のように反応します。

$$\begin{cases} H_2S \longrightarrow S + 2H^+ + 2e^- & \cdots① \quad \Leftarrow H_2SはSに変化します \\ I_2 + 2e^- \longrightarrow 2I^- & \cdots② \quad \Leftarrow I_2は2I^-に変化します \end{cases}$$

①＋②より，

$$H_2S + I_2 \longrightarrow S + 2HI \quad \boxed{反応式㊳}$$

---

**ポイント** $H_2S$

● 無色・腐卵臭・有毒・弱酸性の気体。

● 強い還元剤でSに変化する。

---

## (2) 二酸化硫黄 $SO_2$

$SO_2$ は，

### 無色・刺激臭・有毒な気体

で，水に溶けて **$SO_2$ の水溶液** となり，この水溶液を**亜硫酸 $H_2SO_3$（$H_2O+SO_2$）**とい
います。亜硫酸は，

$$\begin{cases} \underline{SO_2 + H_2O} \rightleftharpoons H^+ + HSO_3^- \\ \phantom{\underline{SO_2}}{}_{H_2SO_3} \\ HSO_3^- \rightleftharpoons H^+ + SO_3^{2-} \end{cases}$$

と電離し，弱酸性を示します。

また，$SO_2$ は $SO_4^{2-}$ や $S$ に変化しました。

$$SO_2 + 2H_2O \longrightarrow SO_4^{2-} + 4H^+ + 2e^- \quad \cdots ①$$

$$SO_2 + 4H^+ + 4e^- \longrightarrow S + 2H_2O \quad \cdots ②$$

多くの場合，①式のように変化し還元剤としてはたらきますが，強い還元剤で
ある $H_2S$ と反応するときは酸化剤として②式のように変化します。

例えば，「過酸化水素 $H_2O_2$ と $SO_2$ との反応」は，

$$\begin{cases} SO_2 + 2H_2O \longrightarrow SO_4^{2-} + 4H^+ + 2e^- \quad \cdots① \\ H_2O_2 + 2H^+ + 2e^- \longrightarrow 2H_2O \quad \cdots③ \end{cases}$$

← $SO_2$ は $SO_4^{2-}$
になります

← $H_2O_2$ は $H_2O$
になります

①+③ より，

$$H_2O_2 + SO_2 \longrightarrow SO_4^{2-} + 2H^+$$

イオンを
まとめます

$$H_2O_2 + SO_2 \longrightarrow H_2SO_4 \quad \boxed{反応式 ㊴}$$

p.54の気体の検出法で紹介した「$H_2S$ と $SO_2$ との反応」は，

$$\begin{cases} SO_2 + 4H^+ + 4e^- \longrightarrow S + 2H_2O \quad \cdots② \\ H_2S \longrightarrow S + 2H^+ + 2e^- \quad \cdots④ \end{cases}$$

← $SO_2$ は $S$ になります

← $H_2S$ は $S$ になります

②+④×2 より，

$$2H_2S + SO_2 \longrightarrow 3S\downarrow + 2H_2O \quad \boxed{反応式 ㉒}$$

白濁

**ポイント** SO₂

● 無色・刺激臭・有毒の気体。

● 亜硫酸は，弱酸性を示す。

● 多くは還元剤，まれに酸化剤としてはたらく。
　　　└→漂白剤としての反応　　└→H₂Sとの反応

● SO₂，SO₃ などを SO$_x$（ソックス）とよぶことがある。SO$_x$ は大気汚染物質で酸性雨の原因となる。

次の練習問題をやってみましょう。

**練習問題**

（1）硫黄の3種類の同素体の名称をそれぞれ記せ。また，その中で常温において最も安定な同素体の名称を答えよ。

（2）二酸化硫黄が硫黄と酸素分子の燃焼により生成する化学反応式を記せ。

（3）硫化鉄（Ⅱ）と硫酸を反応させると気体Ａが発生する。この反応の化学反応式を記せ。

（4）二酸化硫黄と気体Ａの水溶液を反応させると白色の懸濁液が得られる。この反応の化学反応式を記せ。

（金沢大）

**解き方**

（2）青い炎をあげて燃え，SO₂ になります。 **反応式③** です。

（3）p.32 第2講 気体の発生実験 **パターン1**「酸・塩基の反応」の「弱酸の遊離」が起こります。 **反応式⑫** です。

（4）こまかいSが生じるため，白濁します。 **反応式㉒** です。

**答え**　（1）斜方硫黄，単斜硫黄，ゴム状硫黄　　最も安定：斜方硫黄

　　　　（2）$S + O_2 \longrightarrow SO_2$

　　　　（3）$FeS + H_2SO_4 \longrightarrow FeSO_4 + H_2S$

　　　　（4）$SO_2 + 2H_2S \longrightarrow 3S + 2H_2O$

## (3) 硫酸 $H_2SO_4$

濃度が質量パーセントで**90%以上の$H_2SO_4$水溶液を濃硫酸**，**濃度が低いもの**を**希硫酸**（きりゅうさん）といいます。濃硫酸と希硫酸は，性質が大きく異なります。まず，濃硫酸，次に希硫酸について考えましょう。

【濃硫酸の性質】

実験室にある濃硫酸（市販品）は，

約98%（18mol／L）で密度約1.8g/cm³のねばりのある無色の重い液体
～～～～～～～～～～
水（約1.0g/cm³）より重い

です。水がほとんど含まれていないので，ほとんど電離していません。つまり，濃硫酸を強酸とは考えません。

濃硫酸の性質として，次の❶〜❹を覚えましょう。

❶ 「不揮発性」の酸である

濃硫酸は**沸点約300℃ととても高く，気体になりにくい**（⇒**不揮発性**）酸です。そのため，$Cl^-$や$F^-$を含む塩と濃硫酸の混合物を加熱すると，揮発性の$HCl$や$HF$が発生します。p.36の気体の発生実験 **パターン2** で紹介しましたね。

$$NaCl + H_2SO_4 \xrightarrow{\text{加熱}} HCl + NaHSO_4$$ 反応式08
　　　　　濃硫酸

$$CaF_2 + H_2SO_4 \xrightarrow{\text{加熱}} 2HF + CaSO_4$$ 反応式09
ホタル石　濃硫酸
　　　　　　　[HFのときは2mol]

❷ 加熱した濃硫酸（熱濃硫酸）は強い酸化剤である

熱濃硫酸は，$Cu$，$Hg$，$Ag$などのイオン化傾向が$Ag$以上の金属と反応して$SO_2$を発生します。p.40の気体の発生実験 **パターン4** で紹介しました。

$$Cu + 2H_2SO_4 \xrightarrow{\text{加熱}} CuSO_4 + SO_2 + 2H_2O$$ 反応式⑰
　　　　熱濃硫酸

Cuは$Cu^{2+}$，$H_2SO_4$は$SO_2$に変化します。

**③「脱水作用」を示す**

濃硫酸は，ギ酸$HCOOH$やスクロース$C_{12}H_{22}O_{11}$などから「**$H$と$OH$を$H_2O$の形で引き抜く（脱$H_2O$）**」作用を示します。ギ酸との反応は，p.37の気体の発生実験 **パターン2** (2)で紹介しました。

$$\underset{\text{ギ酸}}{\boxed{H-\overset{\overset{\displaystyle O}{\|}}{C}-O-H}} \xrightarrow[\text{加熱}]{\text{濃硫酸}} \begin{array}{l} \longrightarrow CO \\ \longrightarrow \boxed{H_2O} \end{array}$$

$H_2O$の形で引きぬきます

$$HCOOH \xrightarrow[\text{加熱} \quad \text{脱水}]{\text{濃硫酸}} CO + H_2O \quad \boxed{\text{反応式⑩}}$$

また，スクロース$C_{12}H_{22}O_{11}$に濃硫酸を加えると，
砂糖の主成分

$$C_{12}\boxed{H_{22}O_{11}} \xrightarrow[\text{脱水}]{\text{濃硫酸}} \begin{array}{l} \longrightarrow 12C \\ \longrightarrow 11H_2O \end{array}$$
スクロース

$(H_2O)_{11}$つまり$11H_2O$
の形で引きぬきます

この反応は，**炭素$C$が残り**黒くなるので炭化とよばれます。

$$C_{12}H_{22}O_{11} \xrightarrow[\text{脱水，炭化}]{\text{濃硫酸}} 12C + 11H_2O \quad \boxed{\text{反応式⑩}}$$

**④ 強い「吸湿性」を示す**

濃硫酸は湿気($H_2O$)を吸収するので，十酸化四リン$P_4O_{10}$とともに酸性の乾燥剤として使われます。p.50でもふれましたが，濃硫酸は

　　　酸性の気体　や　中性の気体　の乾燥

に使います。塩基性の気体である$NH_3$や還元剤である$H_2S$の乾燥には使いません。

---

**ポイント**　濃硫酸$H_2SO_4$

- 「不揮発性」の酸なので，$HCl$や$HF$の発生に利用する。
- 強い「酸化剤」で，$Cu$などと反応して$SO_2$を発生する。
- 「脱水作用」を示し，$HCOOH$や$C_{12}H_{22}O_{11}$から脱水する。

　　　$H_2O$を引きぬく　　$11H_2O$を引きぬく

- 強い「吸湿」を示し，酸性の乾燥剤として使う。

【希硫酸の性質】

　濃硫酸を水に溶かすと多量の熱を発生し，希硫酸になります。濃硫酸のうすめ
　　　　　　　　　溶解エンタルピーが−95kJ/mol(負)であるため
方，つまり希硫酸のつくり方は，容器全体を冷やしながら，

## 水に濃硫酸を少しずつ加えてうすめてつくる

点に注意しましょう。

〈濃硫酸のうすめ方〉

濃硫酸　　　　　　　水槽

濃硫酸を
水の中に少しずつ
加える。

───水

───冷却水

濃硫酸に水を加えると，
激しい発熱により水が沸騰し
濃硫酸が飛び散るので危険です。

　希硫酸$H_2SO_4$は，次のように電離して強酸性を示します。

$$H_2SO_4 \longrightarrow H^+ + HSO_4^-$$

$$HSO_4^- \rightleftharpoons H^+ + SO_4^{2-}$$　　2段階目はいったりきたりです。

　この電離で生じた$H^+$により，希硫酸は「イオン化傾向が水素$H_2$よりも大きな
$Zn$や$Fe$などの金属と反応して$H_2$を発生」します。これは，p.39の気体の発生
実験 パターン4 の「酸化還元反応」で紹介しました。

$$Zn + H_2SO_4 \longrightarrow ZnSO_4 + H_2$$　　反応式⑭
　　　希硫酸

$$Fe + H_2SO_4 \longrightarrow FeSO_4 + H_2$$　　反応式⑯
　　　希硫酸

### ポイント　希硫酸$H_2SO_4$

● 水に濃硫酸を少しずつ加えて，うすめてつくる。
● 強酸性を示し，$Zn$や$Fe$と反応して$H_2$を発生する。

次の練習問題で硫酸の復習をしましょう。

**練習問題**

次の濃硫酸に関する(ア)〜(キ)の記述のうち，正しいものをすべて選べ。
- (ア) 濃硫酸は高い粘性をもつ不揮発性の酸である。
- (イ) 塩化ナトリウムに濃硫酸を加えると塩素が発生する。
- (ウ) 濃硫酸はスクロースを炭化させる。
- (エ) 濃硫酸は希硫酸より強い酸としてはたらく。
- (オ) 熱濃硫酸は二酸化硫黄を発生しながら銅を溶かす。
- (カ) 希硫酸を調製するときは濃硫酸にゆっくりと水を注いでいく。
- (キ) 濃硫酸は空気の乾燥剤として使える。

**解き方**

(ア)（正しい）沸点約300℃の「不揮発性の酸」です。

(イ)（誤　り）塩素 $Cl_2$ ではなく，塩化水素 $HCl$ が発生します。

$$NaCl + H_2SO_4 \xrightarrow{\text{加熱}} HCl + NaHSO_4 \quad \boxed{反応式 ⑱}$$

(ウ)（正しい）「脱水作用」を示します。

$$\underset{\text{スクロース}}{C_{12}H_{22}O_{11}} \xrightarrow{\text{炭化}} 12C + 11H_2O \quad \boxed{反応式 ⑩}$$

(エ)（誤　り）希硫酸は強酸性を示しますが，濃硫酸は酸としての性質をほとんど示しません。

(オ)（正しい）加熱した濃硫酸は強い酸化剤であり，$SO_2$ を発生しながら $Cu$ を溶かします。

$$Cu + 2H_2SO_4 \xrightarrow{\text{加熱}} CuSO_4 + SO_2 + 2H_2O \quad \boxed{反応式 ⑰}$$

(カ)（誤　り）水に濃硫酸を少しずつ加えて希硫酸を調製します。

(キ)（正しい）酸性の乾燥剤です。「吸湿性」の内容です。

**答え** （ア），（ウ），（オ），（キ）

## Step 3　接触法は，反応式をつくれるようにしよう。

● **接触法**

濃硫酸$H_2SO_4$の工業的製法を接触法といいます。接触法では，

$$S \xrightarrow[\text{燃焼}]{O_2} SO_2 \xrightarrow[O_2]{\text{触媒}V_2O_5} SO_3 \xrightarrow{\text{濃硫酸}} \text{発煙硫酸} \xrightarrow{\text{希硫酸}} \text{濃硫酸}$$

反応1　　　　反応2　　　　　　　反応3

の流れで濃硫酸をつくります。**発煙硫酸**とは，**三酸化硫黄$SO_3$の蒸気を発生し白煙を上げている濃硫酸**のことです。

反応1　石油を精製する際に得られるSを燃焼させ，$SO_2$にします。この反応式は，p.86でもつくりました。

$$S + O_2 \longrightarrow SO_2 \quad \text{反応式㊲}$$

反応2　反応1で得られた$SO_2$を**酸化バナジウム(V)$V_2O_5$**を触媒として，空気中の$O_2$で酸化し，$SO_3$とします。

$$2SO_2 + O_2 \xrightarrow{\text{触媒}(V_2O_5)} 2SO_3 \quad \text{反応式㊶}$$

反応3　$SO_3$を濃硫酸の水と反応させ，得られる発煙硫酸を希硫酸でうすめて濃硫酸とします。

$$\underset{\text{非金属の化合物}}{SO_3} + H_2O \longrightarrow \underset{\text{オキソ酸}}{H_2SO_4} \quad \text{反応式㊷}$$

この反応式は，p.59の 反応式の つくり方 その2 「非金属の酸化物 ＋ 水 ⟶ 対応するオキソ酸」で，つくり方を勉強しました。

---

**ポイント**　接触法

● $V_2O_5$触媒　と　発煙硫酸　に注目する。

次の練習問題で，接触法の問題に慣れましょう。

---

**練習問題**

硫酸は，工業的には次のようにつくられる。

石油精製にともなって得られる硫黄を燃焼させて化合物Aをつくる。次にAを，酸化バナジウム(V)$V_2O_5$を触媒として空気酸化により化合物Bとする。化合物Bを濃硫酸に吸収させ，発煙硫酸とする。これを希硫酸で薄めて濃硫酸とする。

(1) 硫酸の製造に用いた硫黄，化合物Aおよび化合物Bにおける硫黄原子の酸化数は，それぞれ(a)，(b)および(c)である。(a)～(c)にあてはまる適切な数値を答えよ。

(2) かつては，黄鉄鉱$FeS_2$を燃焼させて化合物Aを酸化鉄(Ⅲ)$Fe_2O_3$とともに得ていた。この反応の化学反応式を記せ。

(3) このような硫酸の製造方法を何というか。

(昭和薬科大・改)

---

**解き方**

(1) Aは$SO_2$で，Bは$SO_3$ですね。

硫黄Sは単体なので，その酸化数は0です。
<sub>(a)</sub>

$SO_2$のSの酸化数を$x$とすると，次の式が成り立ちます。

$$\underset{S}{x} + \underset{O}{(-2)} \times 2 = 0 \quad より，\quad x = +4 \quad \leftarrow 符号のつけ忘れに注意！$$
<sub>(b)</sub>

└─ 化合物の酸化数の合計は0です

$SO_3$のSの酸化数を$y$とすると，次の式が成り立ちます。

$$\underset{S}{y} + \underset{O}{(-2)} \times 3 = 0 \quad より，\quad y = +6$$
<sub>(c)</sub>

└─ 化合物の酸化数の合計は0です

①燃焼させる物質の係数を1にしてスタートします
                    ③Oの個数をそろえるように係数をつけます

(2) $$1\underline{FeS_2} + \frac{11}{4}O_2 \longrightarrow \frac{1}{2}Fe_2O_3 + 2SO_2$$

②FeとSの個数をそろえるように係数をつけます

全体を4倍して完成です。

**答え**
(1) (a) 0　　(b) +4　　(c) +6

(2) $4FeS_2 + 11O_2 \longrightarrow 2Fe_2O_3 + 8SO_2$

(3) 接触法（接触式硫酸製造法）

無機化学編

## 第7講　15族 (窒素 N・リン P)

Step **①** N の単体・化合物の性質や
つくり方をおさえよう。

**②** オストワルト法をマスターしよう。

**③** 黄リンと赤リンの違いに注目し,
化合物をおさえよう。

## Step 1 Nの単体・化合物の性質やつくり方をおさえよう。

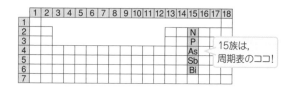

| | 1 | 2 | 3 | 4 | 5 | 6 | 7 | 8 | 9 | 10 | 11 | 12 | 13 | 14 | 15 | 16 | 17 | 18 |
|---|---|---|---|---|---|---|---|---|---|---|---|---|---|---|---|---|---|---|
| 1 | | | | | | | | | | | | | | | | | | |
| 2 | | | | | | | | | | | | | | | N | | | |
| 3 | | | | | | | | | | | | | | | P | | | |
| 4 | | | | | | | | | | | | | | | As | | | |
| 5 | | | | | | | | | | | | | | | Sb | | | |
| 6 | | | | | | | | | | | | | | | Bi | | | |
| 7 | | | | | | | | | | | | | | | | | | |

15族は，
周期表のココ！

### ●15族元素

周期表の15族元素は，

チッ プ 明日
N P As
窒素 リン ヒ素

とゴロで覚えましょう。15族は，窒素NとリンPが大切です。

### ●窒素の単体

単体の窒素 $N_2$ は，

### 無色・無臭の安定な（反応しにくい）気体

で，

### 空気中には体積で約80％含まれている

ので，工業的には酸素 $O_2$ と同じように

### 液体空気の分留

によってつくられます。液体窒素は，**冷却剤**として使われます。

---

**ポイント** $N_2$

- ●無色・無臭で安定な気体。
- ●空気に8割含まれ，工業的には液体空気の分留によりつくる。

---

## ●窒素の化合物

### （1）アンモニア $NH_3$

$NH_3$ は，

# 無色・刺激臭をもつ気体

で，水によく溶けて弱塩基性を示します。

$$NH_3 + H_2O \rightleftharpoons NH_4^+ + \underset{\text{弱塩基性}}{OH^-}$$

$NH_3$ は HCl と反応し，$NH_4Cl$ の白煙（細かい結晶）を生じることから検出できます。p.54で紹介しましたね。

$$NH_3 + HCl \longrightarrow NH_4Cl \quad \boxed{反応式⑳}$$

工業的には，$N_2$ と $H_2$ から「ハーバー・ボッシュ法」で，

実験室では，p35の 気体の発生実験 **パターン1** $NH_4^+$ と $OH^-$ から「弱塩基の遊離」で，$NH_3$ を合成・発生させることができます。

### ① ハーバー・ボッシュ法

四酸化三鉄 $Fe_3O_4$ を主成分とする触媒を使い，$N_2$ と $H_2$ から $NH_3$ を合成します。この **$NH_3$ の工業的製法**を**ハーバー・ボッシュ法**といいます。

$$N_2 + 3H_2 \xrightleftharpoons{触媒(Fe_3O_4)\ ^{注}} 2NH_3 \quad \boxed{反応式㊸}$$

**注** 実際には $Fe_3O_4$ が $H_2$ に還元されて生じる Fe が触媒としてはたらいています。

### ② 弱塩基の遊離

p.35で「水酸化ナトリウム NaOH や水酸化カルシウム $Ca(OH)_2$ で
$\underset{\text{強塩基}}{\phantom{x}}$
$NH_4^+$ から $NH_3$ を追い出す」
$\underset{\text{弱塩基}}{\phantom{x}}$
ことにより $NH_3$ を発生させ，**上方置換**で捕集しました。

$$NH_4Cl + NaOH \xrightarrow{\text{加熱}} NH_3 + H_2O + NaCl \quad \boxed{反応式⑯}$$

$$2NH_4Cl + Ca(OH)_2 \xrightarrow{\text{加熱}} 2NH_3 + 2H_2O + CaCl_2 \quad \boxed{反応式⑰}$$

---

**ポイント** $NH_3$

- 無色・刺激臭をもつ弱塩基の気体。
- 工業的には「ハーバー・ボッシュ法」により，$N_2$ と $H_2$ から合成する。

## (2) 硝酸 HNO₃

　濃度が質量パーセントで**60%以上のHNO₃水溶液を濃硝酸**，**濃度が低いもの**を**希硝酸**といいます。濃硝酸と希硝酸は，どちらも

　　① **強酸性を示す**　　② **強い酸化剤**　　③ **光や熱で分解しやすい**

という性質があります。

### ① 「強酸性」を示す

　濃硝酸と希硝酸のどちらも次のように電離して強い酸性を示します。

$$HNO_3 \longrightarrow H^+ + NO_3^-$$

### ② 強い「酸化剤」である

　濃硝酸と希硝酸のどちらも強い酸化剤で，

Cu，Hg，Agなどの イオン化傾向がAg以上の金属と反応し，

　　濃硝酸HNO₃ からは NO₂ が発生

　　希硝酸HNO₃ からは NO が発生

します。p.41 第2講 気体の発生実験 **パターン4**「酸化還元反応」で銅Cuとの反応式をつくりましたね。

$$Cu + 4HNO_3（濃）\longrightarrow Cu(NO_3)_2 + 2NO_2 + 2H_2O \quad \boxed{反応式⑱}$$
$$3Cu + 8HNO_3（希）\longrightarrow 3Cu(NO_3)_2 + 2NO + 4H_2O \quad \boxed{反応式⑲}$$

　このとき，濃硝酸に，鉄Fe，ニッケルNi，アルミニウムAlは不動態となります。

　金属の表面にち密な酸化物の被膜ができ，内部が保護されほとんど反応が進まない状態を不動態といいました。
不動態となる金属は，
　　　手(Fe)に(Ni)ある(Al)
でしたね。

### ③ 光や熱で分解しやすい

硝酸は光や熱で分解しやすいので，褐色びんに入れて暗く冷えたところに保存します。

**ポイント** $HNO_3$

● 濃硝酸と希硝酸ともに

（1）強酸

（2）強い酸化剤
↓
$NO_2$ や NO を発生する

（3）光や熱で分解する
↓
褐色びんに保存する

次の練習問題で窒素の復習をしましょう。

**練習問題**

窒素の酸化物に関する記述として**誤りを含むもの**を，1つ選べ。

① 一酸化窒素は，銅に濃硝酸を反応させて得られる。

② 一酸化窒素は，水上置換で捕集することができる。

③ 一酸化窒素は，酸素と反応して二酸化窒素を生じる。

④ 二酸化窒素は，赤褐色の気体である。

**解き方**

①（誤　り）NOは，Cuに希硝酸 $HNO_3$ を反応させて得られます。

$3Cu + 8HNO_3$（希）$\longrightarrow 3Cu(NO_3)_2 + 2NO + 4H_2O$　反応式⑲

農

②（正しい）NOは，水に溶けにくい気体でした(p.48)。

③（正しい）無色のNOは，$O_2$ と反応して赤褐色の $NO_2$ になりました(p.55)。

④（正しい）有色の気体は4種だけでした(p.48)。

$F_2$：淡黄色　，　$Cl_2$：黄緑色　，　$NO_2$：赤褐色　，　$O_3$：淡青色

**補足** 窒素の酸化物NOや $NO_2$ などは $NO_x$（ノックス）とよぶことがあります。$NO_x$ は光化学スモッグや酸性雨の原因になります。

**答え** ①

## Step 2　オストワルト法をマスターしよう。

### ●オストワルト法

　ハーバー・ボッシュ法でつくられる**NH₃**を原料に，**HNO₃を工業的につくる方法**をオストワルト法といいます。まずは，流れ図でおさえましょう。

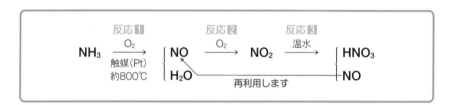

　次に反応**1**～反応**3**の反応式をつくりましょう。

反応**1**　白金Pt触媒を使い，$NH_3$を空気中の$O_2$と約800℃に加熱し，NOと$H_2O$をつくります。

$$NH_3 + O_2 \longrightarrow NO + H_2O$$

と書き，係数をそろえましょう。

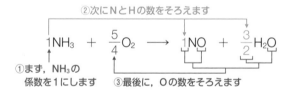

②次にNとHの数をそろえます

①まず，$NH_3$の係数を1にします　③最後に，Oの数をそろえます

　　全体を4倍して，完成です。

$$4NH_3 + 5O_2 \xrightarrow{\text{触媒(Pt)}} 4NO + 6H_2O \quad \boxed{\text{反応式⑭}}$$

反応**2**　さらに，NOを$O_2$で酸化し，$NO_2$にします。

$$2NO + O_2 \longrightarrow 2NO_2 \quad \boxed{\text{反応式⑮}}$$

**反応 3** $NO_2$ を温水 $H_2O$ と反応させ，$HNO_3$ と $NO$ にします。この反応式は，

$$NO_2 + H_2O \longrightarrow HNO_3 + NO$$

と書き，p.62の **反応式のつくり方 その5** を思い出しながら係数をそろえましょう。

①まず，一番複雑そうな化学式の係数を1とおきます

$$NO_2 + \frac{1}{2}H_2O \longrightarrow 1HNO_3 + NO$$

②次に，Hの数をそろえます

ここから，係数がそろえにくいですね。そこで，$NO_2$ の係数を $x$ とおいて，$NO$ の係数を $x$ で表してみます。

③とりあえず，$x$ とおきます

$$x\,NO_2 + \frac{1}{2}H_2O \longrightarrow 1HNO_3 + (x-1)NO$$

Nは $x$ 個　　　④ここにNが1個あるので，NOの係数は $(x-1)$ となります

ここで，Oの個数に注目すると，

$$2 \times x + 1 \times \frac{1}{2} = 3 \times 1 + 1 \times (x-1) \quad \text{より，} \quad x = \frac{3}{2}$$

よって，

$$\frac{3}{2}NO_2 + \frac{1}{2}H_2O \longrightarrow 1HNO_3 + \frac{1}{2}NO$$

全体を2倍して完成です。

$$3NO_2 + H_2O \longrightarrow 2HNO_3 + NO \quad \boxed{反応式 ㊻}$$

**反応 3** で $HNO_3$ とともに生じた $NO$ は，**反応 2** を起こすため再利用されます。

オストワルト法全体の反応式は，「$NO_2$ は途中段階で出てくるだけであること」や「$NO$ は再利用されること」を思い出しながらつくります。つまり，**全体では，$NH_3$ と $O_2$ から $HNO_3$ と $H_2O$ が生じます。** あとは，係数をそろえるだけです。

②次に，NとHの数をそろえます（$HNO_3$ にはNだけでなくHも含まれている点に注意しましょう）

$$1NH_3 + 2O_2 \longrightarrow 1HNO_3 + 1H_2O$$

①まず，$NH_3$ の係数を1にします　　③最後に，Oの数をそろえます

よって，オストワルト法全体の反応式は，

$$NH_3 + 2O_2 \longrightarrow HNO_3 + H_2O \quad \boxed{反応式 ㊼}$$

となります。

## ●実験室でのHNO₃のつくり方

実験室でHNO₃は，濃硫酸の「不揮発性」を利用し発生させることができます。

p.36を確認しましょう

$$\boxed{\begin{array}{c}NO_3^- \text{を}\\ \text{含む塩}\end{array}} + \boxed{\begin{array}{c}\text{不揮発性の酸}\\ \text{（濃硫酸）}\end{array}} \xrightarrow{\text{加熱}} \boxed{HNO_3} + \boxed{\begin{array}{c}HSO_4^- \text{を}\\ \text{含む塩}\end{array}}$$

$$NO_3^- + H_2SO_4 \longrightarrow HNO_3 + HSO_4^-$$

左辺にNa⁺を加えます　　　　　　　　　　　　　右辺にもNa⁺を加えます

$$NaNO_3 + \underset{\text{濃硫酸}}{H_2SO_4} \xrightarrow{\text{加熱}} HNO_3 + NaHSO_4$$

反応式48

---

### 練習問題

　アンモニアは，工業的には窒素と水素を体積比1:3で混合し，　ア　を主成分とする触媒を用いて高温，高圧下で合成される。この方法を　イ　法とよぶ。

(A)白金を触媒として800～900℃でアンモニアを空気中の酸素と反応させると，一酸化窒素が生成する。(B)一酸化窒素をさらに空気中の酸素と反応させると二酸化窒素が生成する。これを温水に吸収させると，式①に示すように硝酸HNO₃が生成する。

$$3NO_2 + H_2O \longrightarrow 2HNO_3 + NO \quad \cdots ①$$

　式①で生成した一酸化窒素は再び酸化され，最終的にすべて硝酸になる。この方法をオストワルト法とよぶ。

(1)　文中の　ア　，　イ　に最も適する語句を記せ。

(2)　オストワルト法による硝酸合成に関して，以下の問いに答えよ。

　（ i ）　下線部(A)の反応を化学反応式で示せ。

　（ ii ）　下線部(B)の反応を化学反応式で示せ。

　（ iii ）　アンモニアから硝酸ができるまでの反応を1つの化学反応式で示せ。

- - -

**解き方**　(2)　オストワルト法における各段階の反応式と全体の反応式は頻出です。反応式44 ～ 反応式47 を見直しましょう。

**答え**　(1)　ア：四酸化三鉄(または鉄)

　　　　　　　イ：ハーバー・ボッシュ(またはハーバー)

　　　(2)　（ i ）　$4NH_3 + 5O_2 \longrightarrow 4NO + 6H_2O$

　　　　　　（ ii ）　$2NO + O_2 \longrightarrow 2NO_2$

　　　　　　（ iii ）　$NH_3 + 2O_2 \longrightarrow HNO_3 + H_2O$

**Step 3** 黄リンと赤リンの違いに注目し，化合物をおさえよう。

## ●リンの単体

リンの同素体には，

<ruby>黄<rt>おう</rt></ruby>リン$P_4$ と <ruby>赤<rt>せき</rt></ruby>リン$P$
　　　　分子式　　　　　　　　組成式

> **注** 黄リンは精製すると無色にな
> るので，<ruby>白<rt>はく</rt></ruby>リンともよばれます。

があります。イラストを見て，その特徴をとらえましょう。

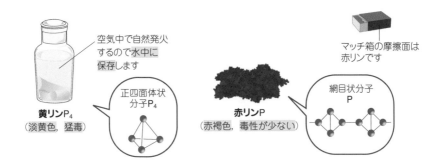

空気中で自然発火
するので水中に
保存します

マッチ箱の摩擦面は
赤リンです

**黄リン$P_4$**
（淡黄色，猛毒）

正四面体状
分子$P_4$

**赤リン$P$**
（赤褐色，毒性が少ない）

網目状分子
$P$

黄リン$P_4$は，4個のP原子が正四面体状分子 をつくっていて，空気

中で<ruby>自然発火<rt>はっか</rt></ruby>し十酸化四リン$P_4O_{10}$になります。

$$P_4 + 5O_2 \longrightarrow P_4O_{10} \quad \boxed{反応式 ㊾}$$

また，黄リン$P_4$を空気を断って長い時間加熱すると赤リン$P$になります。

$$黄リンP_4 \xrightarrow[\text{加熱}]{250℃} 赤リンP$$

---

**ポイント** 黄リン$P_4$と赤リン$P$

●黄リン
　250℃ ↓
　加熱

・分子式$P_4$の正四面体状分子

・淡黄色・猛毒の固体

・空気中で自然発火するために水中保存する

●赤リン

・組成式$P$で表す

・赤褐色・毒性が少ない粉末

## ●リンの化合物

### (1) 十酸化四リン$P_4O_{10}$ と リン酸$H_3PO_4$

$P_4O_{10}$は白色の粉末で，吸湿性がとても強く，

酸性の乾燥剤として，酸性の気体や中性の気体の乾燥に使用

しました(p.50)。$P_4O_{10}$を水に溶かして加熱すると，p.59の反応式の つくり方 その2「非金属の

酸化物 ＋ 水 ⟶ 対応するオキソ酸」より，オキソ酸のリン酸$H_3PO_4$が生じます。

$$P_4O_{10} + 6H_2O \xrightarrow{\text{加熱}} 4H_3PO_4 \quad \boxed{\text{反応式⑤}}$$
　　酸性酸化物　　　　　　　　　　オキソ酸

リン酸$H_3PO_4$は，融点が室温(25℃)よりも高い無色の結晶で，水によく溶け

ます。$H_3PO_4$の水溶液は，

$$H_3PO_4 \rightleftharpoons H^+ + H_2PO_4^-$$

$$H_2PO_4^- \rightleftharpoons H^+ + HPO_4^{2-}$$

$$HPO_4^{2-} \rightleftharpoons H^+ + PO_4^{3-}$$

のように電離して，中程度の強さの酸性を示します。

---

**ポイント** $P_4O_{10}$と$H_3PO_4$

- $P_4O_{10}$ $\begin{cases} \text{白色粉末・吸湿性が強い} \Rightarrow \text{酸性の乾燥剤} \\ \text{水を加えて加熱すると}H_3PO_4\text{になる} \end{cases}$
- $H_3PO_4$の水溶液は，中程度の強さの酸性を示す。

---

### (2) リン酸塩

$Ca^{2+}$ と リン酸のイオン( $PO_4^{3-}$ , $HPO_4^{2-}$ , $H_2PO_4^-$ )との塩を
　　　　　　　　　　　　　リン酸イオン　リン酸一水素イオン　リン酸二水素イオン
考え，その組成式をつくりましょう。

$Ca^{2+}PO_4^{3-}$
価数の比(2：3)を
たすきに書く
⇓
$Ca_3(PO_4)_2$
リン酸カルシウム

$Ca^{2+}HPO_4^{2-}$
価数の比(2：2＝1：1)を
たすきに書く
⇓
$CaHPO_4$
リン酸一水素カルシウム

$Ca^{2+}H_2PO_4^-$
価数の比(2：1)を
たすきに書く
⇓
$Ca(H_2PO_4)_2$
リン酸二水素カルシウム

> リン鉱石
> の主成分です。

> 水に溶け，リン酸肥料
> として使われます。

ここで，リン鉱石（主成分はリン酸カルシウム$Ca_3(PO_4)_2$）から，リン肥料とし

て使われる$Ca(H_2PO_4)_2$をつくります。つまり，リン鉱石のもつ$PO_4^{3-}$を希硫

酸$H_2SO_4$の$H^+$で$H_2PO_4^-$にします。「弱酸の遊離」ですね。

$$PO_4^{3-} + H_2SO_4 \longrightarrow H_2PO_4^- + SO_4^{2-} \quad \cdots ①$$

①式を2倍し，両辺に$Ca^{2+}$を3個加えます。

$$2PO_4^{3-} + 2H_2SO_4 \longrightarrow 2H_2PO_4^- + 2SO_4^{2-} \quad \Leftarrow ①×2より$$

左辺に$Ca^{2+}$を
3個加えます

右辺にも$Ca^{2+}$を
3個加えます

$$Ca_3(PO_4)_2 + 2H_2SO_4 \longrightarrow Ca(H_2PO_4)_2 + 2CaSO_4 \quad \boxed{反応式�}$$

希硫酸

過リン酸石灰とよばれる混合物で，
リン酸肥料として使われます

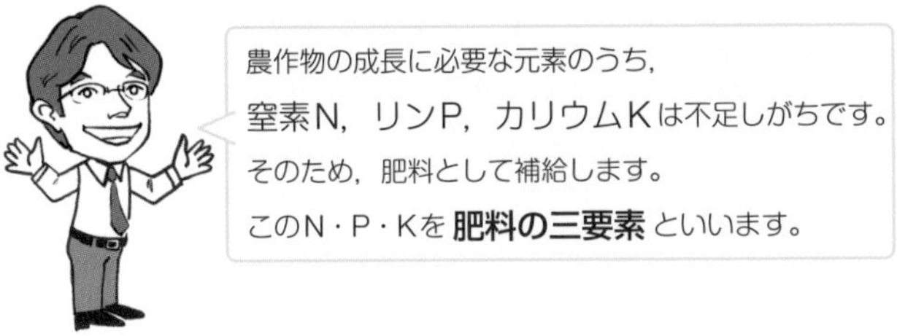

農作物の成長に必要な元素のうち，

窒素N，リンP，カリウムKは不足しがちです。

そのため，肥料として補給します。

このN・P・Kを**肥料の三要素**といいます。

リン酸肥料のほかには，次のような肥料があります。

（1）窒素肥料

例 硫酸アンモニウム（硫安）$(NH_4)_2SO_4$，硝酸アンモニウム（硝安）$NH_4NO_3$，

塩化アンモニウム（塩安）$NH_4Cl$，尿素$(NH_2)_2CO$

（2）カリ肥料

例 塩化カリウム$KCl$，硫酸カリウム$K_2SO_4$

---

**ポイント** リン酸塩

● $Ca_3(PO_4)_2$ ⇒ リン鉱石の主成分
● $Ca(H_2PO_4)_2$ ⇒ リン酸肥料として使う。水に溶ける。

---

次の練習問題をやってみましょう。

　リンを燃焼させて生じる□□□の白色の結晶は吸湿性が強いため，乾燥剤に用いられる。リンは肥料の三要素の1つであり，リン酸肥料として使われる。自然に産出する<u>リン鉱石</u>[注1]を適量の硫酸と反応させてつくられる<u>過リン酸石灰</u>[注2]が肥料として用いられる。

（注1）　リン鉱石の主成分は$Ca_3(PO_4)_2$である。

（注2）　過リン酸石灰は$CaSO_4$と$Ca(H_2PO_4)_2$の混合物である。

（1）　リンの代表的な同素体を2つ示し，同素体間における特徴的な性質の違いを3つ挙げて比較せよ。

（2）　リン，窒素以外にもう1つ肥料の三要素として知られる元素名を書け。

（3）　□□□にあてはまる化学物質名と化学式を書け。

（4）　下線部のように，リン鉱石はそのままでは肥料に不適であるが，過リン酸石灰は肥料となる。理由を述べよ。

（横浜市大）

- - - - - - - - - - - - - - - - - - - - - - - - - - - - - - - - - - - - - - - - -

**解き方**

（1）　黄リンと赤リンの性質の違いを答えます。

（2）　N・P・Kが肥料の三要素です。

（3）　十酸化四リン$P_4O_{10}$は，酸性の乾燥剤です。

（4）　リン鉱石の主成分であるリン酸カルシウム$Ca_3(PO_4)_2$は水に溶けませんが，過リン酸石灰に含まれているリン酸二水素カルシウム$Ca(H_2PO_4)_2$は水に溶けます。

**答え**

（1）　代表的な同素体：黄リンと赤リン

　1．黄リンは淡黄色の四原子分子だが，赤リンは赤褐色の高分子である。

　2．黄リンは空気中で自然発火するが，赤リンは安定である。

　3．黄リンは猛毒だが，赤リンは毒性が少ない。

（2）　カリウム

（3）　十酸化四リン，$P_4O_{10}$

（4）　リン鉱石の主成分であるリン酸カルシウムは水に溶けにくいが，過リン酸石灰に含まれるリン酸二水素カルシウムは水に溶けるから。

## 第8講　14族（炭素 C・ケイ素 Si）

## Step ① Cの単体・化合物の性質を中心に確認しましょう。

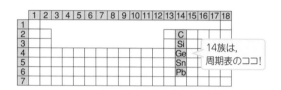

14族は，
周期表のココ！

### ●14族元素

14族元素は，

<table>
<tr><td>炭素 か ケイ素？</td><td>ゲッ</td><td></td><td>スズ か 鉛？</td></tr>
<tr><td>C</td><td>Si</td><td>Ge</td><td>Sn</td><td>Pb</td></tr>
<tr><td>炭素</td><td>ケイ素</td><td>ゲルマニウム</td><td>スズ</td><td>鉛</td></tr>
</table>

と覚えましょう。14族は，とくに炭素Cとケイ素Siが大切です。

### ●炭素の単体

炭素の同素体として，

ダイヤモンド，黒鉛（グラファイト），フラーレン，カーボンナノチューブ
宝石や工具の刃など　　　鉛筆のしんや電極など

などの性質を図とともに，覚えましょう。

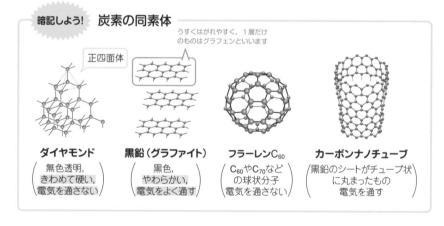

暗記しよう！　**炭素の同素体**

うすくはがれやすく，1層だけ
のものはグラフェンといいます

正四面体

**ダイヤモンド**
（無色透明，
きわめて硬い，
電気を通さない）

**黒鉛（グラファイト）**
（黒色，
やわらかい，
電気をよく通す）

**フラーレン$C_{60}$**
（$C_{60}$や$C_{70}$など
の球状分子
電気を通さない）

**カーボンナノチューブ**
（黒鉛のシートがチューブ状
に丸まったもの
電気を通す）

## ●炭素の化合物

### (1) 一酸化炭素CO

COは，**無色・無臭のきわめて有毒な気体**です。

血液中のヘモグロビンと強く結びつき，体内への$O_2$の供給をじゃまします。

工業的には，赤くなるまで加熱したコークスCに高温の水蒸気$H_2O$を送ってつくります。**$CO$と$H_2$の混合ガスを水性ガス（合成ガス）**といいます。

$$\underset{\text{水性ガス}}{C + H_2O \longrightarrow \underline{CO + H_2}}$$ 反応式⑫

COは空気中で火をつけると青白い炎をあげて燃え，$CO_2$になります。

$$2CO + O_2 \longrightarrow 2CO_2$$ 反応式⑬

> **ポイント** CO
>
> ● 無色・無臭の有毒な気体で，工業的には，「赤熱したCに高温の水蒸気$H_2O$」で発生。
> ● 空気中で青白い炎をあげて燃える。

### (2) 二酸化炭素$CO_2$

$CO_2$は，無色・無臭の気体で，水に少し溶けて**$CO_2$の水溶液**，炭酸$H_2CO_3$（$H_2O + CO_2$）となり，弱酸性を示します。

工業的には，石灰石（主成分$CaCO_3$）の熱分解によりつくります。この反応は，加熱することで$CaCO_3$が次のように反応し，$CO_2$が発生します。

$O^{2-}$を引きよせます

$Ca^{2+}CO_3{}^{2-}$を加熱すると，$CO_3{}^{2-}\quad Ca^{2+}$ のように$O^{2-}$が$Ca^{2+}$の方に移動し，$CO_2$ と $\boxed{O^{2-}Ca^{2+}}$ に分解します。

CaOになります

まとめると，

$$CaCO_3 \xrightarrow{\text{加熱}} CaO + CO_2$$ 反応式⑭

実験室では，p.33 **パターン1**「酸・塩基の反応」の「弱酸の遊離」で発生させます。

「**塩酸HCl**で，**$CO_3^{2-}$から$H_2O+CO_2(H_2CO_3)$を追い出す**」ので，
　　強酸　　　　　　　　　　　　　　　　弱酸

$$CaCO_3 + 2HCl \longrightarrow CaCl_2 + H_2O + CO_2 \quad \text{反応式⑬}$$

となりました。炭酸カルシウム$CaCO_3$は，石灰石や大理石の主成分です。

石油などの化石燃料の消費によって$CO_2$の生成量が増加することが，地球温暖化の一因と考えられています。

水蒸気$H_2O$，二酸化炭素$CO_2$，メタン$CH_4$などの気体は，赤外線を吸収し，地表から放射された熱を地表に戻して大気を暖めます（温室効果）。これらの気体を温室効果ガスといいます。

また，$CO_2$の固体はドライアイスで，ドライアイスは昇華して周りから熱をうばうので，冷却剤として使います。

$CO_2$を水酸化カルシウム$Ca(OH)_2$の水溶液（石灰水）に通すと，炭酸カルシウ
非金属の酸化物　　　　　　　　　　　　　　　　　　塩基
ム$CaCO_3$の白色沈殿を生じて白濁します。p.61の**反応式のつくり方 その4**「酸化物 $+ 2OH^- \longrightarrow$ 酸化物と$O^{2-}$がくっついたイオン $+ H_2O$」を利用し，反応式をつくることができます。

$$CO_2 + \underline{2OH^-} \longrightarrow CO_3^{2-} + H_2O \quad \leftarrow \text{反応式のつくり方 その4 より}$$
非金属の酸化物　　　　　　　　　$CO_2$と$O^{2-}$が
　　　　　　　　　　　　　　　　くっついたイオン

左辺に$Ca^{2+}$を加えます　　　　　右辺にも$Ca^{2+}$を加えます

$$CO_2 + Ca(OH)_2 \longrightarrow CaCO_3\downarrow + H_2O \quad \text{反応式㊳}$$
酸性酸化物　石灰水　　　　　　白濁
　　　　　　塩基

---

**ポイント** $CO_2$

● 無色・無臭・水に少し溶け弱酸性を示し，石灰水を白濁する。
● 「$CaCO_3$の熱分解」や「弱酸の遊離」で発生。
● 地球温暖化の一因，ドライアイスは冷却剤。

次の練習問題をやってみましょう。

---

**練習問題**

一酸化炭素および二酸化炭素に関する記述として**誤りを含むもの**を，次の①〜⑥のうちから1つ選べ。

① 一酸化炭素は，メタノールを合成するときの原料になる。

② 一酸化炭素は，強い酸化力をもつ。

③ 一酸化炭素は，強い毒性をもつ。

④ 二酸化炭素の水溶液は，弱い酸性を示す。

⑤ 二酸化炭素の固体は，昇華性をもつ。

⑥ 二酸化炭素は，炭酸ナトリウムに希塩酸を加えると得られる。

---

**解き方**

① （正しい）工業的にはメタノール$CH_3OH$を$CO$と$H_2$（水性ガス）から合成します。

$$CO + 2H_2 \xrightarrow[\text{触媒(ZnO)}]{\text{高温・高圧}} CH_3OH$$

この反応は，

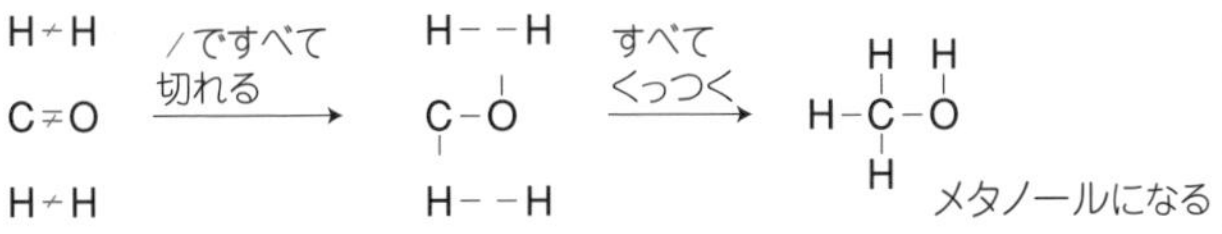

と覚えましょう。

② （誤り）$CO$は強い還元力をもちます。

③ （正しい）知っておきましょう。$CO$は有毒な気体です。

④ （正しい）$CO_2$の水溶液は，弱酸性を示す炭酸です。

⑤ （正しい）$CO_2$の固体は，ドライアイスです。ドライアイスは昇華します。

⑥ （正しい）「弱酸の遊離」が起こり，$CO_2$が発生します。

$$Na_2CO_3 + 2HCl \longrightarrow H_2O + CO_2 + 2NaCl$$

**答え** ②

**Step 2** Siは単体と化合物のいずれも頻出です。じっくりマスターしよう。

## ●ケイ素Siの単体

ケイ素Siは，岩や石の成分元素として地殻（地球の表層部）中に酸素Oの次に多く含まれています。地殻中に多く含まれる元素の順序は，

① **酸素O**　② **ケイ素Si**　③ **アルミニウムAl**　④ **鉄Fe**

の順になります。

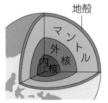

地球の内部構造

お(O)し(Si)ある(Al)て(Fe)とゴロで覚えましょう。

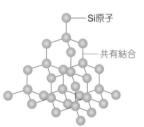

ケイ素Si

Siの単体は，

**ダイヤモンドと同じ構造の共有結合の結晶**

なので，

**硬く，融点が高い**

という性質があります。また，灰色で金属光沢があり，**金属と非金属の中間の電気伝導性**をもつので，半導体の性質を示し，コンピュータの**集積回路（IC）**や**太陽電池**などの材料になります。

Siの単体は，天然には存在しません。そのため，Siは二酸化ケイ素$SiO_2$などの酸化物を炭素Cで還元してつくります。還元剤であるCがOをうばいます。

$$SiO_2 + 2C \xrightarrow[\text{高温}]{\text{加熱}} Si + 2CO \quad \text{反応式⑥⑥}$$

**ポイント** Si

● 地殻中の元素は，O ＞ Si ＞ Al ＞ Fe ＞ … の順。

● ダイヤモンド型の共有結合の結晶で，高い融点をもち，硬い。

● 半導体の性質を示し，ICや太陽電池などの材料。

## ●ケイ素の化合物

### (1) 二酸化ケイ素 $SiO_2$

$SiO_2$は，**石英**，**水晶**，**けい砂** として，天然に多く存在しています。
<br>┗→岩石中に存在　┗→大きな結晶　┗→石英が砂状になったもの

$SiO_2$の結晶は，共有結合の結晶で，温度によりいくつかの構造になります。

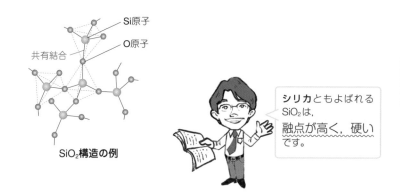

Si原子
O原子
共有結合

**$SiO_2$構造の例**

シリカともよばれる $SiO_2$は，
融点が高く，硬いです。

**$SiO_2$を高温にし融解させた後，冷やしてつくられたガラスを石英ガラス**といい，耐熱ガラスとして実験器具に使います。**$SiO_2$を繊維状にしたもの**が光ファイバーで，光通信や胃カメラに使われます。

$SiO_2$をNaOHとともに加熱し反応させると，ケイ酸ナトリウム$Na_2SiO_3$になります。p.61の［反応式のつくり方 その4］「酸化物 ＋ $2OH^-$ ⟶ 酸化物と$O^{2-}$ がくっついたイオン ＋ $H_2O$」を利用し，反応式をつくることができます。

$$SiO_2 \ + \ 2OH^- \ \xrightarrow[\text{高温}]{\text{加熱}} \ SiO_3^{2-} \ + \ H_2O \ \longleftarrow \text{［反応式のつくり方 その4］より}$$

非金属の酸化物　　　　　　　　　　$SiO_2$と$O^{2-}$ が
　　　　　　　　　　　　　　くっついたイオン

左辺に$2Na^+$を加えます　　　　　　　右辺にも$2Na^+$を加えます

$$SiO_2 \ + \ 2NaOH \ \xrightarrow[\text{高温}]{\text{加熱}} \ Na_2SiO_3 \ + \ H_2O \quad \text{反応式⑰}$$

酸性酸化物　　塩基

また，$SiO_2$ を $Na_2CO_3$ とともに加熱してもケイ酸ナトリウム $Na_2SiO_3$ になります。この反応式は，$CO_3{}^{2-}$ を加熱して生じる $O^{2-}$ と $CO_2$ のうち，$O^{2-}$ が $SiO_2$ とくっつくと考えます。

$$CO_3{}^{2-} \longrightarrow O^{2-} + CO_2 \quad \cdots ① \quad \Leftarrow O^{2-} と CO_2 が生じる$$

$$SiO_2 + O^{2-} \longrightarrow SiO_3{}^{2-} \qquad \cdots ② \quad \Leftarrow O^{2-} が SiO_2 とくっつく$$

この①式と②式をたし，両辺に $2Na^+$ を加えます。

$$SiO_2 + \underbrace{CO_3{}^{2-}}_{\substack{左辺に 2Na^+ を \\ 加えます}} \xrightarrow{\text{加熱}} \underbrace{SiO_3{}^{2-}}_{\substack{右辺にも 2Na^+ を \\ 加えます}} + CO_2 \quad \Leftarrow ① + ② より$$

$$SiO_2 + Na_2CO_3 \xrightarrow{\text{加熱}} Na_2SiO_3 + CO_2 \quad \boxed{反応式 \text{⑱}}$$

**石英ガラス**は $SiO_2$ だけからなり，**（ソーダ石灰）ガラス**は主成分が $SiO_2$ です。どちらのガラスもフッ化水素 HF の水溶液（フッ化水素酸）と反応し，溶けます。この反応式は，p.79 で紹介しましたね。

$$SiO_2 + 6HF \longrightarrow H_2SiF_6 + 2H_2O \quad \boxed{反応式 \text{㉞}}$$
$$\underset{\text{フッ化水素酸}}{\phantom{SiO_2 + 6HF}} \quad \underset{\text{ヘキサフルオロケイ酸}}{\phantom{H_2SiF_6}}$$

フッ化水素酸はガラスを溶かすため，ポリエチレンの容器に保存し，くもりガラスの製造やガラスの目盛りつけに利用します。

> ヘキサフルオロケイ酸 $H_2SiF_6$ は，ケイ酸 $H_2SiO_3$ のもつすべての O が 6 個の F に置きかわっています。
> ヘキサ　フルオロ

---

**ポイント** $SiO_2$

- 共有結合の結晶で，硬く，融点が高い。
- 石英ガラスや光ファイバーになる。
- $NaOH$ や $Na_2CO_3$ と反応し，$Na_2SiO_3$ が生成する。
- フッ化水素酸に溶ける。

## (2) ケイ酸ナトリウム Na₂SiO₃

Na₂SiO₃に水を加えて加熱すると,

# 粘性の大きな水あめ状の水ガラス

になります。この水ガラスに塩酸HClを加えると,「HClがSiO₃²⁻からH₂SiO₃を
追い出す」反応(「弱酸の遊離」)が起こりケイ酸H₂SiO₃(SiO₂・$n$H₂Oとも表します)になります。

$$SiO_3^{2-} \; + \; 2HCl \; \longrightarrow \; H_2SiO_3 \; + \; 2Cl^-$$

左辺に2Na⁺を加えます　　　　　右辺にも2Na⁺を加えます

$$Na_2SiO_3 \; + \; 2HCl \; \longrightarrow \; H_2SiO_3 \; + \; 2NaCl$$ 　反応式59
ケイ酸

**ケイ酸H₂SiO₃を加熱し脱水したものをシリカゲルといい**, シリカゲルは,

小さな空間が多いので表面積が大きく,
多孔質の構造をもつ
水蒸気H₂Oや他の気体を吸着しやすい

ため, 乾燥剤や吸着剤に使われます。

水ガラス　　　　　　　ケイ酸　　　　　　　シリカゲル

水分吸収の程度を知るために, シリカゲルを青色の塩化コバルト(Ⅱ)CoCl₂で
着色することがあります。塩化コバルト(Ⅱ)CoCl₂は, 水分を吸収すると青色か
ら赤色に変色します。

---

**ポイント** Na₂SiO₃

● 「SiO₂ + NaOH」や「SiO₂ + Na₂CO₃」からつくる。

● Na₂SiO₃ $\xrightarrow[\text{加熱}]{\text{水}}$ 水ガラス $\xrightarrow{\text{HCl}}$ H₂SiO₃ $\xrightarrow{\text{加熱・脱水}}$ シリカゲル
　　　　　　　　　　　　　　　　　ケイ酸　　　　　(乾燥剤・吸着剤)

次の練習問題でケイ素を復習しましょう。

誤りを含む記述を，次の①〜⑥のうちから1つ選べ。

① ケイ素は，岩石や鉱物を構成する元素として，地殻中に酸素についで多く存在する。

② ケイ素原子は4個の価電子をもつ。

③ ケイ素の結晶は，ダイヤモンドと同様の結晶構造をもつ。

④ ケイ素の結晶は，半導体の性質を示す。

⑤ 水晶は二酸化ケイ素の結晶である。

⑥ シリカゲルは，水ガラスを加熱して乾燥すると得られる。

解き方

① （正しい）$O > Si > Al > Fe > \cdots$　の順でした。

② （正しい）$_{14}Si$ K(2)L(8)M(4)　価電子

③ （正しい）正四面体がくり返されています。

④ （正しい）ICや太陽電池などの材料です。

⑤ （正しい）水晶，石英，ケイ砂，いずれも$SiO_2$です。

⑥ （誤 り）シリカゲルは，水ガラスに$HCl$を加えて得られるケイ酸$H_2SiO_3$を，加熱し乾燥したものです。

答 え　⑥

## 第9講　アルカリ金属（1族）

**Step**

**①** アルカリ金属の反応性，
保存法などからおさえていこう。

**②** アンモニアソーダ法は，
流れ図もあわせて覚えよう。

**Step 1** アルカリ金属の反応性, 保存法などからおさえていこう。

| | 1 | 2 | 3 | 4 | 5 | 6 | 7 | 8 | 9 | 10 | 11 | 12 | 13 | 14 | 15 | 16 | 17 | 18 |
|---|---|---|---|---|---|---|---|---|---|---|---|---|---|---|---|---|---|---|
| 1 | H | | | | | | | | | | | | | | | | | |
| 2 | Li | | | | | | | | | | | | | | | | | |
| 3 | Na | | | | | | | | | | | | | | | | | |
| 4 | K | | | | | | | | | | | | | | | | | |
| 5 | Rb | | | | | | | | | | | | | | | | | |
| 6 | Cs | | | | | | | | | | | | | | | | | |
| 7 | Fr | | | | | | | | | | | | | | | | | |

アルカリ金属と水素は,
周期表のココ!

## ●1族元素

周期表の1族元素は,

$$
\underset{\substack{\text{ス}\\\text{水素}}}{H} \quad \underset{\substack{\text{リ}\\\text{リチウム}}}{Li} \quad \underset{\substack{\text{ナ}\\\text{ナトリウム}}}{Na} \quad \underset{\substack{K\ \text{さん}\\\text{カリウム}}}{K} \quad \underset{\substack{\text{ルビー}\\\text{ルビジウム}}}{Rb} \quad \underset{\substack{\text{セシ めて}\\\text{セシウム}}}{Cs} \quad \underset{\substack{\text{フランスに}\\\text{フランシウム}}}{Fr}
$$

とゴロで覚えましょう。**Hを除く1族元素**は, アルカリ金属 といいます。

## ●アルカリ金属の単体

〈アルカリ金属の電子配置と単体の性質〉

| 元素名と元素記号 | | 電子殻 | | | | | | 融点<br>(℃) | | 密度<br>(g/cm³) | | 炎色反応 |
|---|---|---|---|---|---|---|---|---|---|---|---|---|
| | | K | L | M | N | O | P | | | | | |
| リチウム | ₃Li | 2 | 1* | | | | | 高 181 | | 0.53 | | 赤 |
| ナトリウム | ₁₁Na | 2 | 8 | 1 | | | | | 98 | 0.97 | 水に浮き<br>ます | 黄 |
| カリウム | ₁₉K | 2 | 8 | 8 | 1 | | | | 64 | 0.86 | | 赤紫 |
| ルビジウム | ₃₇Rb | 2 | 8 | 18 | 8 | 1 | | | 40 | 1.53 | | 赤 |
| セシウム | ₅₅Cs | 2 | 8 | 18 | 18 | 8 | 1 | 低 28 | | 1.87 | | 青紫 |

※赤字は価電子の数

単体の融点は, 原子番号が小さいほど高くなります。
Li ＞ Na ＞ K ＞ Rb ＞ Cs

アルカリ金属の原子・単体については，次の❶〜❹を覚えましょう。

❶ 価電子が1個で，1価の陽イオン（例 $Li^+$，$Na^+$，$K^+$）になりやすい。

❷ 空気中の$O_2$や$H_2O$と反応するので，石油(灯油)中に保存する。

　注 反応のはげしさは，Li ＜ Na ＜ K ＜ … の順。原子番号が大きいほど，
　　イオン化傾向の大きさの順と一致しないので注意しよう！
　　価電子を失いやすい。

❸ 銀白色の金属で，融点が低く，密度が小さい。
　　┗金属の単体は，　　　　　　┗Li，Na，Kは水に浮く
　　Cuが赤色，Auが黄金色で，　（密度が4g/cm³以下の金属を軽金属という）
　　残りはほとんどが銀白色

❹ 炎色反応を示す。
　　┗Li 赤 ，Na 黄 ，K 紫 の3つが大切(p.15参照)
　　　リ アカー　な　き　K 村

「理論化学編」やp.11でイオン化傾向の大きさの順を紹介しました。

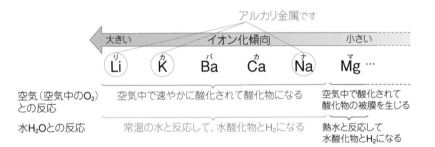

アルカリ金属のLi，K，Naは，空気中の$O_2$に速やかに酸化されて酸化物$Li_2O$，

$K_2O$，$Na_2O$になり，金属光沢(つや)を失います。反応式は，次のようにつくり

ましょう。

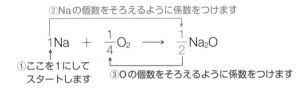

②Naの個数をそろえるように係数をつけます

$$1Na \ + \ \frac{1}{4}O_2 \ \longrightarrow \ \frac{1}{2}Na_2O$$

①ここを1にして　　③Oの個数をそろえるように係数をつけます
スタートします

全体を4倍して完成です。

$$4Na \ + \ O_2 \ \longrightarrow \ 2Na_2O \quad \text{反応式⑩}$$

LiやKの反応式も同じようにつくりましょう。

$$4Li + O_2 \longrightarrow 2Li_2O \quad \boxed{反応式 61}$$

$$4K + O_2 \longrightarrow 2K_2O \quad \boxed{反応式 62}$$

Li，Na，Kは常温の水$H_2O$と反応し，LiOH，NaOH，KOHを生じ，$H_2$を発生します。反応式は，次のようにつくりましょう。

全体を2倍して完成です。

$$2Na + 2H_2O \longrightarrow 2NaOH + H_2 \quad \boxed{反応式 63}$$

LiやKの反応式も同じようにつくりましょう。

$$2Li + 2H_2O \longrightarrow 2LiOH + H_2 \quad \boxed{反応式 64}$$

$$2K + 2H_2O \longrightarrow 2KOH + H_2 \quad \boxed{反応式 65}$$

---

**ポイント　アルカリ金属**

- 空気中で酸化されやすいので，石油（灯油）中に保存する。
- Li，Na，Kは，空気中で酸化されて酸化物になり，常温の水と反応し，水酸化物を生じて$H_2$を発生する。

---

## ●アルカリ金属の化合物

### （1）酸化ナトリウム$Na_2O$

アルカリ金属の酸化物はどれも塩基性酸化物で，p.58の $\boxed{反応式の つくり方 \ その 1}$ 「$O^{2-} + H_2O \longrightarrow 2OH^-$」で紹介したように，水と反応して塩基になります。ですから，$Na_2O$は水と反応して$NaOH$になります。

$$\underset{\substack{左辺に2Na^+を \\ 加えます}}{O^{2-}} + H_2O \longrightarrow \underset{\substack{右辺にも2Na^+を \\ 加えます}}{2OH^-} \quad \leftarrow \boxed{反応式の つくり方 \ その 1} より$$

$$\underset{金属の酸化物}{Na_2O} + H_2O \longrightarrow \underset{塩基}{2NaOH} \quad \boxed{反応式 66}$$

塩基性酸化物の$Na_2O$は，$HCl$などの酸と反応します。p.61の[反応式の つくり方 その3]「$O^{2-} + 2H^+ \longrightarrow H_2O$」を思い出しましょう。

$$O^{2-} \quad + \quad 2H^+ \quad \longrightarrow \quad H_2O \quad \leftarrow \text{p.61の[反応式の つくり方 その3]より}$$

左辺に$2Na^+$を加えます　　左辺に$2Cl^-$を加えます　　右辺に$2Na^+$と$2Cl^-$を加えます

$$Na_2O \quad + \quad 2HCl \quad \longrightarrow \quad H_2O \quad + \quad 2NaCl \quad \text{反応式67}$$
塩基性酸化物　　　　酸

**ポイント** $Na_2O$

● 水と反応して$NaOH$になり，$HCl$などの酸と反応する。

## (2) 水酸化ナトリウム $NaOH$

$NaOH$については，次の❶〜❸を覚えましょう。

❶ 発熱しながら水によく溶け，**強塩基性**を示す。
　　溶解エンタルピーが$-45kJ/mol$と負であるため
❷ 空気中に放置すると，**水分を吸収してこの水に溶けこむ潮解**という現象を示す。
❸ 固体・水溶液のどちらも皮膚や粘膜をおかす。

また，$NaOH$は強塩基なので，空気中の$CO_2$（酸性酸化物）と反応します。p.61の[反応式の つくり方 その4]「酸化物 $+ 2OH^- \longrightarrow$ 酸化物と$O^{2-}$がくっついたイオン $+ H_2O$」を思い出しましょう。

$$CO_2 + 2OH^- \longrightarrow CO_3^{2-} + H_2O \quad \leftarrow \text{p.61の[反応式の つくり方 その4]より}$$
非金属の酸化物　　　　　　$CO_2$と$O^{2-}$がくっついたイオン

左辺に$2Na^+$を加えます　　　　右辺にも$2Na^+$を加えます

$$CO_2 + 2NaOH \longrightarrow Na_2CO_3 + H_2O \quad \text{反応式68}$$
酸性酸化物　塩基

**ポイント** $NaOH$

● 水に溶かすと発熱し，水溶液は強塩基性を示す。
● 潮解（$KOH$も潮解する）し，皮膚や粘膜をおかす。
● $CO_2$と反応し，$Na_2CO_3$を生じる。

水酸化ナトリウムNaOH水溶液を短期間ガラスびんに保存するときは，ゴム栓を使います。

ゴム栓

水酸化ナトリウム水溶液

ガラス栓を使うと，びんと栓のすきまで空気中の$CO_2$とNaOHが反応し，ガラス栓がびんとくっついてしまうことがあります。

## ●イオン交換膜法

NaOHと$Cl_2$は，工業的には陽イオン交換膜を使った$NaCl$水溶液の電気分解で製造されます。このNaOHの工業的製法を**イオン交換膜法**といいます。

イオン交換膜法では，陽極室と陰極室を陽イオン交換膜でしきり，陽極室には塩化ナトリウムNaCl飽和水溶液を，陰極室には水$H_2O$のみを入れ，陽極に炭素C，陰極に鉄Feの電極を用いて電気分解します。

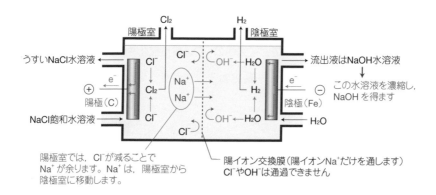

陽極室では，$Cl^-$が減ることで$Na^+$が余ります。$Na^+$は，陽極室から陰極室に移動します。

陽イオン交換膜（陽イオン$Na^+$だけを通します）$Cl^-$や$OH^-$は通過できません

陽極室での反応 陽極がCなので電極自身は溶けず，NaCl水溶液中の$Cl^-$が反応します。

$$(+)\ 2Cl^- \longrightarrow Cl_2 + 2e^-$$

| 陰極室での反応 | 陰極では，イオン化傾向の小さな陽イオンが反応しますが，今回は水の$H^+$しかありません。

$$(-)\ 2H_2O + 2e^- \longrightarrow H_2 + 2OH^-$$

$$\left( \begin{array}{l} 2H^+ + 2e^- \longrightarrow H_2 \text{の両辺に} \\ 2OH^- \text{を加えてつくることができます} \end{array} \right)$$

陽イオン交換膜とは，陽イオンだけを通す合成樹脂
<small>陰イオンは通れません</small>
（プラスチック）の膜のことで，イオン交換膜法では
$Na^+$だけが通過します。

　陽イオン交換膜でしきっているので，陽極室で発生する$Cl_2$は陰極室で発生する$H_2$や$OH^-$と混ざりません。また，$Na^+$だけが陽イオン交換膜を通り抜けるので，陰極室では$Na^+$や$OH^-$の濃度つまり$NaOH$水溶液の濃度が高くなります。この$NaOH$水溶液を濃縮して，純度の高い$NaOH$を製造することができます。

**ポイント　イオン交換膜法**

陽極(C)　$2Cl^- \longrightarrow Cl_2 + 2e^-$（酸化）

陰極(Fe)　$2H_2O + 2e^- \longrightarrow H_2 + \underset{\downarrow}{2OH^-}$（還元）
　　　　　　　　　　　　　　　　　　$NaOH$水溶液を得る

## (3) 炭酸ナトリウム $Na_2CO_3$

$Na_2CO_3$ については，次の❶～❸を覚えましょう。

---

❶ **炭酸ソーダ・ソーダ灰**ともよばれる白色固体で，ガラスやセッケンの原料として使われている。（「ソーダ」は，ナトリウムやナトリウム化合物のことを指します。）

> **参考** （ソーダ石灰）ガラスの原料は，$SiO_2$，$Na_2CO_3$，$CaCO_3$などです。
> 窓ガラスやビンなどに使われています

❷ 水によく溶け，水溶液は加水分解により弱塩基性を示す。

$$CO_3^{2-} + H_2O \rightleftharpoons HCO_3^- + \underset{\sim\sim\sim\sim \text{弱塩基性}}{OH^-}$$

> 「$Na_2CO_3$は（弱酸 + ⑤塩基）からなる正塩なので，
> $\quad\quad\quad\quad\ H_2CO_3\quad NaOH$
> 弱塩基性を示す」と「理論化学編」で紹介しました。

❸ $Na_2CO_3$ の水溶液を再結晶させると$Na_2CO_3 \cdot 10H_2O$ が得られる。$Na_2CO_3 \cdot 10H_2O$ は，空気中に放置すると**水和水を失い**$Na_2CO_3 \cdot H_2O$ になる**風解**という現象を示す。

$$Na_2CO_3 \cdot 10H_2O \xrightarrow{\text{風解}} Na_2CO_3 \cdot H_2O$$
$$\text{無色透明} \quad\quad\quad\quad\quad\quad \text{白色粉末状}$$

---

また，$Na_2CO_3$ に塩酸 HCl などの強酸を加えると「弱酸の遊離」が起こり，
弱酸の塩
$CO_2$ が発生します。

$$\underset{\substack{\text{左辺に}2Na^+\text{を}\\\text{加えます}}}{\underline{CO_3^{2-}}} + 2HCl \longrightarrow H_2O + CO_2 + \underset{\substack{\text{右辺にも}2Na^+\text{を}\\\text{加えます}}}{2Cl^-}$$

$$Na_2CO_3 + 2HCl \longrightarrow H_2O + CO_2 + 2NaCl \quad \text{反応式❻❾}$$

---

**ポイント** $Na_2CO_3$

- 炭酸ソーダ・ソーダ灰ともよばれ，ガラスの原料になる。
- 水によく溶け，加水分解により弱塩基性を示す。
- $Na_2CO_3 \cdot 10H_2O$ は風解し，$Na_2CO_3 \cdot H_2O$ になる。
- HClなどの強酸と「弱酸の遊離」を起こし，$CO_2$ が発生する。

## （4）炭酸水素ナトリウム NaHCO₃

NaHCO₃については，次の❶，❷を覚えましょう。

> ❶ 重曹（じゅうそう）ともよばれる白色の固体で，胃腸薬やベーキングパウダー（ふくらし粉）として使われている。
>
> ❷ 水に少し溶け，水溶液は加水分解により<u>弱塩基性</u>を示す。
>
> $$HCO_3^- + H_2O \rightleftharpoons H_2CO_3 + \underset{\text{弱塩基性}}{OH^-}$$

また，NaHCO₃に塩酸HClなどの強酸を加えると「弱酸の遊離」が起こり，$CO_2$が発生します。

$$\underset{\substack{\text{左辺にNa}^+\\ \text{を加えます}}}{HCO_3^-} + \underset{\substack{\text{左辺にCl}^-\text{を}\\ \text{加えます}}}{H^+} \longrightarrow H_2O + \underset{\substack{\text{右辺にNa}^+\text{と}\\ \text{Cl}^-\text{を加えます}}}{CO_2}$$

$$NaHCO_3 + HCl \longrightarrow H_2O + CO_2 + NaCl \quad \boxed{\text{反応式⑳}}$$

反応式⑳から，NaHCO₃は胃酸を中和でき，胃腸薬として使われます。

NaHCO₃を加熱すると，熱分解反応を起こし$CO_2$を発生します。この反応は，

**「加熱により，$HCO_3^-$ が $HCO_3^-$ に $H^+$ をわたすことで起こる」**

と覚えましょう。

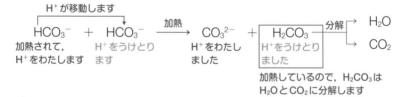

以上をまとめ，両辺に$2Na^+$を加えると反応式が完成します。

$$\underset{\substack{\text{左辺に2Na}^+\text{を}\\ \text{加えます}}}{2HCO_3^-} \xrightarrow{\text{加熱}} \underset{\substack{\text{右辺にも2Na}^+\text{を}\\ \text{加えます}}}{CO_3^{2-}} + H_2O + CO_2$$

$$2NaHCO_3 \xrightarrow{\text{加熱}} Na_2CO_3 + H_2O + CO_2 \quad \boxed{\text{反応式㉑}}$$

反応式㉑から，NaHCO₃は加熱すると$CO_2$を発生するので，ベーキングパウダー（ふくらし粉）として使われることがわかります。反応式㉑は，この後に紹介する「アンモニアソーダ法」にも出てきます。

- 重曹ともよばれ，胃腸薬やベーキングパウダーとして使われている。
- 水に少し溶け，加水分解により弱塩基性を示す。
- 「弱酸の遊離」や「熱分解反応」により$CO_2$を発生する。

**練習問題**

右図は，金属ナトリウムおよびナトリウム化合物の間の関係を示したもので，図中の①〜⑥は物質間の変化を表している。図に示した変化に関する次の記述のうち**誤っているもの**はどれか。

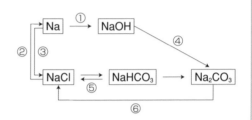

(A) ①の変化は，金属ナトリウムに水を作用させると起こる。

(B) ②の変化は，塩化ナトリウムの溶融塩電解で起こる。

(C) ③の変化は，金属ナトリウムに塩素を作用させると起こる。

(D) ④の変化は，水酸化ナトリウムの潮解とよばれる。

(E) ⑤の変化は炭酸水素ナトリウムに塩酸を作用させると起こり，⑥の変化は炭酸ナトリウムに塩酸を作用させると起こる。

---

**解き方**

(A)（正しい）$2Na + 2H_2O \longrightarrow 2NaOH + H_2$　**反応式**㊿

(B)（正しい）NaClを融解し電気分解すると陰極でNaが得られます。
　　　　　　↳溶融塩電解といいます(p.148)

　　　　［陰極］ $Na^+ + e^- \longrightarrow Na$

　　　　［陽極］ $2Cl^- \longrightarrow Cl_2 + 2e^-$

(C)（正しい）$2Na + Cl_2 \longrightarrow 2NaCl$　が起こります。

(D)（誤　り）潮解は水分を吸収して溶ける現象です。$Na_2CO_3$は生じません。

(E)（正しい）⑤では，$NaHCO_3 + HCl \longrightarrow H_2O + CO_2 + NaCl$　**反応式**⑳
　　　　　　⑥では，$Na_2CO_3 + 2HCl \longrightarrow H_2O + CO_2 + 2NaCl$　**反応式**⑲
　　　　　　の「弱酸の遊離」がそれぞれ起こります。

**答え**　（D）

Step **2** アンモニアソーダ法は，流れ図もあわせて覚えよう。

## ●アンモニアソーダ法

ガラスの原料である **$Na_2CO_3$ の工業的製法**を
（炭酸ソーダ，ソーダ灰）

アンモニアソーダ法（ソルベー法）

といいます。アンモニアソーダ法の工程は，次のようになります。

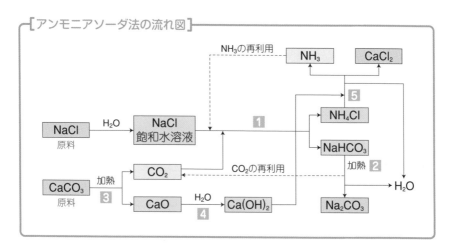

┌─[アンモニアソーダ法の流れ図]─┐

$NaCl$ や $CaCO_3$ を原料に $Na_2CO_3$ を製造していますね。このとき，$CaCl_2$ も生成するので，アンモニアソーダ法全体の反応式は，p.62の 反応式の つくり方 その 5 のやり方で，

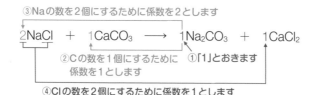

③Naの数を2個にするために係数を2とします
$2NaCl \ + \ 1CaCO_3 \ \longrightarrow \ 1Na_2CO_3 \ + \ 1CaCl_2$
②Cの数を1個にするために 係数を1とします　①「1」とおきます
④Clの数を2個にするために係数を1とします

のように，係数をつけることができます。よって，全体の反応式は，

$$2NaCl \ + \ CaCO_3 \ \longrightarrow \ Na_2CO_3 \ + \ CaCl_2 \quad \text{反応式⑫}$$

となります。

ここから，**1**〜**5**の工程をくわしく紹介していくことにしましょう。

**1** NaClの飽和水溶液に$NH_3$を十分に溶かし，これに$CO_2$を吹きこむと，
　　　　　　　　　　　└→弱塩基にします　　　　　　└→弱塩基性の水溶液　　　└→酸性酸化物

$NaHCO_3$が沈殿します。この反応式は，NaClが電離している反応式
└→$NaHCO_3$は水にやや溶けにくいため，沈殿します

$$NaCl \xrightarrow{\text{電離}} Na^+ + Cl^- \quad \cdots ①$$

と，$NH_3$と$CO_2$（水中では炭酸$H_2CO_3$として存在しています）の中和の反応式

$$NH_3 + \underbrace{CO_2 + H_2O}_{H_2CO_3} \longrightarrow NH_4^+ + HCO_3^- \quad \cdots ②$$

　　　↑
$H_2CO_3$が$NH_3$に$H^+$を与えます

をまとめてつくります。

> まとめるために，
> ①＋②を
> おこないます

$$NaCl \longrightarrow \boxed{Na^+} + Cl^- \quad \cdots ①$$
$$+) \quad NH_3 + CO_2 + H_2O \longrightarrow NH_4^+ + \boxed{HCO_3^-} \quad \cdots ②$$

$Na^+$と$HCO_3^-$がくっつく

$$NaCl + NH_3 + CO_2 + H_2O \longrightarrow NaHCO_3\downarrow + NH_4Cl$$

**反応式73**

塩化アンモニウム$NH_4Cl$は，塩安ともよばれる窒素肥料になります。

**2** **1**で沈殿した$NaHCO_3$から熱分解反応により$Na_2CO_3$を製造します。この
反応は，p.125で紹介しました（**反応式71**）。「加熱により，$HCO_3^-$が$HCO_3^-$
に$H^+$をわたす」ことで起こりました。

$H^+$をわたします

$$HCO_3^- + HCO_3^- \xrightarrow{\text{加熱}} CO_3^{2-} + H_2O + CO_2$$

左辺に$2Na^+$を　　　　　右辺にも$2Na^+$を
加えます　　　　　　　　加えます

$$2NaHCO_3 \xrightarrow{\text{加熱}} Na_2CO_3 + H_2O + CO_2 \quad \text{反応式71}$$

**3** **2**で生じる$CO_2$は**1**での反応に再利用されます。ただし，$NaHCO_3$に含まれ
ているC原子のすべてが$CO_2$になっていないため，$CO_2$が足りません。そこ
で，足りない$CO_2$は，石灰石$CaCO_3$の熱分解反応でおぎないます。この反
応は，p.109で紹介しました（**反応式59**）。「加熱により，$CaCO_3$から$Ca^{2+}O^{2-}$
がはずれる」反応でした。

$Ca^{2+}$ が $O^{2-}$ を引きよせます

$$\overset{\frown}{CO_3^{2-} \quad Ca^{2+}} \quad \xrightarrow{\substack{O^{2-} \text{を引きよせ,} \\ \text{分解します}}} \quad \begin{cases} \longrightarrow O^{2-}Ca^{2+} \\ \\ \longrightarrow CO_2 \end{cases}$$

この反応式は，次のようにまとめることができます。

$$CaCO_3 \xrightarrow{\text{加熱}} CaO + CO_2 \quad \boxed{\text{反応式⑭}}$$

④ ③で生成した **CaO** は **生石灰**（せいせっかい）ともいい，水に溶かすとp.58の $\boxed{\substack{\text{反応式の} \\ \text{つくり方} \; 1}}$ で紹介した反応が起こり，水酸化カルシウム $Ca(OH)_2$ を生じます。

$$\underset{\substack{\text{左辺に } Ca^{2+} \text{を} \\ \text{加えます}}}{O^{2-}} + H_2O \longrightarrow \underset{\substack{\text{右辺にも } Ca^{2+} \text{を} \\ \text{加えます}}}{2OH^-} \quad \overset{\longleftarrow \boxed{\substack{\text{反応式の} \\ \text{つくり方} \; 1}} \text{より}}{}$$

$$\underset{\text{生石灰}}{CaO} + H_2O \longrightarrow \underset{\text{消石灰}}{Ca(OH)_2} \quad \boxed{\text{反応式⑭}}$$

**$Ca(OH)_2$** は，**消石灰**（しょうせっかい）ともいいます。

⑤ ①と④で生じた $NH_4Cl$ と $Ca(OH)_2$ を反応させます。この反応は，p.35 **パターン1**「酸・塩基の反応」で紹介しました。「弱塩基の遊離」により，$NH_4^+$ と $OH^-$ から $NH_3$ を発生します。

$$\underset{\substack{\text{左辺に } 2Cl^- \\ \text{を加えます}}}{2NH_4^+} + \underset{\substack{\text{左辺に } Ca^{2+} \\ \text{を加えます}}}{2OH^-} \longrightarrow \underset{\substack{\text{右辺にも } Ca^{2+} \text{と } 2Cl^- \text{を} \\ \text{加えます}}}{2NH_3 + 2H_2O}$$

$$2NH_4Cl + Ca(OH)_2 \xrightarrow{\text{加熱}} 2NH_3 + 2H_2O + CaCl_2 \quad \boxed{\text{反応式⑰}}$$

この反応で発生した $NH_3$ は，①での反応に再利用されます。

---

**ポイント** アンモニアソーダ法

- $NaCl + H_2O + CO_2 + NH_3 \longrightarrow NaHCO_3\downarrow + NH_4Cl \quad \boxed{\text{反応式⑬}}$
- $2NaHCO_3 \xrightarrow{\text{加熱}} Na_2CO_3 + CO_2 + H_2O \quad \boxed{\text{反応式⑪}}$
- $CaCO_3 \xrightarrow{\text{加熱}} CaO + CO_2 \quad \boxed{\text{反応式⑭}}$
- $CaO + H_2O \longrightarrow Ca(OH)_2 \quad \boxed{\text{反応式⑭}}$
- $2NH_4Cl + Ca(OH)_2 \xrightarrow{\text{加熱}} 2NH_3 + 2H_2O + CaCl_2 \quad \boxed{\text{反応式⑰}}$
- （全体） $2NaCl + CaCO_3 \longrightarrow Na_2CO_3 + CaCl_2 \quad \boxed{\text{反応式⑫}}$

次の練習問題でアンモニアソーダ法を復習しましょう。

---

**練習問題**

　次の図は炭酸ナトリウムの工業的製造法であるアンモニアソーダ法（ソルベー法）の概要を示している。実線は製造工程，点線は回収工程を表す。

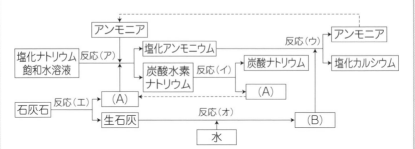

(1)　化合物（A）と化合物（B）の化学式を書け。

(2)　反応（ア），（イ）の化学反応式を書け。

（中央大）

---

**解き方**

(1)　反応（エ）では，$CaCO_3 \longrightarrow CaO + CO_2$ $_{(A)}$　反応式 54，

　　反応（オ）では，$CaO + H_2O \longrightarrow Ca(OH)_2$ $_{(B)}$　反応式 74

　がそれぞれ起こります。

(2)　反応（ア）は 反応式 73，反応（イ）は 反応式 71 です。

**答え**　(1)　(A)　$CO_2$　　　(B)　$Ca(OH)_2$

　　　　(2)　(ア)　$NaCl + NH_3 + CO_2 + H_2O \longrightarrow NaHCO_3 + NH_4Cl$

　　　　　　(イ)　$2NaHCO_3 \longrightarrow Na_2CO_3 + CO_2 + H_2O$

無機化学編

第11講　アルミニウム Al（13族）

Step ① まずは，単体と化合物の暗記からはじめましょう。

② Al の溶融塩電解はていねいに考えよう。

## (2) 還元剤としての反応

イオン化傾向がFeよりも大きなAlは，還元剤としてはたらき鉄の酸化物$Fe_2O_3$からOをうばいFeにします。**Al粉末と$Fe_2O_3$の混合物をテルミット**といい，このテルミットに点火すると次の反応が起こり，とけたFeをつくることができます。

$$Fe_2O_3 + 2Al \longrightarrow 2Fe + Al_2O_3 \quad \boxed{反応式 \text{❽❽}}$$

$\boxed{反応式 \text{❽❽}}$ は，AlがOをうばって$Al_2O_3$になり，$Fe_2O_3$がOをうばわれてFeになることを覚えておけばつくることができます。この反応を**テルミット反応**といい，得られたFeは**鉄道のレールなどの溶接**に使われます。テルミット反応を利用すると，「$Cr_2O_3$からCr」，「$MnO_2$からMn」のようにとけた金属の単体をつくることができます。

---

**ポイント** Al

- 展性・延性に富む軽金属で，電気・熱をよく導く。
- Al ＋ Cu ＋ Mg ＋ … ⇒ジュラルミン
- $O_2$中で熱や光を発生して燃焼する。
- 表面に$Al_2O_3$をつけた製品をアルマイトという。
- 両性金属なので，「HClやNaOHと反応して$H_2$を発生」する。
- 還元剤として反応し，テルミット反応を起こす。

---

## ●アルミニウムの化合物

### (1) 酸化アルミニウム $Al_2O_3$

$Al_2O_3$はアルミナともよばれる白色の酸化物で，**ルビーやサファイアの主成分**です。$Al_2O_3$は，

極めて硬く，約2000℃の高い融点をもつ

両性酸化物なので，酸だけでなく強塩基とも反応します。

【強酸との反応】

$Al_2O_3$ は，塩酸 HCl などの強酸と反応します。p.61 の 反応式のつくり方 その3 「$O^{2-} + 2H^+ \longrightarrow H_2O$」を利用し，反応式をつくりましょう。

$$O^{2-} + 2H^+ \longrightarrow H_2O \quad \cdots ① \quad \Leftarrow \text{反応式のつくり方 その3 より}$$

$Al_2O_3$ は $O^{2-}$ を3つもっているので，①式を3倍します。3倍した式の両辺に $2Al^{3+}$ と $6Cl^-$ を加えて完成です。

$$3O^{2-} + 6H^+ \longrightarrow 3H_2O \quad \Leftarrow ①×3 \text{より}$$

左辺に $2Al^{3+}$ を加えます　左辺に $6Cl^-$ を加えます　右辺にも $2Al^{3+}$ と $6Cl^-$ を加えます

$$\underset{\text{両性酸化物}}{Al_2O_3} + \underset{\text{酸}}{6HCl} \longrightarrow 3H_2O + 2AlCl_3 \quad \text{反応式⑧⑨}$$

【強塩基との反応】

$Al_2O_3$ は NaOH 水溶液などの強塩基とも反応し，$Na[Al(OH)_4]$ を生じます。
p.62 の 反応式のつくり方 その5 のやり方で反応式をつくりましょう。

「$Al_2O_3$ と NaOH 水溶液から，$Na[Al(OH)_4]$ が生じる」ので，

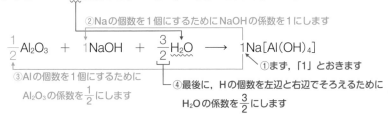

②Na の個数を1個にするために NaOH の係数を1にします

$$\frac{1}{2}Al_2O_3 + 1NaOH + \frac{3}{2}H_2O \longrightarrow 1Na[Al(OH)_4]$$

①まず，「1」とおきます

③Al の個数を1個にするために $Al_2O_3$ の係数を $\frac{1}{2}$ にします

④最後に，H の個数を左辺と右辺でそろえるために $H_2O$ の係数を $\frac{3}{2}$ にします

となります。最後に，全体を2倍して完成します。

$$\underset{\text{両性酸化物}}{Al_2O_3} + \underset{\text{塩基}}{2NaOH} + 3H_2O \longrightarrow 2Na[Al(OH)_4] \quad \text{反応式⑨⓪}$$

---

**ポイント**　$Al_2O_3$

- アルミナともよばれるルビーやサファイアの主成分。
- 硬く，融点の高い両性酸化物で「HCl や NaOH と反応」する。

## (2) 水酸化アルミニウム $Al(OH)_3$

$Al(OH)_3$ は $Al^{3+}$ と水酸化物イオン $OH^-$ からなる両性水酸化物です。

$$\overset{あ}{Al}(OH)_3 \ , \ \overset{あ}{Zn}(OH)_2 \ , \ \overset{すん}{Sn}(OH)_2 \ , \ \overset{なり}{Pb}(OH)_2$$

はいずれも両性水酸化物で，p.14ではいずれも白色沈殿と暗記しました。

　水酸化物も，両性の単体や酸化物のように，酸だけでなく強塩基とも反応します。つまり，$Al(OH)_3$ は塩酸 $HCl$ などの強酸と中和反応を起こし，水酸化ナトリウム $NaOH$ 水溶液などの強塩基と錯イオン $[Al(OH)_4]^-$ をつくり，いずれも溶けます。

　$HCl$ との反応式は，

$$OH^- \ + \ H^+ \ \longrightarrow \ H_2O \quad \cdots ① \quad \Leftarrow 中和反応です$$

を3倍し，両辺に $Al^{3+}$ と $3Cl^-$ を加えてつくります。

$$3OH^- \ + \ 3H^+ \ \longrightarrow \ 3H_2O \qquad \Leftarrow ① \times 3 \ より$$

| 左辺に $Al^{3+}$ を加えます | 左辺に $3Cl^-$ を加えます | 右辺にも $Al^{3+}$ と $3Cl^-$ を加えます |
|---|---|---|

$$Al(OH)_3 \ + \ 3HCl \ \longrightarrow \ 3H_2O \ + \ AlCl_3 \quad \boxed{反応式 \ 91}$$

　$NaOH$ との反応式は，$[Al(OH)_4]^-$ を生じる反応式の両辺に $Na^+$ を加えてつくります。

$$Al(OH)_3 \ + \ OH^- \ \longrightarrow \ [Al(OH)_4]^- \quad \Leftarrow 沈殿が溶ける反応です$$

| 左辺に $Na^+$ を加えます | 右辺にも $Na^+$ を加えます |
|---|---|

$$Al(OH)_3 \ + \ NaOH \ \longrightarrow \ Na[Al(OH)_4] \quad \boxed{反応式 \ 92}$$

---

**ポイント** $Al(OH)_3$

● 白色の両性水酸化物で，「$HCl$ や $NaOH$ と反応」して溶ける。

### (3) ミョウバン AlK(SO₄)₂·12H₂O

硫酸カリウム $K_2SO_4$ と硫酸アルミニウム $Al_2(SO_4)_3$ との濃い混合水溶液を冷やすと，無色透明の正八面体結晶が得られます。この結晶を**ミョウバン**といいます。

形のきれいな
ミョウバンの
小さな結晶を
糸の先につける

冷やす →

ミョウバンの
大きな正八面体結晶
が得られる

$K_2SO_4$ と $Al_2(SO_4)_3$ と
の混合水溶液

ミョウバン $AlK(SO_4)_2·12H_2O$ の化学式は，$K_2SO_4$ と $Al_2(SO_4)_3$ の化学式をたした $K_2SO_4 + Al_2(SO_4)_3 = Al_2K_2(SO_4)_4$ を手がかりに覚えましょう。

ミョウバンのように**2種類以上の塩からなる化合物**を**複塩**といい，複塩は水に溶けると成分のイオンに電離します。つまり，ミョウバンを水に溶かすと次のように電離します。

$$AlK(SO_4)_2·12H_2O \xrightarrow{\text{電離}} Al^{3+} + K^+ + 2SO_4^{2-} + 12H_2O$$ 反応式⑬

ミョウバンの水溶液は，弱酸性を示します。

---

**ポイント** $AlK(SO_4)_2·12H_2O$

● ミョウバンとよばれる無色透明の正八面体結晶。
● 複塩であり，水溶液は弱酸性を示す。

Alは濃硝酸には
不動態となり，
溶けません。

**Alの溶融塩電解はていねいに考えよう。**

## ●アルミニウム Al の製錬

単体のAlは，アルミニウム鉱石の**ボーキサイト**（主成分$Al_2O_3 \cdot nH_2O$）から得られる酸化アルミニウム（アルミナ）$Al_2O_3$を**溶融塩電解**（融解塩電解ともいう。**高温で融解させ，電気分解すること**）により製造します。

> ボーキサイト $\xrightarrow{精製}$ アルミナ $\xrightarrow{溶融塩電解}$ アルミニウムAl
> （主成分$Al_2O_3 \cdot nH_2O$）　　　$Al_2O_3$

Alは水素よりイオン化傾向が大きいので，$Al^{3+}$の水溶液を電気分解しても陰極では$H_2O$($H^+$)が反応して$H_2$が発生するだけでAlを得ることはできません。

そのため，アルミナ$Al_2O_3$を融解させ電気分解してAlをつくるのですが，アルミナの融点は約2000℃と高く，融解させるだけでも多くのエネルギーを消費してしまいます。そこで，融点が約1000℃の**氷晶石**$Na_3AlF_6$を使います。氷晶石を約1000℃に加熱し融解させて溶媒とし，これに$Al_2O_3$を少しずつ溶かして電気分解します。つまり，

氷晶石には，アルミナを2000℃より低い温度で融解させる役割

があります。

$Al_2O_3$を氷晶石$Na_3AlF_6$とともに，陽極と陰極に炭素Cを使い，溶融塩電解します。このとき，$Al_2O_3$は氷晶石の溶媒に溶け，電離します。

$$Al_2O_3 \xrightarrow{電離} 2Al^{3+} + 3O^{2-}$$

陽極では$O^{2-}$が反応しOが生じますが，高温であるためにただちに陽極のCと反応してCOや$CO_2$を発生します。この反応は，反応する物質（Cと$O^{2-}$）と発生する気体（COや$CO_2$）を覚え，電荷を$e^-$であわせてつくりましょう。

$$(+) \quad O^{2-} + C \longrightarrow CO + 2e^-$$
$$2O^{2-} + C \longrightarrow CO_2 + 4e^-$$

陰極では $Al^{3+}$ が反応しAlが生じます。

$$(-) \quad Al^{3+} + 3e^- \longrightarrow Al$$

> 陽極のCは反応し減っていくので，補充します。

Alを製造するときに多くの電気エネルギーを消費しますが，リサイクル（再生利用）するなら消費するエネルギーは数％で済みます。

---

**ポイント**　Alの製錬

アルミナ $Al_2O_3$ を氷晶石 $Na_3AlF_6$ とともに，溶融塩電解（融解塩電解）することでAlを製造する。

$$(陽極) \quad C + O^{2-} \longrightarrow CO + 2e^-$$
$$C + 2O^{2-} \longrightarrow CO_2 + 4e^-$$
$$(陰極) \quad Al^{3+} + 3e^- \longrightarrow Al$$

---

リサイクル

アルミニウム缶

次の練習問題をやってみましょう。

　　アルミニウム単体の粉末は空気中で高温に熱するとはげしく燃焼し，$\boxed{ア}$を生成する。(a)この生成物は塩酸に溶け，(b)水酸化ナトリウム水溶液にも溶ける。(c)アルミニウムの単体を得る目的でアルミニウムイオンを含む水溶液を電気分解しても単体は析出しない。単体を得るには無水の化合物を加熱して融解状態で電気分解する。この操作を$\boxed{イ}$という。氷晶石（$Na_3AlF_6$）を約1000℃に加熱して融解し，これにボーキサイトからつくった$\boxed{ア}$を溶かして炭素電極を用いて電気分解すると，$\boxed{ウ}$極では(d)気体が発生し，$\boxed{エ}$極では単体のアルミニウムが得られる。

(1)　文中の$\boxed{ア}$に適切な化学式を，$\boxed{イ}$〜$\boxed{エ}$に適切な語句を記せ。

(2)　下線部（a）と（b）の変化を化学反応式で表せ。

(3)　下線部（c）の理由を簡潔に説明せよ。

(4)　氷晶石の役割について簡潔に説明せよ。

(5)　下線部（d）で発生する気体は何か。

---

**解き方**

(1)，(5)　単体のAlは，$Al_2O_3$を溶融塩電解することで得られます。陽極ではCOや$CO_2$が発生し，陰極ではAlが得られる。

(2)　$Al_2O_3$は両性酸化物でした。反応式89，反応式90を答えます。

**答え**　(1)　ア：$Al_2O_3$　　イ：溶融塩電解（または 融解塩電解）

　　　　　　　ウ：陽　　エ：陰

　　　　(2)　(a)　$Al_2O_3 + 6HCl \longrightarrow 2AlCl_3 + 3H_2O$

　　　　　　　(b)　$Al_2O_3 + 2NaOH + 3H_2O \longrightarrow 2Na[Al(OH)_4]$

　　　　(3)　Alは水素よりイオン化傾向が大きいので，$Al^{3+}$の水溶液を電気分解しても陰極では$H_2$が発生するだけだから。

　　　　(4)　酸化アルミニウムの融点を下げる。

　　　　(5)　一酸化炭素（または　二酸化炭素）

無機化学編

# 第12講 遷移元素（鉄Fe・銅Cu・クロムCrなど），他

Step 1 遷移元素の特徴を覚えよう！

2 Feの性質をおさえていこう。

3 Feの製錬は化学用語から覚えていこう。

4 Cuの単体・化合物・合金・電解精錬いずれも大切です。

5 最後のひとふんばり。こまかいことを覚えよう！

## Step ① 遷移元素の特徴を覚えよう！

### ●遷移元素全般

| 族\周期 | 1 | 2 | 3 | 4 | 5 | 6 | 7 | 8 | 9 | 10 | 11 | 12 | 13 | 14 | 15 | 16 | 17 | 18 |
|---|---|---|---|---|---|---|---|---|---|---|---|---|---|---|---|---|---|---|
| 1 | 1 H | | | | | | | | | | | | | | | | | 2 He |
| 2 | 3 Li | 4 Be | | | | | | | | | | | 5 B | 6 C | 7 N | 8 O | 9 F | 10 Ne |
| 3 | 11 Na | 12 Mg | | | | 遷移元素 | | | | | | | 13 Al | 14 Si | 15 P | 16 S | 17 Cl | 18 Ar |
| 4 | 19 K | 20 Ca | 21 Sc | 22 Ti | 23 V | 24 Cr | 25 Mn | 26 Fe | 27 Co | 28 Ni | 29 Cu | 30 Zn | 31 Ga | 32 Ge | 33 As | 34 Se | 35 Br | 36 Kr |

<u>周期表3～12族の元素</u>を<u>遷移元素</u>といいます。遷移元素の原子の電子配置は，
12族元素は遷移元素に含めない場合があります
原子番号が変わっても

$$最外殻電子の数 が 2個 または 11個$$

なので，周期表で左右にとなりあう元素も性質がよく似ています。

| 元素 | $_{21}Sc$ | $_{22}Ti$ | $_{23}V$ | $_{24}Cr$ | $_{25}Mn$ | $_{26}Fe$ | $_{27}Co$ | $_{28}Ni$ | $_{29}Cu$ | $_{30}Zn$ |
|---|---|---|---|---|---|---|---|---|---|---|
| 最外殻電子の数 | 2 | 2 | 2 | 1 | 2 | 2 | 2 | 2 | 1 | 2 |

〈遷移元素（第4周期）の最外殻電子の数〉

遷移元素については，次の5つを覚えましょう。

① すべて金属元素である。そのため，遷移金属ともよばれる。

② 単体の密度が大きく，密度 $4g/cm^3$ より大きな重金属がほとんどである。

　例 $_{26}Fe$ $7.9g/cm^3$ ， $_{29}Cu$ $9.0g/cm^3$

③ 単体の融点は高いものが多く，1500℃をこえるものも多い。

　例 $_{24}Cr$ の融点：1860℃ ， $_{26}Fe$ の融点：1535℃ ， $_{29}Cu$ の融点：1083℃

④ 価数の異なるイオンや酸化数の異なる化合物になることが多い。

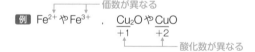

❺ イオンを含む水溶液や化合物は有色のものが多い。p.14で暗記しました。

| イオン | $Fe^{2+}$ | $Fe^{3+}$ | $Cu^{2+}$ | $Ni^{2+}$ | $Cr^{3+}$ | $CrO_4^{2-}$ | $Cr_2O_7^{2-}$ | $Mn^{2+}$ | $MnO_4^-$ | $[Cu(NH_3)_4]^{2+}$ |
|---|---|---|---|---|---|---|---|---|---|---|
| 色 | 淡緑 | 黄褐 | 青 | 緑 | 緑 | 黄 | 赤橙 | 淡桃 | 赤紫 | 深青 |

ポイント　遷移元素

● すべて金属元素であり，最外殻電子は2個または1個。
● 密度が大きく，ほとんどが重金属で融点は高いものが多い。
● 価数の異なるイオンや酸化数の異なる化合物が多い。
● イオンや化合物は有色のものが多い。

次の練習問題をやってみましょう。

練習問題

　遷移元素に関する記述として正しいものを，次の①〜⑤のうちから1つ選べ。

① すべての遷移元素は，周期表の11族〜17族のいずれかに属する。

② 遷移元素の単体は，いずれも金属である。

③ 鉄，鉛，銅は，いずれも遷移元素である。

④ 遷移元素を含む化合物は，いずれも無色である。

⑤ いずれの遷移元素も，化合物中での酸化数は＋4以上にはならない。

解き方

① （誤　り）遷移元素は，周期表の3族〜12族です。

② （正しい）すべて金属です。

③ （誤　り）鉛Pbは，14族の典型元素です。

④ （誤　り）例えば，CuO（黒），$Cu_2O$（赤）があります。いずれも無色とはいえません。

⑤ （誤　り）例えば，$\underset{+6}{CrO_4^{2-}}$ や $\underset{+7}{MnO_4^-}$ のように，酸化数が＋6以上のものがあります。

答え　②

第12講 遷移元素（鉄Fe・銅Cu・クロムCrなど）・他

# Step 2 Feの性質をおさえていこう。

## ●鉄Feの単体，化合物・イオン

### (1) 単体の鉄Fe

Feは灰白色の金属で，

$$水素\ H_2\ より\ イオン化傾向\ が大きく$$

塩酸HClや希硫酸$H_2SO_4$と反応し，$H_2$を発生します。この反応は，p.39 第2講 気体の発生実験 **パターン4**「酸化還元反応」で紹介しました。FeがFe$^{2+}$になる 点に注意が必要でしたね。

$$\begin{cases} Fe \longrightarrow Fe^{2+} + 2e^- & \cdots ① \quad \Leftarrow FeはFe^{2+}になります \\ 2H^+ + 2e^- \longrightarrow H_2 & \cdots ② \quad \Leftarrow 2H^+はH_2になります \end{cases}$$

①+② より，

$$Fe + 2H^+ \longrightarrow Fe^{2+} + H_2$$

左辺に$2Cl^-$を加えます　右辺にも$2Cl^-$を加えます

$$Fe + 2HCl \longrightarrow FeCl_2 + H_2 \quad \boxed{反応式⑯}$$

左辺に$SO_4^{2-}$を加えます　右辺にも$SO_4^{2-}$を加えます

$$Fe + H_2SO_4 \longrightarrow FeSO_4 + H_2 \quad \boxed{反応式⑯}$$

**反応式⑯** で生じた$FeSO_4$の水溶液を濃縮すると，淡緑色の結晶 $FeSO_4 \cdot 7H_2O$が得られます。また，Feは濃硝酸に不動態となりました。

---

**ポイント** Fe

- 灰白色で，「HClや希$H_2SO_4$と反応」し，$Fe^{2+}$を生じて$H_2$を発生する。
- $FeSO_4 \cdot 7H_2O$は淡緑色。

## (2) 鉄の化合物

$$\text{酸化鉄(Ⅲ)} \, Fe_2O_3 \quad \text{と} \quad \text{四酸化三鉄} \, Fe_3O_4$$

（赤褐色） （黒色）

の化学式を色ごと覚えましょう。**べんがら**ともよばれる$Fe_2O_3$は鉄の赤さびに，$Fe_3O_4$は鉄の黒さびに含まれています。また，**$Fe_2O_3$を多く含む鉄鉱石**が赤鉄鉱，**$Fe_3O_4$を多く含む鉄鉱石**が磁鉄鉱です。

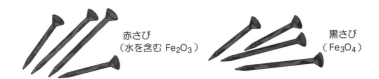

赤さび
（水を含む $Fe_2O_3$）

黒さび
（$Fe_3O_4$）

## (3) 鉄のイオン：鉄(Ⅱ)イオン$Fe^{2+}$ と 鉄(Ⅲ)イオン$Fe^{3+}$

$Fe^{2+}$や$Fe^{3+}$については，p.23で紹介した沈殿内容が出題されます。

**ポイント** 鉄のイオンと沈殿

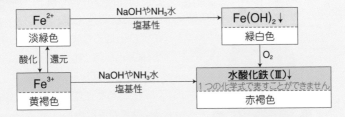

- ●$Fe^{2+}$は，$K_3[Fe(CN)_6]$ と濃青色沈殿を生じる。
  ヘキサシアニド鉄(Ⅲ)酸カリウム
- ● $Fe^{3+}$は，$K_4[Fe(CN)_6]$ と濃青色沈殿を生じる。
  ヘキサシアニド鉄(Ⅱ)酸カリウム
  $Fe^{3+}$は，$KSCN$ で血赤色溶液になる。
  チオシアン酸カリウム

$Fe^{2+}$は酸化されやすいので，$Fe^{2+}$や$Fe(OH)_2$は空気中の$O_2$に酸化されて$Fe^{3+}$や水酸化鉄(Ⅲ)になります。

# Step ③ Feの製錬は化学用語から覚えていこう。

## ●鉄Feの製錬

赤鉄鉱(主成分$Fe_2O_3$)などの鉄鉱石から，一酸化炭素COなどの還元剤で次の反応式のようにOをうばい，Feを製造します。

$$Fe_2O_3 + 3CO \longrightarrow 2Fe + 3CO_2 \quad \boxed{反応式94}$$

このFeの工業的製法を考えます。

溶鉱炉(高炉)に，原料として

**鉄鉱石(赤鉄鉱$Fe_2O_3$など)，コークスC，石灰石$CaCO_3$**

を入れ，下から熱風を送ると，

**コークスCからCOが発生し，このCOが$Fe_2O_3$を還元する**

($\boxed{反応式94}$が起こる)

ことで，鉄が得られます。

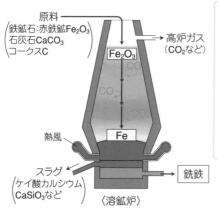

スラグには，
石灰石$CaCO_3$の熱分解
$$CaCO_3 \longrightarrow CaO + CO_2 \quad \boxed{反応式54}$$
により生じる$CaO$が，鉄鉱石中の不純物$SiO_2$と反応
$$CaO + SiO_2 \longrightarrow CaSiO_3 \quad \boxed{反応式95}$$
し，生じるケイ酸カルシウム$CaSiO_3$が多く含まれています。

$\boxed{反応式94}$で得られる鉄は，

**約4%のCを含み，かたく，もろい**

性質があり，銑鉄とよばれています。銑鉄は，鋳物などに使われています。

銑鉄を転炉に移して，$O_2$を吹き込み，含まれるCを0.02～2％に減らします。こうして得られた鉄を鋼といいます。

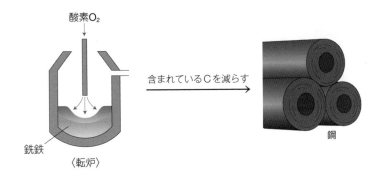

酸素$O_2$

含まれているCを減らす

銑鉄
〈転炉〉

鋼

鋼は，かたく，ねばり強い性質があり，建築材料などに使われています。

**ポイント　Feの製錬**

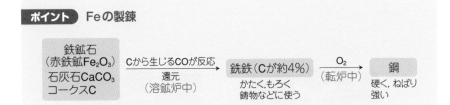

鉄鉱石
（赤鉄鉱$Fe_2O_3$）
石灰石$CaCO_3$
コークスC

Cから生じるCOが反応
還元
（溶鉱炉中）

銑鉄（Cが約4％）
かたく，もろく
鋳物などに使う

$O_2$
（転炉中）

鋼
硬く，ねばり
強い

## ●鉄の合金など

Feはさびやすく腐食しやすいため，合金にしたり，表面を別の金属でおおってめっきしたりすることでさびを防ぎます。

Feの合金やめっきとして，次のものを暗記しましょう。

**暗記しよう!　合金 や めっき**

●**ステンレス鋼** … 鉄Fe，クロムCr，ニッケルNiの合金。クロムがち密な酸化被膜をつくるので，さびにくい。

**ブリキ** … 鉄FeにスズSnめっきしたもの。缶詰の内壁のような傷がつきにくいところに使う。

**トタン** … 鉄Feに亜鉛Znめっきしたもの。屋根のような傷がつきやすいところに使う。

ブリキ，トタンのどちらもめっきした層(SnやZn)にち密な酸化被膜ができて，$O_2$や湿気の侵入を防いでいます。

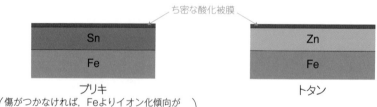

ブリキ

$\begin{pmatrix}傷がつかなければ，Feよりイオン化傾向が \\ 小さいSnでめっきされているので，さびにくい\end{pmatrix}$

　このめっき層に傷がついたとき，

- ●ブリキは，<u>さびの進行が起こり</u>
  <small>Feのイオン化のこと</small>
- ●トタンは，それ以上の<u>さびの進行は起こらない</u>
  <small>Feのイオン化のこと</small>

という特徴があります。

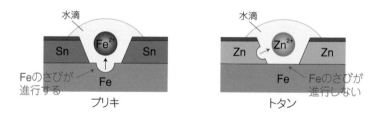

　これは，めっき層に傷がついてFeが露出(ろしゅつ)すると，

### イオン化傾向は，Zn ＞ Fe ＞ Sn　の順なので，

$\begin{pmatrix}さびやすさ \\ 陽イオンへのなりやすさ\end{pmatrix}$

ブリキはFeが酸化されて$Fe^{2+}$になりますが，
<small>Feのさびが進行する</small>
トタンはZnが酸化されて$Zn^{2+}$になることで，Feは$Fe^{2+}$になりにくくなります。
<small>Feのさびが進行しにくい</small>

次の練習問題をやってみましょう。

## 練習問題

　　鉄鉱石には主に赤鉄鉱と磁鉄鉱があり，それぞれの主成分の化学式は，　A　と　B　である。金属の鉄を製造するには，溶鉱炉に鉄鉱石とともに　ア　と石灰石を入れ，熱風を吹き込んで反応させる。この反応によって溶鉱炉の下部に沈んだ鉄は　イ　とよばれ，質量比で約4％の炭素などの不純物が含まれている。高温の　イ　を転炉に移し，これに　ウ　を吹き込んで反応させると，より不純物の少ない鉄が得られる。この鉄を　エ　とよぶ。

(1)　文中の　ア　〜　エ　に入る適切な語句または物質名を答えよ。

(2)　文中の　A　，　B　に入る適切な化学式を答えよ。

(3)　下線部について，次の(ⅰ)，(ⅱ)に答えよ。

（ⅰ）　ア　から生じる，高温において還元作用のある気体の名称を記入せよ。

（ⅱ）（ⅰ）で答えた気体と化合物　A　が溶鉱炉中で反応して鉄が生成する。この反応の化学反応式を記入せよ。

(金沢大)

### 解き方

(1)，(2)　赤鉄鉱の主成分は$Fe_2O_3$，磁鉄鉱の主成分は$Fe_3O_4$です。鉄の
　　　　 　　A　　　　　　　　　　B
製錬では，溶鉱炉に鉄鉱石とコークスC，石灰石$CaCO_3$を入れ，鉄鉱石
　　　　　　　　　　　　　　　ア
を還元し，約4％のCを含む銑鉄を得ます。高温の銑鉄を転炉に移し，
　　　　　　　　　　　イ
酸素$O_2$を吹き込んで反応させ鋼を得ます。
　ウ　　　　　　　　　　エ

(3)（ⅰ）還元剤は，COです。コークスCから生じます。

　　（ⅱ）反応式94 を答えます。

### 答え

(1)　ア：コークス　　イ：銑鉄　　ウ：酸素　　エ：鋼

(2)　A：$Fe_2O_3$　　B：$Fe_3O_4$

(3)（ⅰ）一酸化炭素

　　（ⅱ）$Fe_2O_3 + 3CO \longrightarrow 2Fe + 3CO_2$

## Step **4** Cuの単体・化合物・合金・電解精錬いずれも大切です。

### ●銅Cuの単体，合金

単体のCuについては，次の**❶**〜**❹**を覚えましょう。

---

**❶** 赤色のやわらかい金属である。

**注** 金属単体の色は「**Cu赤色**」と「**Au黄金色**」を覚え，残りは銀色っぽいと判
定しましょう。

銅食器

銅 線

**❷** 電気・熱の伝導性が大きく，展性・延性も大きい。

**注** 電気・熱伝導性の順：Ag ＞ Cu ＞ Au ＞ Al ＞ …
展性・延性は，金Auが最大であることを知っておき
ましょう。
金箔は，とてもうすい

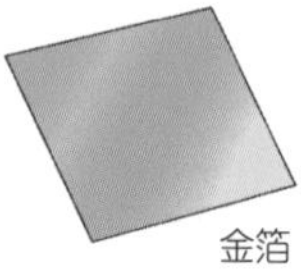

金箔

**❸** 湿った空気中では，緑青(緑色のさび)を生じる。

**❹** イオン化傾向が水素$H_2$より小さく，塩酸HClや希硫酸$H_2SO_4$とは反応
せず，熱濃硫酸$H_2SO_4$・濃硝酸$HNO_3$・希硝酸$HNO_3$と反応し$SO_2$・
$NO_2$・NOを発生して$Cu^{2+}$になる。

---

**ポイント** Cu

● 赤色でやわらかく，電気伝導性・熱伝導性・展性・延性のどれも大きい。

● 湿った空気中では，緑青を生じる。

● 熱濃$H_2SO_4$・濃$HNO_3$・希$HNO_3$と反応し，$SO_2$・$NO_2$・NOが発生する。

Cuはやわらかい金属であり，ほかの金属ととかし合わせ，ある程度の硬さをもつ合金にすることがあり，さまざまな用途に用いられます。

第12講

遷移元素（鉄Fe・銅Cu・クロムCrなど），他

> 暗記しよう！　**主成分がCuの合金**
>
> ● 黄銅（しんちゅう） … 銅Cu，亜鉛Zn　[用途] 5円硬貨，楽器
> ● 青銅（ブロンズ） …… 銅Cu，スズSn　[用途] 10円硬貨，銅像
> ● 白銅 ……………… 銅Cu，ニッケルNi　[用途] 50円硬貨，100円硬貨

| | | | | | |
|---|---|---|---|---|---|
| Al 100% | Cu 60〜70%<br>Zn 40〜30% | Cu 95%<br>Sn 1〜2% | Cu 75%<br>Ni 25% | Cu 75%<br>Ni 25% | Cu 75%<br>Zn 12.5%<br>Ni 12.5% |
| | 黄銅 | 青銅 | 白銅 | 白銅 | |

## ● 銅の化合物，イオン

銅の化合物は，色を覚え，その性質をおさえましょう。

> 暗記しよう！
>
> | 酸化銅（Ⅱ） | 酸化銅（Ⅰ） | 硫酸銅（Ⅱ）五水和物 | 硫酸銅（Ⅱ）無水塩 |
> |---|---|---|---|
> | $CuO$ | $Cu_2O$ | $CuSO_4 \cdot 5H_2O$ | $CuSO_4$ |
> | 黒色 | 赤色 | 青色 | 白色 |

Cuを空気中で加熱すると，1000℃以下では黒色の酸化銅（Ⅱ）CuOになり，1000℃以上では赤色の酸化銅（Ⅰ）Cu₂Oになります。

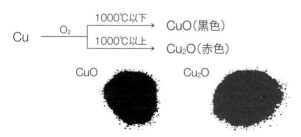

$CuO$ は塩基性酸化物であり，希硫酸 $H_2SO_4$ などの酸と反応します。p.61 の

$\boxed{\substack{\text{反応式の その}\\\text{つくり方 3}}}$ 「$O^{2-} + 2H^+ \longrightarrow H_2O$」を利用して，反応式をつくりましょう。

$$O^{2-} \quad + \quad 2H^+ \quad \longrightarrow \quad H_2O$$

左辺に $Cu^{2+}$ を加えます ｜ 左辺に $SO_4^{2-}$ を加えます ｜ 右辺にも $Cu^{2+}$ と $SO_4^{2-}$ を加えます ← $\boxed{\substack{\text{反応式の その}\\\text{つくり方 3}}}$ より

$$\underset{\text{塩基性酸化物}}{CuO} \quad + \quad \underset{\text{酸}}{H_2SO_4} \quad \longrightarrow \quad H_2O \quad + \quad CuSO_4 \qquad \boxed{\text{反応式 96}}$$

$CuSO_4$ の水溶液から結晶を析出させると，青色の $CuSO_4 \cdot 5H_2O$ が得られます。この結晶を加熱すると，段階的に水和水を失い，白色の $CuSO_4$ になります。

$$\underset{\text{青色}}{CuSO_4 \cdot 5H_2O} \xrightarrow{\text{加熱}} \underset{\text{白色}}{CuSO_4} + 5H_2O \qquad \boxed{\text{反応式 97}}$$

白色の $CuSO_4$ は，水にふれると再び $CuSO_4 \cdot 5H_2O$ になって青色に変色します。

白色の $CuSO_4$ は，水の検出に使用します。

水酸化銅（II）$Cu(OH)_2$ を加熱すると，「$OH^-$ が $OH^-$ に $H^+$ をわたす」ことで反応が起こります。

$H^+$ が移動します

$$OH^- \quad + \quad OH^- \quad \xrightarrow{\text{加熱}} \quad O^{2-} \quad + \quad H_2O$$

加熱されて，$H^+$ をわたします $H^+$ をうけとります $H^+$ をわたしてしまいました $H^+$ をうけとりました

以上をまとめ，両辺に $Cu^{2+}$ を加えて完成です。

$$2OH^- \quad \xrightarrow{\text{加熱}} \quad O^{2-} \quad + \quad H_2O$$

左辺に $Cu^{2+}$ を加えます 右辺にも $Cu^{2+}$ を加えます

$$Cu(OH)_2 \quad \xrightarrow{\text{加熱}} \quad CuO \quad + \quad H_2O \qquad \boxed{\text{反応式 98}}$$

**練習問題**

次の銅および銅化合物に関する①～⑤の記述を読み，下の問いに答えよ。

① 空気中，高温（ただし，1000℃以下）で銅の粉末を熱すると，黒色の化合物Aが得られた。一方，空気中で1000℃以上の高温で銅の粉末を熱すると，赤色の化合物Bが生成した。

② 銅は希硫酸や塩酸に溶けないが，濃硝酸と反応した。

③ 硫酸銅（Ⅱ）水溶液に少量のアンモニア水や強塩基を加えると，青白色の沈殿Cが得られた。

④ ③の青白色の沈殿Cは加熱すると，黒色のAに変わった。

⑤ ③の青白色の沈殿Cは過剰のアンモニア水に溶け，深青色の水溶液となった。

(1) 化合物A，Bの化学式をそれぞれ書け。

(2) ②の銅と濃硝酸の反応を化学反応式で表せ。

(3) ③の反応で得られる化合物Cの化学式を書け。

(4) ④の反応を化学反応式で表せ。

(5) ⑤の反応で生成した深青色を示すイオンの化学式を書け。

---

**解き方**

(1) 1000℃以下で黒色の $\underset{A}{CuO}$，1000℃以上で赤色の $\underset{B}{Cu_2O}$ です。

(2) 「酸化還元反応」が起こります。**反応式⑱** を答えます。

(3) $Cu^{2+} + 2OH^- \longrightarrow \underset{C}{Cu(OH)_2}\downarrow$（青白色）

(4) **反応式⑨⑨** を答えます。

(5) $Cu(OH)_2 \xrightarrow{NH_3} [Cu(NH_3)_4]^{2+}$
　　　青白色　　　　　　深青色

深青色は，濃青色と書かれることもあります。

**答え**

(1) A：$CuO$　　B：$Cu_2O$

(2) $Cu + 4HNO_3 \longrightarrow Cu(NO_3)_2 + 2H_2O + 2NO_2$

(3) $Cu(OH)_2$

(4) $Cu(OH)_2 \longrightarrow CuO + H_2O$

(5) $[Cu(NH_3)_4]^{2+}$

## ●銅Cuの製錬（銅の電解精錬）

銅の鉱石である黄銅鉱(主成分CuFeS₂)を加熱し，FeやSを除き，粗銅(約99%がCu)をつくります。この粗銅に電解精錬，つまり

# 電気分解で金属の単体をつくる操作

をおこなって純銅をつくります。

粗銅 $\xrightarrow{\text{電解精錬}}$ 純銅 をつくる
(Cuが約99%) (Cuが99.99%以上(ほぼ100%))

【電解精錬】

粗銅は約99%のCuを含んでいて，Zn，Fe，Ni，Ag，Au　など　を約1%含んでいます。

この「粗銅を陽極」，「純銅を陰極」として，

硫酸で酸性にしたCuSO₄水溶液

を電気分解します。

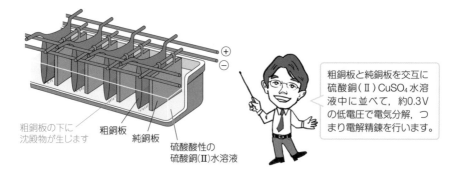

粗銅板の下に沈殿物が生じます　粗銅板　純銅板　硫酸酸性の硫酸銅(II)水溶液

粗銅板と純銅板を交互に硫酸銅(II)CuSO₄水溶液中に並べて，約0.3Vの低電圧で電気分解，つまり電解精錬を行います。

粗銅に含まれている金属をイオン化傾向の大きさの順に並べます。

大きい(反応性大)　　　　　イオン化傾向　　　　　小さい

Zn　　Fe　　Ni　　Cu　　Ag　　Au

電気分解すると2価の陽イオンとなって溶液中に溶け出します

陽イオンにはならず，まわりがとけることで，陽極の下に単体のまま沈殿物として堆積します

電気分解すると，**陽極(粗銅板)**では，次のようになります。

- イオン化傾向が**Cuよりも大きな金属(Zn，Fe，Ni)**

  ⇒陽イオン($Zn^{2+}$，$Fe^{2+}$，$Ni^{2+}$)になって溶け出し，そのまま水溶液中に残る

- **Cu**

  ⇒陽イオン($Cu^{2+}$)になり，水溶液中に溶け出す

- イオン化傾向が**Cuよりも小さな金属(Ag，Au)**

  ⇒陽イオンにならず，粗銅板からはがれ落ちて陽極の下に**単体のまま沈殿物**（→**陽極泥**という）として堆積する。

また，陰極(純銅板)では，水溶液中の$Cu^{2+}$がCuとなって析出します。

つまり，各極の反応は，

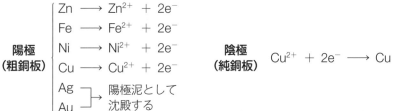

$$
\begin{array}{l}
\text{陽極} \\
\text{(粗銅板)}
\end{array}
\left\{
\begin{array}{l}
Zn \longrightarrow Zn^{2+} + 2e^- \\
Fe \longrightarrow Fe^{2+} + 2e^- \\
Ni \longrightarrow Ni^{2+} + 2e^- \\
Cu \longrightarrow Cu^{2+} + 2e^- \\
Ag \\
Au
\end{array}
\right.
\begin{array}{l}
\\
\\
\\
\\
\text{陽極泥として} \\
\text{沈殿する}
\end{array}
\qquad
\begin{array}{l}
\text{陰極} \\
\text{(純銅板)}
\end{array}
\quad Cu^{2+} + 2e^- \longrightarrow Cu
$$

となり，電解精錬のようすは
右のようになります。

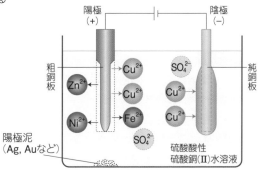

陽極
(+)　　　陰極
(−)

粗銅板　　　純銅板

陽極泥
(Ag, Auなど)

硫酸酸性
硫酸銅(II)水溶液

**ポイント** 銅の電解精錬

陽極：粗銅
陰極：純銅
電解質水溶液
：$CuSO_4$の
　希硫酸溶液

大　　　イオン化傾向　　　小

$$Zn > Fe > Ni > Cu > Ag > Au$$

2価の陽イオンとなって溶液中に溶出する　　陽極泥として沈殿する

次の練習問題をやってみましょう。

銅の電解精錬に関する次の文章を読んで，下の(1)〜(3)に答えよ。

銅の電解精錬は，銅以外の金属不純物を含む粗銅板を <u>ア</u> 極に，うすい純銅板を <u>イ</u> 極として使用し，硫酸酸性の硫酸銅（II）水溶液を電解液として，0.3V程度の低電圧で電気分解を行うことにより <u>イ</u> 極に純度99.99%以上の純銅が析出する。また，電気分解中に粗銅板の下には沈殿が生成する。

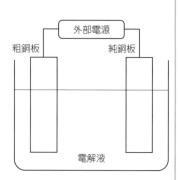

(1) ア，イに入る適切な用語を記述せよ。

(2) 電気分解の際に粗銅板で起こる銅の化学変化を表す反応式を書け。

(3) 粗銅板には不純物としてAg，Fe，Ni，Au，Znが含まれていた。電解精錬後に粗銅板の下に生成した沈殿の元素分析を行ったところ，上記の不純物のうち2種類の元素が検出された。これら2種類の元素として適切なものを上記の不純物から選択せよ。また，これら2種類の元素を含む物質が沈殿する理由について簡潔に説明せよ。

(神戸大・改)

解き方

(1) 粗銅板を陽極に，純銅板を陰極として，硫酸で酸性にした$CuSO_4$水溶液を電気分解しました。

(2) 粗銅板で起こる銅の反応だけを答えます。

(3) イオン化傾向の大きさの順に並べて考えましょう。

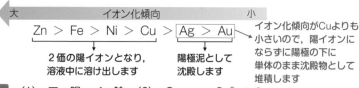

答え (1) ア：陽 イ：陰 (2) $Cu \longrightarrow Cu^{2+} + 2e^-$

(3) Ag，Au （理由）AgとAuはイオン化傾向がCuよりも小さいため。

**Step 5　最後のひとふんばり。こまかいことを覚えよう！**

## ●クロムCrの単体・化合物・イオン

Crは，銀白色の金属で，

**かたく，融点が高く，酸化されにくい**

性質があります。Crについては，その化合物

$$クロム酸カリウム K_2CrO_4 \quad と \quad ニクロム酸カリウム K_2Cr_2O_7$$

についておさえましょう。まずは，色です。

> **暗記しよう！　結晶と水溶液の色**
>
> ● $K_2CrO_4$ ⇒ 黄色の結晶で，その水溶液も黄色（$CrO_4^{2-}$の色）になる
>   クロム酸カリウム
> ● $K_2Cr_2O_7$ ⇒ 赤橙色の結晶で，その水溶液も赤橙色（$Cr_2O_7^{2-}$の色）になる
>   ニクロム酸カリウム

次に，$CrO_4^{2-}$ と $Cr_2O_7^{2-}$ の関係です。

$$CrO_4^{2-} \underset{塩基性}{\overset{酸性}{\rightleftharpoons}} Cr_2O_7^{2-}$$
黄色　　　　　　赤橙色

$CrO_4^{2-}$の黄色水溶液を酸性にすると，$Cr_2O_7^{2-}$の赤橙色水溶液になります。また，$Cr_2O_7^{2-}$の赤橙色水溶液を塩基性にすると$CrO_4^{2-}$の黄色水溶液になります。

$CrO_4^{2-}$の水溶液を酸性にしたときの反応式は，

③最後に，Hの個数をH⁺でそろえます

$$\underline{2CrO_4^{2-}} + \underline{2H^+} \longrightarrow \underline{Cr_2O_7^{2-}} + \underline{H_2O}$$
①まず，Crの個数をそろえます　　　②次に，Oの個数をH₂Oでそろえます

**反応式99** ← $CrO_4^{2-}$は$Cr_2O_7^{2-}$になります

のようにつくり，$Cr_2O_7^{2-}$の水溶液を塩基性にしたときの反応式は，**反応式99**の逆反応の両辺に2OH⁻を加えてつくります。

$$Cr_2O_7{}^{2-} + H_2O \longrightarrow 2CrO_4{}^{2-} + 2H^+$$ ← 反応式⑨の逆反応です

左辺にも右辺と同じ
2OH⁻ を加えます

右辺に2OH⁻ を加え，
2H₂Oにします

$$Cr_2O_7{}^{2-} + H_2O + 2OH^- \longrightarrow 2CrO_4{}^{2-} + 2H_2O$$

H₂O をまとめます

$$Cr_2O_7{}^{2-} + 2OH^- \longrightarrow 2CrO_4{}^{2-} + H_2O$$ 反応式⑩

最後に，$CrO_4{}^{2-}$ が $Ba^{2+}$，$Pb^{2+}$，$Ag^+$ と沈殿

**$BaCrO_4\downarrow$（黄）， $PbCrO_4\downarrow$（黄）， $Ag_2CrO_4\downarrow$（赤褐）**

を生じたこと（p.10で紹介しました）や，

$Cr_2O_7{}^{2-}$ が強い酸化剤であったこと（「理論化学編」で紹介しました）も思い出しましょう。

$$Cr_2O_7{}^{2-} + 14H^+ + 6e^- \longrightarrow 2Cr^{3+} + 7H_2O$$
赤橙色　　　　　　　　　　　　　　　　　緑色

← $Cr_2O_7{}^{2-}$ は $2Cr^{3+}$ に変化しました

---

**ポイント** $CrO_4{}^{2-}$ と $Cr_2O_7{}^{2-}$

$$CrO_4{}^{2-} \underset{塩基性}{\overset{酸性}{\rightleftarrows}} Cr_2O_7{}^{2-}$$
黄色　　　　　　　　　　　　赤橙色

$Ba^{2+}$，$Pb^{2+}$，$Ag^+$
と沈殿を生じる

↓

強い酸化剤

---

## ●その他（合金）など

最後は，雑知識になります。覚えられそうなものだけでかまいません。覚えましょう。時間のあるときにくり返し見直すだけで，かなり覚えられますよ。

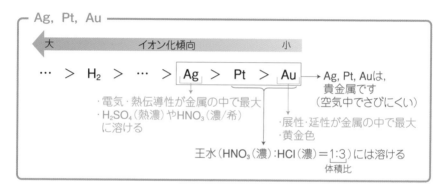

Ag, Pt, Au

大　　　　　イオン化傾向　　　　　小

$\cdots > H_2 > \cdots > \boxed{Ag} > Pt > \boxed{Au}$ → Ag, Pt, Auは，
貴金属です
（空気中でさびにくい）

・電気・熱伝導性が金属の中で最大
・$H_2SO_4$（熱濃）や$HNO_3$（濃/希）
　に溶ける

・展性・延性が金属の中で最大
・黄金色

王水（$HNO_3$（濃）：HCl（濃）＝1:3）には溶ける
体積比

## Zn，Cd，Hg（12族）

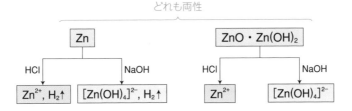

どれも両性

$Zn$

HCl｜｜NaOH

$Zn^{2+}$, $H_2\uparrow$　　$[Zn(OH)_4]^{2-}$, $H_2\uparrow$

$ZnO \cdot Zn(OH)_2$

HCl｜｜NaOH

$Zn^{2+}$　　$[Zn(OH)_4]^{2-}$

● $ZnO$（白色）は亜鉛華（あえんか）ともよばれ，医薬品や絵の具に使われる。

● CdとHgの単体や化合物は，有毒なものが多い。

　・CdSは黄色沈殿，かつて黄色の絵の具に使われていた。

　・Hgは常温で液体の金属で，多くの金属を溶かし，**アマルガム**という合金をつくる。

合金（ごうきん）は，2種以上の金属を融（と）かして混ぜ合わせた後，凝固させた金属をいいます。

### 暗記しよう！ 合金

| 合金 | 成分 | 特徴・用途など |
|---|---|---|
| ステンレス鋼（こう） | Fe－Cr－Ni | さびにくい。刃物など |
| 黄銅（おうどう）（しんちゅう） | Cu－Zn | 加工しやすい。楽器，5円硬貨など |
| 青銅（せいどう）（ブロンズ） | Cu－Sn | さびにくく加工しやすい。銅像，鐘など |
| 白銅（はくどう） | Cu－Ni | 加工しやすい。50円硬貨，100円硬貨など |
| ジュラルミン | Al－Cu－Mg－Mn | 軽く丈夫。航空機など |
| ニクロム | Ni－Cr | 電気抵抗が大きい。電熱線など |
| 形状記憶合金（けいじょうきおくごうきん） | Ti－Ni | 加熱や冷却により元の形に戻る。眼鏡のフレームや温度センサーなど |
| はんだ（無鉛）（むえん） | Sn－Ag－Cu | 金属の接合 |

有毒なPbを含まない

次の練習問題をやってみましょう。

---

**練習問題**

合金に関する次の記述のうちから，正しいものをすべて選べ。

① 黄銅(しんちゅう)は，銅と銀の合金である。

② 白銅は，銅とニッケルの合金である。

③ 青銅は，銅と亜鉛の合金である。

④ トタンは，鉄と亜鉛の合金である。

⑤ ステンレス鋼は，鉄を主成分とする合金である。

⑥ はんだは，水銀を主成分とする合金である。

(北里大)

- - - - - - - - - - - - - - - - - - - - - - - - - - - - - - - - - - -

**解き方**

① (誤　り) 黄銅(しんちゅう)は，$Cu-Zn$の合金です。

② (正しい) 白銅は，$Cu-Ni$の合金です。

③ (誤　り) 青銅(ブロンズ)は，$Cu-Sn$の合金です。

④ (誤　り) トタンはFeにZnをめっきしたもので，合金ではありまん。

⑤ (正しい) ステンレス鋼は，$Fe-Cr-Ni$の合金です。

⑥ (誤　り) はんだにHgは含まれていません。

**答 え**　②，⑤

無機化学の学習は
終わりです。
次からは，有機化学に
入ります。

## 有機化学編

第 1 講　有機化学の基礎

**Step**

**1** 官能基の特徴をつかむことから
はじめよう！

**2** 元素分析の実験手順をマスターし，
組成式や分子式を求めよう！

**3** 異性体の種類をおさえることから
はじめよう！

**4** 分子式から
異性体を探せるようにしよう！

## Step 1 官能基の特徴をつかむことからはじめよう！

### ●有機化合物の特徴

パン，ペットボトル，薬，…身のまわりには多くの有機化合物（ゆうきかごうぶつ）があります。

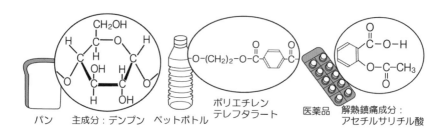

パン　主成分：デンプン　ペットボトル　ポリエチレンテレフタラート　医薬品　解熱鎮痛成分：アセチルサリチル酸

**有機化合物**とは，**炭素原子Cを骨格とする化合物**のことです。炭素原子Cは，いろいろな長さの鎖やいろいろな種類の環をつくって無数の有機化合物をつくっています。

有機化合物は，炭素原子の鎖や環に官能基（かんのうき）が結合した構造をもっています。

炭素原子の骨格部分

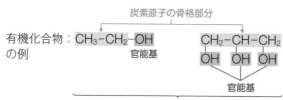

有機化合物の例：$CH_3-CH_2-OH$　　$CH_2-CH-CH_2$
　　　　　　　　　　　官能基　　　　　　$OH$　$OH$　$OH$
　　　　　　　　　　　　　　　　　　　　　　官能基

左がお酒の成分のエタノール，右が化粧水に使われているグリセリンです。

同じ官能基$-OH$（⇒ヒドロキシ基といいます）をもち，「沸点や融点が高い」，「ナトリウム$Na$を加えると水素$H_2$を発生する」など，似た性質を示します。

同じ官能基をもつ有機化合物は似た性質を示します。そのため，官能基の名前や性質を覚えると，無数にある有機化合物の性質を1つ1つについて覚える必要がなくなります。次のページで，覚えてほしい官能基を紹介します。

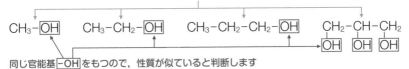

それぞれの有機化合物の性質を暗記する必要はありません！

CH₃-OH　　CH₃-CH₂-OH　　CH₃-CH₂-CH₂-OH　　CH₂-CH-CH₂
　　　　　　　　　　　　　　　　　　　　　　　　　　OH OH OH

同じ官能基 -OH をもつので，性質が似ていると判断します

**暗記しよう！**

| 官能基の種類 | | 一般名 |
|---|---|---|
| ヒドロキシ基 | （アルコール性）-OH | アルコール |
| | （フェノール性）-OH | フェノール類 |
| ホルミル基<br>（アルデヒド基） | $-C\!\!\stackrel{O}{\diagdown}_{H}$ | アルデヒド |
| カルボニル基<br>（ケトン基） | $>C=O$ | ケトン |
| カルボキシ基 | $-\underset{O}{\overset{\|}{C}}-O-H$ | カルボン酸 |
| エーテル結合 | $-C-O-C-$ | エーテル |
| アミノ基 | $-NH_2$ | アミン |
| エステル結合 | $-\overset{O}{\overset{\|}{C}}-O-$ | エステル |
| ニトロ基 | $-NO_2$ | ニトロ化合物 |
| スルホ基 | $-SO_3H$ | スルホン酸 |

**補足** ホルミル基，カルボキシ基，エステル結合の $>C=O$ もカルボニル基とよぶことがあります。

　官能基の種類の多さに圧倒された人がいるかもしれません。ただし，これから表の官能基をもつ有機化合物をていねいに学んでいきますから，すべて学んだ後にこの表を暗記すれば大丈夫です。安心してください。

**ポイント　有機化合物**

● 有機化合物：炭素Cを含む化合物
**注** ただし，一酸化炭素CO，二酸化炭素$CO_2$，炭酸カルシウム$CaCO_3$
などの簡単な炭素化合物は無機化合物である。

## ●元素分析

　有機化合物を構成している元素（炭素C，水素H，酸素Oなど）の種類や物質量〔mol〕比を調べ，**有機化合物の組成式を決めること**を元素分析といいます。

---
#### 組成式（実験式）と分子式

　有機化合物を構成している原子の個数を**最も簡単な整数比で表したもの**を**組成式**，**構成している原子の実際の個数を表したもの**を分子式といいます。

　例えば，酢酸$CH_3COOH$はC 2個，H 4個，O 2個から構成されているので分子式は$C_2H_4O_2$になり，この分子式$C_2H_4O_2$は$(CH_2O) \times 2$と表せるので組成式は$CH_2O$になります。

　つまり，

　　（組成式）$\times n$＝分子式，（組成式の式量）$\times n$＝分子量　（$n$は整数）

の関係が成り立ちます。

---

　C，H，Oのみからなる有機化合物の組成式を決めるには，次のような元素分析の装置を用います。

装置

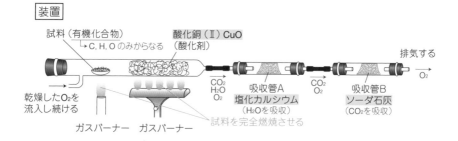

　元素分析の実験は，次の**手順**でおこないます。

**手順1** 試料（C，H，Oからなる有機化合物）の質量を精密にはかり，乾燥したO₂で完全燃焼させてCO₂とH₂Oにします。このとき，試料が不完全燃焼してCOが発生する可能性があるので，酸化銅（Ⅱ）CuOを酸化剤として用います。

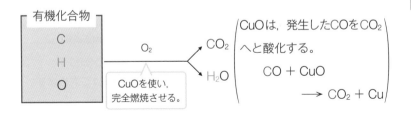

**手順2** 生じたCO₂とH₂O，余ったO₂を吸収管A（塩化カルシウムCaCl₂）に通すとH₂Oだけが吸収されます。その後，吸収されずに吸収管Aを通過してきたCO₂とO₂を吸収管B（ソーダ石灰CaO＋NaOH）に通すとCO₂だけが吸収され，O₂は排気されます。

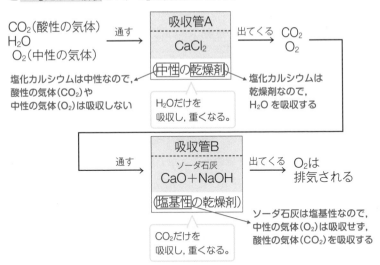

「塩化カルシウム→ソーダ石灰」の順序を逆にしないように注意しましょう。ソーダ石灰を塩化カルシウムより前につなぐと，塩基性の乾燥剤であるソーダ石灰は酸性の気体であるCO₂と湿気（つまりH₂O）の両方を吸収してしまいます。

**手順3** 吸収管A（塩化カルシウム）の質量の増加量を測定し，試料から生じた **$H_2O$ の質量を求めます**。また，吸収管B（ソーダ石灰）の質量の増加量を測定し，試料から生じた **$CO_2$ の質量を求めます**。$H_2O$ と $CO_2$ の質量から，次の計算でCとHの質量を求めます。

$$Cの質量 = CO_2の質量 \times \frac{\underbrace{12}_{\text{Cの原子量}}}{\underbrace{44}_{\text{CO}_2\text{の分子量}}}$$

$$Hの質量 = H_2Oの質量 \times \frac{\underbrace{2}_{\text{(Hの原子量)}\times 2}}{\underbrace{18}_{\text{H}_2\text{Oの分子量}}}$$

**手順4** **Oの質量は，試料の質量からCとHの質量を引いて求めます**。

$$Oの質量 = 試料の質量 - （Cの質量 + Hの質量）$$

**手順5** 組成式は原子の個数を簡単な整数比で表したものので，

原子の個数の比 = 原子の物質量〔mol〕の比 からC，H，Oの質量をそれぞれの原子量で割り，物質量〔mol〕の比を求めて**組成式を決定します**。例えば，

$$C : H : O = \frac{Cの質量}{\underset{\text{Cの原子量}}{12}} : \frac{Hの質量}{\underset{\text{Hの原子量}}{1.0}} : \frac{Oの質量}{\underset{\text{Oの原子量}}{16}}$$

$$= \underbrace{x : y : z}_{\text{最も簡単な整数比になるように求めます}}$$

となれば，組成式は $C_xH_yO_z$ になります。

**手順6** 試料の分子量を求め，（組成式の式量）$\times n =$ 分子量 にあてはめることで，$n$（$n$ は整数）を求めることができます。

**手順7** （組成式）$\times n =$ 分子式 に求めた $n$ を代入し，**分子式とします**。

手順5は，原子量で割ることを忘れないようにしましょう。

## ポイント　元素分析の実験装置

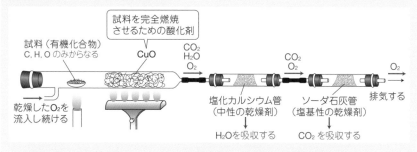

「塩化カルシウム管　→　ソーダ石灰管」の順序に注意すること。

元素分析は次の練習問題を解いてマスターしましょう。

### 練習問題

　炭素，水素，酸素のみからなる有機化合物の試料がある。この試料30mgを上の ポイント に示した元素分析装置で完全燃焼させ，燃焼後の気体を塩化カルシウム管，次にソーダ石灰管の順に通した。その結果，塩化カルシウム管の質量は36mg増加し，ソーダ石灰管の質量は66mg増加した。

(1)　この有機化合物の組成式を求めよ。ただし，原子量はH＝1.0，C＝12，O＝16とする。

(2)　この有機化合物の分子量が60であるとき，分子式を求めよ。

### 解き方

(1)　塩化カルシウム管の質量の増加分36mgは生じた$H_2O$の質量になり，ソーダ石灰管の質量の増加分66mgは生じた$CO_2$の質量になります。

　有機化合物30mg中のCの質量〔mg〕は，生じた$CO_2$中のCの質量〔mg〕と等しくなります。

$$\text{Cの質量} \ \Rightarrow \ \underset{CO_2 \text{〔mg〕}}{66} \left| \times \underset{C \text{〔mg〕}}{\frac{C}{CO_2}} \right| \ = \ 66 \times \frac{12}{44} \ = \ 18\text{mg}$$

有機化合物30mg中のHの質量〔mg〕は，生じた$H_2O$中のHの質量〔mg〕と等しくなります。

$$\text{Hの質量} \Rightarrow \underbrace{36}_{H_2O〔mg〕} \times \underbrace{\frac{2H}{H_2O}}_{H〔mg〕} = 36 \times \frac{2}{18} = 4.0\,mg$$

有機化合物30mg中のOの質量は，

$$\underbrace{30mg}_{\text{有機化合物の質量}} - (\underbrace{18mg}_{\text{Cの質量}} + \underbrace{4.0mg}_{\text{Hの質量}}) = 8mg \quad \text{になります。}$$

これらの質量をそれぞれの原子量で割って物質量〔mol〕の比を求めます。

$$C:H:O = \frac{18 \times 10^{-3}}{\underset{\text{Cの原子量}}{12}} : \frac{4.0 \times 10^{-3}}{\underset{\text{Hの原子量}}{1.0}} : \frac{8 \times 10^{-3}}{\underset{\text{Oの原子量}}{16}}$$

→単位をmgからgに変換しています
$\times 10^{-3}$はなくても
molの比は変わらないので，
$\times 10^{-3}$は書かなくても
大丈夫です

$$= 1.5 : 4.0 : 0.5$$
$$= 3 : 8 : 1$$

最も小さなOの数値で全体を割り，最も簡単な整数比にします

原子の物質量〔mol〕の比 = 原子の個数の比　なので，この有機化合物の組成式は$C_3H_8O$になります。

(2)　この有機化合物の分子式を$(C_3H_8O)_n$とすると，$C_3H_8O$の式量は60なので，

$$\underbrace{(C_3H_8O)_n}_{\text{組成式の式量}} = \underbrace{60}_{\text{分子量}} \quad \text{が成り立ち，} \quad 60n = 60 \quad \text{から} \quad \underline{n=1} \quad \text{と求められます。}$$

→本問は，組成式＝分子式になりますね

よって，この有機化合物の分子式は$C_3H_8O$になります。

**答え**　(1)　$C_3H_8O$　　(2)　$C_3H_8O$

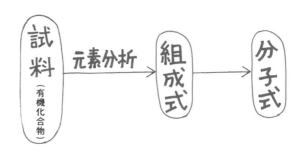

Step **3** 異性体の種類をおさえることからはじめよう!

## ●異性体

2つの有機化合物をくらべてみます。

エタノール（沸点 78℃）

$CH_3-CH_2-\boxed{OH}$
ヒドロキシ基
Naを加えると
$H_2$を発生します

ジメチルエーテル（沸点 −25℃）

$CH_3\boxed{-O-}CH_3$
エーテル結合
Naを加えても
反応しません

> 沸点が大きく
> 異なります!

官能基に ヒドロキシ基 −OH と エーテル結合 $-\overset{|}{C}-O-\overset{|}{C}-$ のちがいがありますね。ヒドロキシ基をもつエタノールは、分子間で水素結合をつくり、高い沸点をもちます。

$$CH_3-CH_2\underset{H}{\overset{}{\diagdown}}O\cdots\cdots H\overset{O}{\diagup}CH_2-CH_3$$

…… は、水素結合です

それに対して、エーテル結合をもつジメチルエーテルは、分子間にはたらく力が弱く、エタノールにくらべて沸点が低くなります。

また、エタノールはナトリウムNaと反応して水素$H_2$を発生しますが、ジメチルエーテルはナトリウムNaとは反応しません。

このように、有機化合物には**分子式が同じで性質の異なる化合物**（⇒異性体（い せいたい）といいます）が存在することがあります。異性体は、分子式が同じで構造が異なるともいえ、次のように分類できます。

異性体 ┌ (1) 構造異性体
         └ (2) 立体異性体 ┌ (A) シス−トランス異性体（幾何異性体）
                           └ (B) 鏡像異性体（光学異性体）

## ●構造異性体

構造異性体とは,  と  のように**原子のつながり方がちがう異性体**の

> 左は「シー(C)シー(C)オー(O)」ですが,
> 右は「シー(C)オー(O)シー(C)」ですね。

ことです。構造異性体は, 次の3パターン(❶～❸)をおさえましょう。

### ❶ C骨格が異なるパターン

「まっすぐ C-C-C-C」,「枝あり C-C-C」のようにC骨格が異なるパター

C

ンです。

例えば, 分子式が$C_4H_{10}$の有機化合物には,「C骨格が異なる」構造異性体が

あります。

まっすぐ
$CH_3-CH_2-CH_2-CH_3$

枝あり $CH_3$
$CH_3-CH-CH_3$

どちらも分子式は$C_4H_{10}$で同じです

### ❷ 官能基の種類が異なるパターン

ヒドロキシ基 -OH, エーテル結合 -C-O-C- のように官能基が異なるパタ

ーンです。

例えば, 分子式が$C_3H_8O$の有機化合物には,「官能基が異なる」構造異性体が

あります。

$CH_3-CH_2-CH_2-\boxed{OH}$
ヒドロキシ基

$CH_3-CH_2-\boxed{O}-CH_3$
エーテル結合

どちらも分子式は$C_3H_8O$で同じです

### ❸ 官能基の位置が異なるパターン

C骨格についている官能基の位置が異なるパターンです。

例えば, 分子式が$C_3H_8O$の有機化合物には,「官能基の位置が異なる」構造異

性体があります。

$CH_3-CH_2-CH_2$
　　　　　　OH
C骨格のはしにOHが結合しています

$CH_3-CH-CH_3$
　　　　OH
C骨格の途中にOHが結合しています

どちらも分子式は$C_3H_8O$で同じです

## ●立体異性体

### (A) シス-トランス異性体（幾何異性体）

炭素-炭素二重結合（C=C）は，C=C を軸に自由にまわることができません。

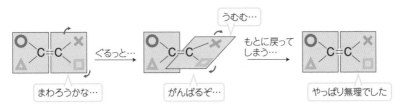

C=C はふつう自由に回転できない!!

このため，炭素-炭素二重結合（C=C）をもつ化合物には，シス-トランス異性体（幾何異性体）とよばれる立体異性体が存在する可能性があります。

シス-トランス異性体（幾何異性体）には，同じ原子や原子の集団が C=C に対して同じ側にあるシス形と反対側にあるトランス形があります。
└→-H や-Cl など　└→-CH₃ や-COOH など

例えば，分子式$C_4H_4O_4$で表される化合物には，

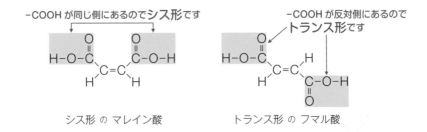

-COOH が同じ側にあるのでシス形です

-COOH が反対側にあるのでトランス形です

シス形 の マレイン酸　　トランス形 の フマル酸

の2種類のシス-トランス異性体が存在します。

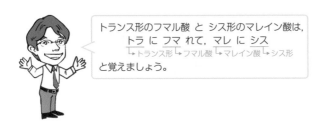

トランス形のフマル酸 と シス形のマレイン酸は，
トラ に フマ れて，マレ に シス
└→トランス形 └→フマル酸 └→マレイン酸 └→シス形
と覚えましょう。

シス-トランス異性体（幾何異性体）は，次の手順で見つけます。

**手順1** C=C 結合をもつ有機化合物を探します。

**手順2** 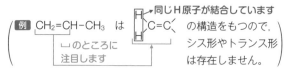 の構造が見つかったら，その有機化合物にはシス-トランス異性体（幾何異性体）は存在しないと判定します。

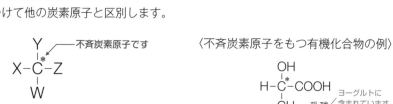

**手順3** 手順2の結果，

$\begin{smallmatrix}\alpha\\\alpha\end{smallmatrix}$C=C$\Big\langle$ の構造が見つからなければ，その有機化合物にはシス-トランス異性体（幾何異性体）が存在すると判定します。

## （B）鏡像異性体（光学異性体）

<u>X，Y，Z，W</u> が結合している炭素原子を 不斉炭素原子 といい，＊印
4つとも異なっている

をつけて他の炭素原子と区別します。

〈不斉炭素原子をもつ有機化合物の例〉

-CH₃，-COOH のようなかたまりを-X，-Y として考えます。

-CH₃，-COOH の C が同じだから，「乳酸は不斉炭素原子をもたない」とは考えません。

乳酸は，正四面体形のメタン $CH_4$ 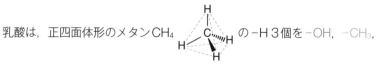 の -H 3個を -OH，-CH₃，

-COOH に置きかえたもので，その立体構造を考えると，次のように「鏡にうつすもの」と「鏡にうつったもの」の関係にある2つが存在します。

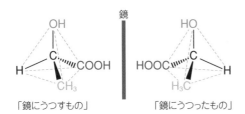

「鏡にうつすもの」 「鏡にうつったもの」

──◀で示した結合は
紙面の手前側，
·····ⅢⅢで示した結合は
紙面の裏側に存在して
いることを示しています。

　上の乳酸の立体構造2つは重ね合わせることができません（一致しません）。「一致しない」というのは，左手を鏡にうつすと右手になるけれど，「左手と右手が一致しない（同じものではない）こと」や「左手用の手袋を右手にはめることができないこと」から理解できます。

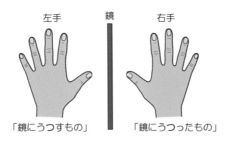

左手　　　鏡　　　右手

「鏡にうつすもの」 「鏡にうつったもの」

　不斉炭素原子をもつ分子には，「鏡にうつすもの（実像）」と「鏡にうつったもの（鏡像）」の関係にある1組の立体異性体が存在します。この立体異性体は，鏡像関係にあるので鏡像異性体とよんだり，光に対する性質が異なるので光学異性体とよんだりします。鏡像異性体（光学異性体）は，化学反応のようすや沸点・融点などは同じですが，光に対する性質が異なり，味やにおいが異なることもあります。

---

**ポイント**　鏡像異性体

　不斉炭素原子を探して，鏡像異性体（光学異性体）が存在するかを判断しよう。
　鏡像異性体（光学異性体）は，
　①光に対する性質が異なり，
　②味やにおいが異なることがある。

---

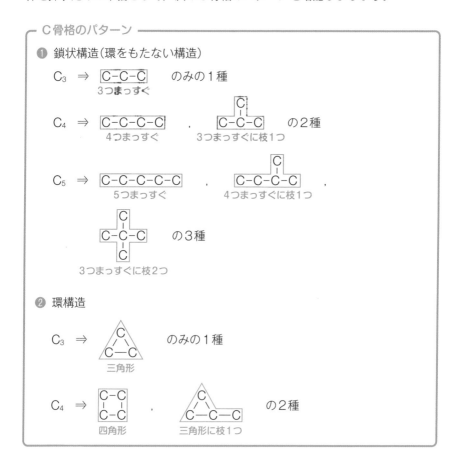

# Step 4 分子式から異性体を探せるようにしよう！

## ●異性体の探し方

これで異性体を分類できるようになったと思います。

```
異性体 ┬ (1)構造異性体
       └ (2)立体異性体 ┬ (A)シス-トランス異性体(幾何異性体)
                       └ (B)鏡像異性体(光学異性体)
```

でした。ここでは，「分子式から異性体を探す方法」を紹介します。まず，異性
体を探すための準備として，次のC骨格のパターンを暗記しましょう。

--- C骨格のパターン ---

❶ 鎖状構造(環をもたない構造)

$C_3$ ⇒ C-C-C のみの1種
3つまっすぐ

$C_4$ ⇒ C-C-C-C ， C-C-C(枝C) の2種
4つまっすぐ  3つまっすぐに枝1つ

$C_5$ ⇒ C-C-C-C-C ， C-C-C-C(枝C) ，
5つまっすぐ  4つまっすぐに枝1つ

C-C-C(枝C上下) の3種
3つまっすぐに枝2つ

❷ 環構造

$C_3$ ⇒ △(C,C-C) のみの1種
三角形

$C_4$ ⇒ □(C-C,C-C) ， △に枝(C-C-C) の2種
四角形  三角形に枝1つ

次に，異性体を探す**手順**を覚えましょう。

**手順1** 分子式から不飽和度を求めます。

分子式が $C_xH_yO_z$ や $C_xH_y$ のとき，

$$不飽和度 = \frac{1}{2}\left\{(炭素の数x) \times 2 + 2 - (水素の数y)\right\}$$

**手順2** 鎖状構造のC骨格のパターンをすべて書きます。

ここで，「不飽和度が0にならない」ときや「分子式中に酸素原子が含まれている」ときには**手順3**に進み，それ以外は**手順4**に進みます。

**手順3** 官能基をC骨格に導入したり，（環構造をもつときは）環構造のC骨格のパターンをすべて書きます。

〈官能基の導入のしかたの例〉

**(a) C=C結合を導入するとき**

$$C-\underset{⑦}{C}-\underset{④}{C}-C \xrightarrow[\text{導入してみると…}]{⑦や④にC=C結合を} \begin{cases} ⑦ & C=C-C-C \\ ④ & C-C=C-C \end{cases}$$

ここは⑦に導入したものと同じですね

**(b) 酸素原子を導入するとき**

$$-\underset{⑦}{C}-\underset{④}{C}- \xrightarrow[\left(\substack{酸素原子は-O-（手が2本）\\なので，間に入ります}\right)]{⑦や④に酸素原子を\\導入してみると…} \begin{cases} ⑦ & -C-O-C- \\ ④ & -C-\underset{OH}{C}- \end{cases}$$

**手順4** シス−トランス異性体（幾何異性体）や鏡像異性体（光学異性体）が存在するかを検討します。

不飽和度を求める公式をはじめて見た人もいると思います。不飽和度は，その数値（0または正の整数になります）から，分子がもつことのできる構造がわかるので，とても便利な情報です。

例えば，次の構造から水素原子Hが2個失われると，二重結合や環構造を1つもつことがわかりますね。この失われた水素原子Hの数を2で割った数値が不飽和度です。

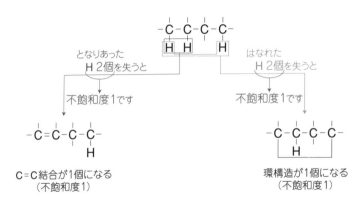

次の「不飽和度を求める公式」と「考えられる構造のパターン」を覚えましょう。

---

**覚えよう！**

分子式が $C_xH_yO_z$ や $C_xH_y$ の場合，

$$不飽和度 = \frac{1}{2}\left\{(炭素の数 x)\times 2 + 2 - (水素の数 y)\right\}$$

← この公式は，必ず暗記しよう！

| 不飽和度 | 考えられる構造 |
|---|---|
| 0 | すべて単結合からなる |
| 1 | ①二重結合(C=C や C=O)が１つ<br>└ 分子式に酸素原子が含まれているとき<br>②環構造が１つ |
| 2 | ①三重結合(C≡C)が１つ<br>②二重結合が２つ<br>└ 不飽和度1<br>③環構造が２つ<br>└ 不飽和度1<br>④二重結合が１つ ＋ 環構造が１つ<br>└ 不飽和度1　　　└ 不飽和度1 |
| 4 | ①ベンゼン環が１つ 〔不飽和度4以上のときは，ほとんどがコレ!!〕<br>②不飽和度4になるように 三重結合，二重結合，環構造を組み合<br>　└ 不飽和度2　　└ 不飽和度1　└ 不飽和度1<br>　わせた構造 |

## ●異性体を見つける

今まで学んだ**手順1**〜**手順4**にしたがって，$C_3H_6$と$C_3H_8O$の異性体を探して
みましょう。

### 【$C_3H_6$の場合】

**手順1** 不飽和度を求める公式から，

$$不飽和度 = \frac{1}{2}\{\underbrace{3}_{炭素の数}\times 2+2-\underbrace{6}_{水素の数}\} = 1$$

と求めます。不飽和度が1なので，考えられる構造は，

①二重結合（C＝C や C＝O）が1つ

　　　　　　　　　　↑ 分子式が$C_3H_6$なので，酸素原子Oは含まれていません

または

②環構造が1つ

です。

**手順2** 鎖状構造のC骨格のパターンを書きます。

$C_3$のときは，$\boxed{C-C-C}$ のみでした。
3つまっすぐ

**手順3** C骨格に C＝C を導入します。次の⑦の位置に導入することができます。

$$\overset{⑦}{C}-C-C \xrightarrow{\text{⑦に C＝C 結合を導入します}} \overset{⑦}{CH_2=CH-CH_3}$$

また，環構造のC骨格のパターンを書きます。$C_3$のときは，

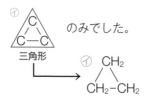

のみでした。

これで構造異性体は，⑦と④の2個とわかります。

**手順4** シス-トランス異性体（幾何異性体）や鏡像異性体（光学異性体）は，
$C_3H_6$には存在しません。

同じH原子が結合していますね

⑦ $\overset{H}{\underset{H}{\rvert}}C=CH-CH_3$　には，シス形やトランス形は存在しません。

**答え** $C_3H_6$には，⑦と④の構造異性体が2個ある。

**【$C_3H_8O$の場合】**

**手順1** $不飽和度 = \dfrac{1}{2}\{\underbrace{3\times2}_{炭素の数}+2-\underbrace{8}_{水素の数}\} = 0$

となります。不飽和度が0なので, 考えられる構造は, すべて単結合からなる構造です。

**手順2** 鎖状構造のC骨格のパターンは, $\boxed{C-C-C}$ のみでした。
$C_3は3つまっすぐ$

**手順3** C骨格に酸素原子Oを導入します。

$\overset{㋐}{-\overset{\downarrow}{C}}-\underset{㋑}{\overset{\downarrow}{C}}-\underset{㋒}{\overset{\downarrow}{C}}-$ $\xrightarrow[\text{酸素原子を導入します}]{\text{㋐, ㋑, ㋒に}}$

㋐ $CH_3-O-CH_2-CH_3$

㋑ $CH_2-CH_2-CH_3$
    $\quad\ \ OH$

㋒ $CH_3-CH-CH_3$
    $\qquad\ OH$

これで構造異性体は, ㋐, ㋑, ㋒の3個とわかります。

**手順4** $C_3H_8O$に, シス-トランス異性体(幾何異性体)や鏡像異性体(光学異性体)は存在しません。

**答え** $C_3H_8O$には, ㋐, ㋑, ㋒の構造異性体が3個ある。

---

原子の結合を線(—)を使って表した化学式を**構造式**, 分子式から官能
価標ということがあります
**基を抜き出して表した化学式**を**示性式**といいます。

H—C—C—C—H 構造に H, H, H を付した図
(H H H / H-C-C-C-H / H O H / H)

$CH_3CH(OH)CH_3$
㋒の示性式
（枝分かれした官能基は
（ ）でくくって示します）

㋒の構造式

本書では上の㋐, ㋑, ㋒のように, 線(—)の一部(とくに—Hの—)を省略して簡略化した構造式を用います。

次の練習問題で異性体を探しましょう。

# 練習問題

(1) 分子式が$C_4H_8$の構造異性体の数を答えよ。

(2) 分子式が$C_4H_{10}O$の構造異性体の数を答えよ。

## 解き方

(1) $C_4H_8$

**手順1** 不飽和度 $= \dfrac{1}{2}(\underbrace{4}_{\text{炭素の数}} \times 2 + 2 - \underbrace{8}_{\text{水素の数}}) = 1$

不飽和度が1なので，考えられる構造は「二重結合（C=C や C=O）が1つ」または「環構造が1つ」です。

分子式が$C_4H_8$なので，Oは含まれていません

**手順2** 鎖状構造のC骨格のパターンは，$C_4$なので次の2通りが考えられます。

```
C-C-C-C              C
4つまっすぐ       C-C-C
                3つまっすぐに枝1つ
```

**手順3** C=C結合をC骨格に導入すると，次の㋐〜㋒に入れることができます。

```
   ㋐ ㋑
C-C-C-C  ──→  ㋐ CH2=CH-CH2-CH3
              ㋑ CH3-CH=CH-CH3
```

```
  ㋒ C
  ↓ |                     CH3
C-C-C  ──→  ㋒ CH2=C-CH3
```

また，環構造のC骨格のパターンは，次の㋓，㋔が考えられます。

```
C-C                CH2-CH2
C-C  ──→  ㋓ CH2-CH2
四角形
```

```
   C                    CH2
  / \                   / \
C-C-C  ──→  ㋔ CH2-CH-CH3
三角形に枝1つ
```

これで構造異性体は，㋐〜㋔の**5個**とわかります。

第1講

有機化学の基礎

189

**参考** 構造異性体の数でなく異性体の数が問われている問題であれば, 立体異性体も含めて考える　→ 異性体 ┌ 構造異性体 ┐ どちらも考えます  　　　　　　　　　　　　　　　　　　　　　└ 立体異性体 ┘  必要があります。

**手順4**　㋑には, 次のシス−トランス異性体(幾何異性体)が存在します。

㋐や㋒は $\begin{array}{c} H \\ H \end{array} C=C \begin{array}{c} \phantom{H} \\ \phantom{H} \end{array}$ の構造をもつので, シス−トランス異性体(幾何異性体)は存在しません。そのため, 異性体の数は㋐, ㋑₁, ㋑₂, ㋒, ㋓, ㋔の6個になります。

(2)　$C_4H_{10}O$

**手順1**　不飽和度は,

$$\frac{1}{2}(\underbrace{4 \times 2}_{\text{炭素の数}} + 2 - \underbrace{10}_{\text{水素の数}}) = 0$$

なので, すべて単結合からなる構造です。

**手順2**　鎖状構造のC骨格のパターンは, $C_4$なので次の2通りが考えられます。

C−C−C−C
4つまっすぐ

$\begin{array}{c} C \\ | \\ C-C-C \end{array}$
3つまっすぐに枝1つ

**手順3**　Oが1つあるので, C骨格にOを導入します。

① C−C間にOを入れてC−O−Cのエーテル結合をつくるには, Oを次の㋐〜㋒に入れることができます。

$$C \overset{\underset{\downarrow}{㋐}}{-} C \overset{\underset{\downarrow}{㋑}}{-} C-C$$

→ ㋐ $CH_3-O-CH_2-CH_2-CH_3$
　㋑ $CH_3-CH_2-O-CH_2-CH_3$

$\begin{array}{c} C \\ | \\ C \overset{\underset{\downarrow}{㋒}}{-} C-C \end{array}$

→ ㋒ $\begin{array}{c} CH_3 \\ | \\ CH_3-O-CH-CH_3 \end{array}$

② C–H 間にOを入れて –OH をもつアルコールをつくるには，Oを次の㋑〜㋖に入れることができます。

$$-\overset{|}{C}-\overset{|}{C}-\overset{|}{C}-\overset{|}{C}- \longrightarrow$$
㋑ ㋒

㋑ CH₂–CH₂–CH₂–CH₃
     |
     OH

**不斉炭素原子があります**

㋒ CH₃–\overset{*}{C}H–CH₂–CH₃
          |
          OH

$$-\overset{|}{\underset{}{C}}-\\ -\overset{|}{C}-\overset{|}{C}-\overset{|}{C}-$$
㋕ ㋖

㋕ CH₂–CH–CH₃
   |    |
   OH   CH₃

(with CH₃ above)

㋖ CH₃–C–CH₃
       |  |
       CH₃ OH

(with CH₃ above)

これで構造異性体は，㋐〜㋖の**7個**とわかります。

**参考** 構造異性体の数ではなく，異性体の数が問われていれば，**手順4**より㋒には不斉炭素原子が存在するので，鏡像異性体(光学異性体)の関係にある㋒₁と㋒₂が存在します。

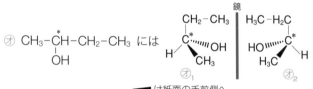

㋒ CH₃–\overset{*}{C}H–CH₂–CH₃ には
          |
          OH

鏡

㋒₁  ㋒₂

◤◣ は紙面の手前側へ，
……||||| は紙面の裏側へ向かう結合を示しています

そのため，異性体の数は㋐，㋑，㋒，㋓，㋒₁，㋒₂，㋕，㋖の**8個**になります。

**答え** (1) 5個　(2) 7個

有機化学編

第 2 講　# 炭化水素①
（アルカン）

Step **1**　アルカンの名前をおさえよう！

**2**　アルカンの製法と反応を
おさえよう！

# Step 1 アルカンの名前をおさえよう！

## ●アルカンとシクロアルカン

　CとHだけからできている有機化合物を炭化水素といいます。CとHだけからできているので，炭化水素の分子式は，一般式 $C_xH_y$ と表せますね。

　炭化水素のうち，C–C結合やC–H結合（単結合）だけからできていて，

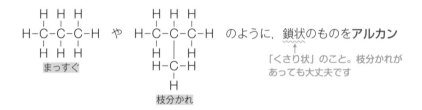

のように，鎖状のものを**アルカン**

まっすぐ　　枝分かれ

「くさり状」のこと。枝分かれがあっても大丈夫です

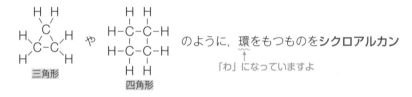

のように，環をもつものを**シクロアルカン**

三角形　　四角形

「わ」になっていますよ

といいます。シクロアルカンの「シクロ」は「環」を表しています。

　アルカンの一般式を次の**手順**にしたがって求めてみましょう。

**手順1**　Cが$n$個のアルカンを考えます。

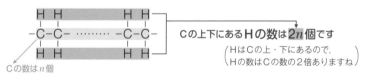

Cの数は$n$個です

**手順2**　Cの上と下にHがついているので，Cの上下にあるHの数は$2n$個と求められます。

$$-\underset{H}{\overset{H}{\underset{|}{\overset{|}{C}}}}-\underset{H}{\overset{H}{\underset{|}{\overset{|}{C}}}}- \cdots\cdots -\underset{H}{\overset{H}{\underset{|}{\overset{|}{C}}}}-\underset{H}{\overset{H}{\underset{|}{\overset{|}{C}}}}-$$

Cの数は$n$個

Cの上下にあるHの数は**$2n$個**です

（HはCの上・下にあるので，Hの数はCの数の2倍ありますね）

**手順3**　C骨格の両はしに残っている2個のHを忘れずに数えます。

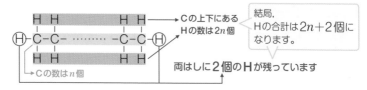

まとめると，Hの合計は$2n+2$個なので，**Cが$n$個のアルカンの分子式は，一般式 $C_nH_{2n+2}$** とわかります。

シクロアルカンの一般式は，さらに**手順4**を考えて求めます。

**手順4**　アルカンからH2個がなくなると環をもつシクロアルカンになります。

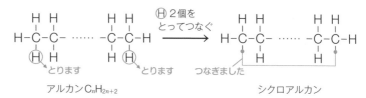

シクロアルカンの一般式は，アルカンの一般式$C_nH_{2n+2}$よりHが2個少ない $C_nH_{2n+2-2}$ ＝ $C_nH_{2n}$ （$n \geqq 3$）となります。
環になれるのは$n=3$ の三角形からです

---

**ポイント**　アルカンとシクロアルカン

● アルカン$C_nH_{2n+2}$
　C-C 結合と C-H 結合だけからなる鎖状の炭化水素
● シクロアルカン$C_nH_{2n}$　　　枝分かれはあってもよい
　C-C 結合と C-H 結合だけからなる環をもつ炭化水素

アルカン$C_nH_{2n+2}$からHが1個とれた$C_nH_{2n+1}-$を**アルキル基**といいます。また，$CH_3-$はメチル基，$CH_3-CH_2-$はエチル基といいます。

## ●アルカンとシクロアルカンの名称と立体構造

アルカンやシクロアルカンに名前をつけてみましょう。

直鎖のアルカン $C_nH_{2n+2}$ の名前は，$n=1〜6$ までを
枝分かれがないもの。ここでは鎖状でなく直鎖を考えます

「メタン，エタン，プロパン，ブタン，ペンタン，ヘキサン」

と一気に覚えましょう。

$n=1$ ⇒ $CH_4$　　$CH_4$　　　　　　　　　　　　メタン
　数詞ではモノ

$n=2$ ⇒ $C_2H_6$　　$CH_3-CH_3$　　　　　　　　　エタン
　数詞ではジ

$n=3$ ⇒ $C_3H_8$　　$CH_3-CH_2-CH_3$　　　　　　プロパン
　数詞ではトリ

$n=4$ ⇒ $C_4H_{10}$　$CH_3-CH_2-CH_2-CH_3$　　　ブタン
　数詞ではテトラ

$n=5$ ⇒ $C_5H_{12}$　$CH_3-CH_2-CH_2-CH_2-CH_3$　　ペンタン
　数詞ではペンタ

$n=6$ ⇒ $C_6H_{14}$　$CH_3-CH_2-CH_2-CH_2-CH_2-CH_3$　ヘキサン
　数詞ではヘキサ

$C_4H_{10}$
ブタン

使い捨てライター

シクロアルカンの名前は，Cの数が同じ直鎖アルカンの名前の前にシクロをつけます。

シクロプロパン
つける

シクロヘキサン
つける

ここで，メタン$CH_4$，エタン$CH_3-CH_3$，シクロヘキサン 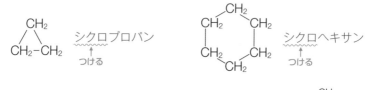 の立体

構造を確認しましょう。（ ◢ は紙面の手前側，◁◁◁ は紙面の裏側を表しています。）

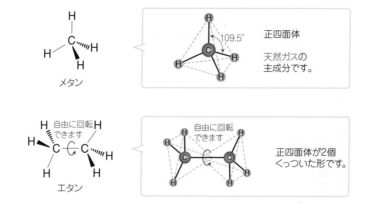

メタン

正四面体

天然ガスの主成分です。

109.5°

自由に回転できます

エタン

自由に回転できます

正四面体が2個くっついた形です。

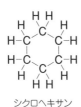

シクロヘキサン

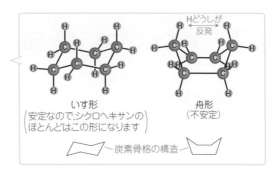

いす形
（安定なので,シクロヘキサンの
ほとんどはこの形になります）

Hどうしが
反発

舟形
（不安定）

炭素骨格の構造

シクロヘキサンはいす形と舟形，どちらの立体構造でも，すべてのC原子が同一平面上に存在していないことがわかりますね。

メタン$CH_4$は天然ガスの主成分で，この天然ガスを低温で加圧し液化したものをLNG（液化天然ガス）といいます。プロパン$C_3H_8$やブタン$C_4H_{10}$を室温で加圧し液化したものはLPG（液化石油ガス）といいます。LNGのNGが「Natural Gas 天然ガス」を表していることを知っておくことで，区別し覚えられると思います。

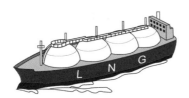

液化天然ガス(LNG)タンカー

液化石油ガスLPG(LPガス)

**ポイント** LNG と LPG

LNG（液化天然ガス） ⇒ メタン$CH_4$
　　　　　　　　　　　　用途 都市ガス
LPG（液化石油ガス） ⇒ プロパン$C_3H_8$，ブタン$C_4H_{10}$
　　　　　　　　　　　　用途 家庭用燃料

**Step 2 アルカンの製法と反応をおさえよう！**

## ●メタンCH₄の製法

メタン$CH_4$は，実験室では，酢酸ナトリウム$CH_3COONa$と水酸化ナトリウム$NaOH$を加熱して発生させることができます。この反応は，「中間を抜く」と覚えましょう。

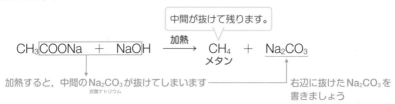

中間が抜けて残ります。

$$CH_3\underline{COONa} + NaOH \xrightarrow{\text{加熱}} CH_4 + Na_2CO_3$$
メタン

加熱すると，中間の$Na_2CO_3$が抜けてしまいます ——
炭酸ナトリウム

右辺に抜けた$Na_2CO_3$を書きましょう

CH₃COONa
NaOH

メタン

CH₄は水に溶けにくいので水上置換で集めます。

## ●アルカンの反応

アルカンのもつ$C-C$結合や$C-H$結合は，共有結合で強く結びついていて，とても安定です。そのため，アルカンは他の物質と反応しにくく，アルカンの反応は，

塩素$Cl_2$＋光　による置換反応

が知られている程度です。

### 【置換反応（塩素Cl₂＋光）】

メタン$CH_4$と塩素$Cl_2$を混ぜて光を当てると，メタンの Ⓗ が Ⓒⓛ に 置き換わる反応つまり置換反応が起こります。

メタンCH₄の置換反応は，次の❶～❸の流れでおさえましょう。

❶ 塩素Cl₂に光が当たり，結合が切れます。

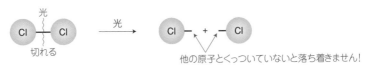

他の原子とくっついていないと落ち着きません！

❷ Cl― がメタンCH₄の H― と置き換わります。

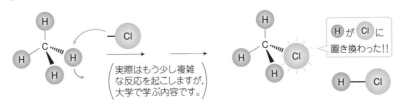

実際はもう少し複雑な反応を起こしますが，大学で学ぶ内容です。

H が Cl に置き換わった!!

❸ 次々と H― が Cl― に置き換わっていきます。

次の化合物は，構造と名前を覚えましょう。

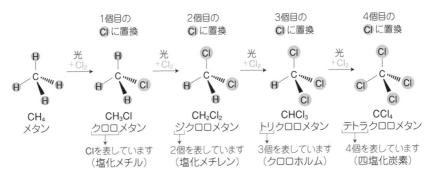

| 1個目の Cl に置換 | 2個目の Cl に置換 | 3個目の Cl に置換 | 4個目の Cl に置換 |

CH₄ メタン　　CH₃Cl クロロメタン　　CH₂Cl₂ ジクロロメタン　　CHCl₃ トリクロロメタン　　CCl₄ テトラクロロメタン

Clを表しています（塩化メチル）　　2個を表しています（塩化メチレン）　　3個を表しています（クロロホルム）　　4個を表しています（四塩化炭素）

---

Step 2 の内容をまとめると　アルカンの製法と反応

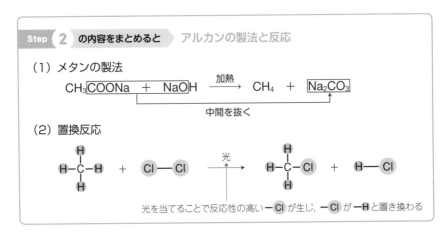

（1）メタンの製法

$$CH_3\boxed{COONa} + Na\boxed{OH} \xrightarrow{加熱} CH_4 + \boxed{Na_2CO_3}$$

中間を抜く

（2）置換反応

光を当てることで反応性の高い ―Cl が生じ，―Cl が ―H と置き換わる

　　鎖状の飽和炭化水素を総称して　A　とよぶ。鎖状の飽和炭化水素の分子中の炭素原子の数を$n$とすると，　A　は一般式　B　と表される。共通の一般式で表され，性質や構造がよく似た一群の化合物を　C　という。　A　と塩素は，光を当てると反応する。例えば，メタンと塩素の混合気体に光を当てると塩化水素を生じる。このように分子中の原子が他の原子・原子団(基)に置き換わる反応を　D　とよぶ。一方，環状構造を含む飽和炭化水素を総称して　E　とよぶ。分子中の炭素原子の数を$n$($n$は3以上)とすると，一般式　F　と表される。

(1)　A　～　F　に適当な語句，一般式を下記語群㋐～㋠から選べ。

㋐ アルカン　　　㋑ アルケン　　　㋒ アルキン
㋓ シクロアルカン　　㋔ $C_nH_{2n+1}$　　㋕ $C_nH_{2n}$
㋖ $C_nH_{2n+2}$　　㋗ $C_nH_{2n-2}$　　㋘ 同族体
㋙ 同素体　　　㋚ 異性体　　　㋛ 置換反応
㋜ 付加反応　　㋝ ハロゲン化　㋞ メチル化　　㋟ 縮合反応

(2)　下線部で生じる可能性のある炭素化合物4種類の構造式を書け。

---

**解き方**

(1), (2)　A，B：鎖状の飽和炭化水素は，アルカン$C_nH_{2n+2}$ でした。

　C：$CH_4$メタン，$CH_3-CH_3$エタン，$CH_3-CH_2-CH_3$プロパン，…
　のように，一般式が同じで性質や構造がよく似た一群の化合物を同族体といいます。

　D：メタン$CH_4$と塩素$Cl_2$の混合気体に光を当てると置換反応が起こりました。$CH_4$と$Cl_2$の置換反応で生じる可能性がある炭素化合物は，クロロメタン$CH_3Cl$，ジクロロメタン$CH_2Cl_2$，トリクロロメタン$CHCl_3$，テトラクロロメタン$CCl_4$の4種類です。

　E，F：環状構造を含む飽和炭化水素は，シクロアルカン$C_nH_{2n}$ といいました。

**答え**　(1) A：㋐　　B：㋖　　C：㋘　　D：㋛　　E：㋓　　F：㋕

(2)
$$H-\underset{\underset{\displaystyle H}{|}}{\overset{\overset{\displaystyle H}{|}}{C}}-Cl \ , \quad H-\underset{\underset{\displaystyle Cl}{|}}{\overset{\overset{\displaystyle H}{|}}{C}}-Cl \ , \quad Cl-\underset{\underset{\displaystyle Cl}{|}}{\overset{\overset{\displaystyle H}{|}}{C}}-Cl \ , \quad Cl-\underset{\underset{\displaystyle Cl}{|}}{\overset{\overset{\displaystyle Cl}{|}}{C}}-Cl$$

有機化学編

## 第3講

# 炭化水素②
（アルケン・アルキン）

# Step 1 アルケンの名前をおさえよう！

## ●アルケンの一般式

CとHだけからできている炭化水素の中で，C=C結合が1個あり，鎖状のものを**アルケン**といいます。

くさり状です。環はもちません↵

〈アルケンの例〉

CH₂=CH-CH₃
まっすぐ
C=Cは1個だけ

CH₃
|
CH₂=C-CH₃
枝分かれ
C=Cは1個だけ

まっすぐ，枝分かれ，どちらもアルケンです。
アルケンに環はありません。

炭素数が$n$個のアルケンの一般式を求めてみましょう。アルケンはアルカンからH2個がなくなり，C=C結合を1個もった化合物です。

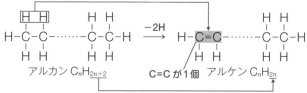

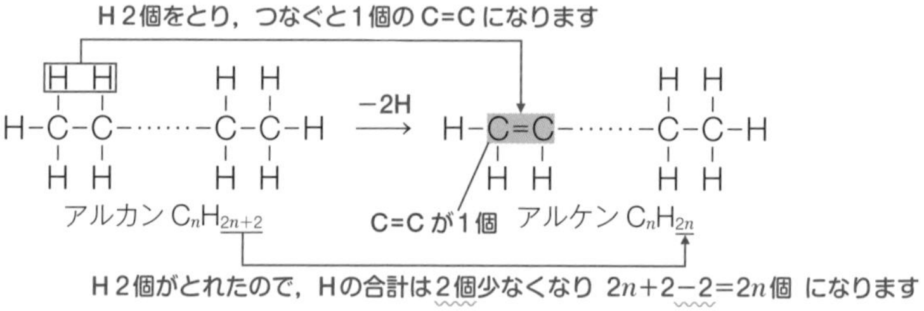

H2個をとり，つなぐと1個のC=Cになります

アルカン$C_nH_{2n+2}$　　　C=Cが1個　アルケン$C_nH_{2n}$

H2個がとれたので，Hの合計は2個少なくなり $2n+2-2=2n$個 になります

ですから，アルケンの一般式は，アルカンの一般式 $C_nH_{2n+2}$ からHが2個とれた $C_nH_{2n+2-2}=C_nH_{2n}$ となります。

---

**ポイント** アルケン

アルケン $C_nH_{2n}$ ⇒ C=C結合を1個もつ鎖状の炭化水素
枝分かれはあってもよい

---

## ●アルケンの名称と立体構造

アルケンの名前はアルカンの語尾「アン」を「エン」にします。アルカンに対応させてアルケンの名前をつけましょう。つまり，

$CH_3-CH_3$　　　エタン　に対応させて　$CH_2=CH_2$　　　エテン

$CH_3-CH_2-CH_3$　プロパン　に対応させて　$CH_2=CH-CH_3$　プロペン

と名前をつけます。

$CH_3-CH_2-CH_2-CH_3$　ブタン　に対応したアルケンは，C=C 結合の位置がちがう２種類のブテン

$$CH_2=CH-CH_2-CH_3 \quad と \quad CH_3-CH=CH-CH_3$$
　　　C骨格のはしに C=C があります　　　C骨格のまん中に C=C があります

が考えられます。

ここで，C=C 結合の位置を区別するために，C骨格に番号をつけます。番号は C=C 結合の位置番号が小さくなるようにつけます。

〈位置番号のつけ方〉
$\overset{4}{C}H_2=\overset{3}{C}H-\overset{2}{C}H_2-\overset{1}{C}H_3$ はダメ！

$\overset{1}{C}H_2=\overset{2}{C}H-\overset{3}{C}H_2-\overset{4}{C}H_3$
⇓
1-ブテンとなります

$\overset{1}{C}H_3-\overset{2}{C}H=\overset{3}{C}H-\overset{4}{C}H_3$
⇓
2-ブテンとなります

ここで，さまざまなアルケンの立体構造を確認してみます。

### (1) エテン $CH_2=CH_2$

エテンは，**エチレン**ともよびます。

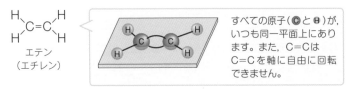

エテン
（エチレン）

すべての原子（CとH）が，いつも同一平面上にあります。また，C=CはC=Cを軸に自由に回転できません。

第3講

炭化水素②（アルケン・アルキン）

## (2) プロペン $CH_2=CH-CH_3$

プロペンは，**プロピレン**ともよびます。

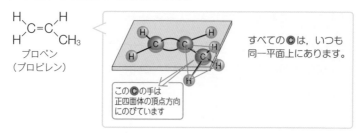

プロペン
（プロピレン）

この◯のCの手は
正四面体の頂点方向
にのびています

すべての◯は，いつも
同一平面上にあります。

## (3) 2-ブテン $\overset{1}{CH_3}-\overset{2}{CH}=\overset{3}{CH}-\overset{4}{CH_3}$

1-ブテン $\overset{1}{CH_2}=\overset{2}{CH}-\overset{3}{CH_2}-\overset{4}{CH_3}$ は，$\begin{matrix} H \\ H \end{matrix}C=C\begin{matrix} \\ \end{matrix}$ の構造をもつのでシス-トラン（→同じ原子ですね）

ス異性体（幾何異性体）が存在しませんが，2-ブテン $\overset{1}{CH_3}-\overset{2}{CH}=\overset{3}{CH}-\overset{4}{CH_3}$ には

$\begin{matrix} \alpha \\ \alpha \end{matrix}C=C\begin{matrix} \\ \end{matrix}$ の構造が見つからないため，次のシス-トランス異性体（幾何異性体）が

2種類存在します。

シス形　シス-2-ブテン

トランス形　トランス-2-ブテン

シス形とトランス形を区別して名前をつける
ときには，シス，トランスを前につけます

---

**ポイント** アルケン

アルケン $C_nH_{2n}$ として，

$n=2$ $C_2H_4$ のエテン（エチレン）　や　$n=3$ $C_3H_6$ のプロペン（プロピレン）

$\begin{matrix} H \\ H \end{matrix}C=C\begin{matrix} H \\ H \end{matrix}$ すべてのCとHが
同一平面上にある

$\begin{matrix} H \\ H \end{matrix}C=C\begin{matrix} H \\ H \end{matrix}$ すべてのCが
同一平面上にある

を覚えよう。　◯の原子は，いつも同一平面上にある原子を表しています。

## Step 2 アルケンの製法・反応をおさえよう！

### ●エチレン（エテン）CH₂＝CH₂ の製法

エチレン $CH_2＝CH_2$ は，実験室では，エタノール $C_2H_5OH$ と濃硫酸 $H_2SO_4$ を混ぜ，160〜170℃に加熱して発生させることができます。このとき，水 $H_2O$ がとれる**脱水反応**が分子内で起こります。

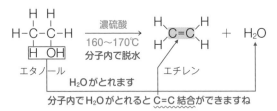

エタノール　H₂O がとれます　エチレン

分子内で H₂O がとれると C＝C 結合ができますね

### ●アルケンの付加反応

アルケンのもつ

> **おさえよう！** C＝C 結合は，C−C 結合やC−H 結合よりも反応が起こりやすい

と覚えておきましょう。

C＝C 結合のうち1本の結合 C＝C は切れやすく，次のような反応を起こします。
　　　　　　　　　　　　　　ココ

>C＝C< ＋ X≠Y → XとYが，バラバラになります → −C−C− → −X，−Y が C にくっつきます → −C−C−
2本のうち，1本が切れます　XYの結合も切れます　　　　X Y　　　　　　　　　　　　　　　X Y

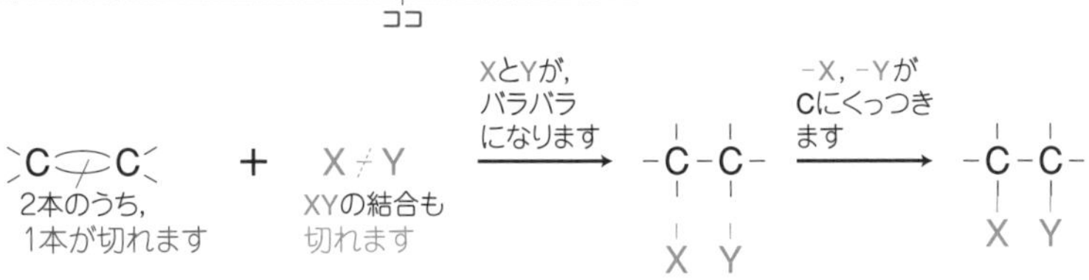

X と Y がくっつくので，これを**付加反応**といいます。

① 酸の付加

アルケンの C＝C 結合には HCl のような酸が付加します。

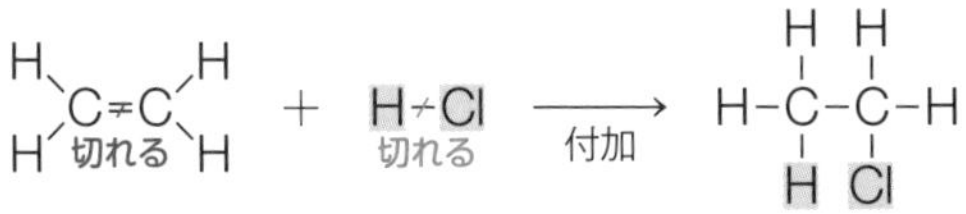

H₂C≠CH₂ ＋ H−Cl → H−CH₂−CH₂−H
切れる　　　　切れる　　付加　　　　H Cl

② ハロゲンの付加

臭素Br₂のようなハロゲンも付加します。

この反応は、Br₂（赤褐色）が消えるので C=C の検出に使うことができます。

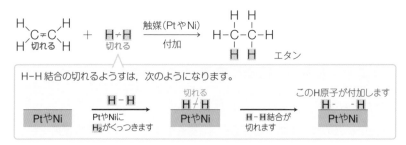

③ 水素H₂の付加

白金PtやニッケルNiなどの触媒を使うと、水素H₂が付加します。

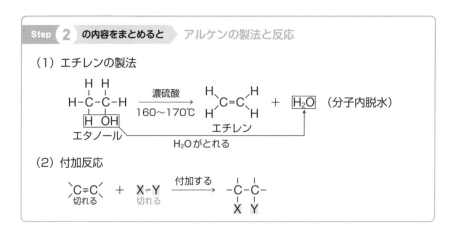

---

**Step 2 の内容をまとめると** アルケンの製法と反応

（1）エチレンの製法

$$\underset{\text{エタノール}}{\text{H-C-C-H}} \quad \xrightarrow[160\sim170℃]{\text{濃硫酸}} \quad \underset{\text{エチレン}}{\text{C=C}} \quad + \quad \boxed{H_2O} \quad \text{（分子内脱水）}$$

H₂Oがとれる

（2）付加反応

$$\underset{\text{切れる}}{\text{C=C}} \quad + \quad \underset{\text{切れる}}{\text{X-Y}} \quad \xrightarrow{\text{付加する}} \quad \underset{\text{X Y}}{\text{-C-C-}}$$

**練習問題**

アルケンが示す特徴的な反応として付加反応がある。次に示す付加反応の生成物を構造式ですべて書け。

$$\begin{matrix} H \\ \ \ \ C=C \\ H \end{matrix}\begin{matrix} H \\ \ \ \\ CH_3 \end{matrix} \ + \ Br_2 \ \longrightarrow \ \boxed{\text{ア}}$$

$$\begin{matrix} H \\ \ \ \ C=C \\ H \end{matrix}\begin{matrix} H \\ \ \ \\ CH_3 \end{matrix} \ + \ HCl \ \longrightarrow \ \boxed{\text{イ}}$$

**解き方**

アルケンの付加反応は，$\overset{}{>}C \neq C\overset{}{<}$ の / で切れ，$X \neq Y$ の / で切れてくっつく反応でした。

H−Cl が付加するときは，次の2種類が考えられます。

①で付加したとき　　②で付加したとき

①で付加したときの生成物の方が，②で付加したときの生成物よりも多く得られます。p.208 **注**

**答え**

$$\text{ア}：\begin{matrix} H \ H \\ H-C-C-CH_3 \\ Br \ Br \end{matrix}$$

$$\text{イ}：\begin{matrix} H \ H \\ H-C-C-CH_3 \\ H \ Cl \end{matrix} \ と \ \begin{matrix} H \ H \\ H-C-C-CH_3 \\ Cl \ H \end{matrix}$$

注

プロペン $\underset{H}{\overset{H}{>}}C=C\underset{CH_3}{\overset{H}{<}}$ のように，C=C に対して対称でないアルケン

にH–Xが付加すると2種類の生成物が得られます。

$$\underset{H}{\overset{H}{>}}C=C\underset{CH_3}{\overset{H}{<}} \xrightarrow[\text{付加}]{HX} \underset{H\ X}{\overset{H\ H}{H-C-C-CH_3}} \ \text{と}\ \underset{X\ H}{\overset{H\ H}{H-C-C-CH_3}}$$

Hが2個 結合しているC　Hが1個 結合しているC

（主生成物） 多く得られます　（副生成物） 少なくなります

　この結果から，「C=C をつくっているCのうちH原子が多い方の Cに H–X の H が付加した生成物が主生成物になる」ことがわかりますね。 この規則を**マルコフニコフの法則**といいます。

## Step 3 アルキンの名前をおさえよう！

### ●アルキンの一般式

　ＣとＨだけからできている炭化水素の中で，$C \equiv C$ 結合が１個あり，鎖状のも

のを**アルキン**といいます。

〈アルキンの例〉

まっすぐ
$$CH_3-C \equiv C-CH_3$$
↑
$C \equiv C$ は１個だけ

枝分かれ
$$CH_3-CH-C \equiv C-H$$
（上に $CH_3$）
↑
$C \equiv C$ は１個だけ

> くさり状です。環はもちません↵
>
> まっすぐ，枝分かれ，
> どちらもアルキンです。
> アルキンに環はありません。

　炭素数$n$個のアルキンの一般式を求めてみましょう。

　アルキンはアルカンからＨ４個がなくなり，$C \equiv C$ 結合を１個もった化合物です。

Ｈ４個をとり，つなぐと１個の $C \equiv C$ になります

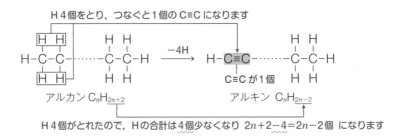

アルカン $C_nH_{2n+2}$　　　　　　　　　　アルキン $C_nH_{2n-2}$

Ｈ４個がとれたので，Ｈの合計は４個少なくなり $2n+2-4=2n-2$個 になります

　ですから，アルキンの一般式は，アルカンの一般式 $C_nH_{2n+2}$ からＨが４個と

れた $C_nH_{2n+2-4}$＝$C_nH_{2n-2}$ となります。

---

**ポイント　アルキン**

アルキン $C_nH_{2n-2}$ ⇒ $C \equiv C$ 結合を１個もつ鎖状の炭化水素
　　　　　　　　　　　　　枝分かれはあってもよい

---

## ●アルキンの名称と立体構造

アルキンの名前はアルカンの語尾「アン」を「イン」にしてよびます。アルカンに対応させてアルキンの名前をつけましょう。つまり、

$CH_3-CH_3$　　　エタン　に対応させて　$CH≡CH$　　　エチン

$CH_3-CH_2-CH_3$　プロパン　に対応させて　$CH≡C-CH_3$　プロピン

と名前をつけます。

ここで、エチン $CH≡CH$ の立体構造を確認してみましょう。

エチンは**アセチレン**ともよばれます。

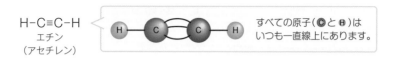

$H-C≡C-H$
エチン
（アセチレン）

すべての原子（**C** と **H**）は
いつも一直線上にあります。

アセチレン $CH≡CH$ を酸素 $O_2$ とともに燃焼させると、**酸素アセチレン炎**とい
う高温の炎となります。この炎は、鉄を切断したり溶接するのに使われます。

## ●結合距離

C 原子から C 原子までの距離は、次のようになります。結合が増えると距離は
短くなっていますね。

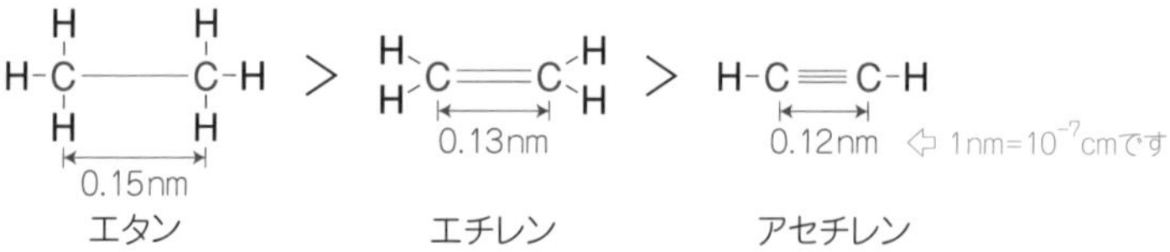

$$H-\underset{H}{\overset{H}{C}}——\underset{H}{\overset{H}{C}}-H \quad > \quad \underset{H}{\overset{H}{C}}=\underset{H}{\overset{H}{C}} \quad > \quad H-C≡C-H$$

0.15nm　　　　　　0.13nm　　　　　　0.12nm　⇦ $1nm=10^{-7}cm$ です

エタン　　　　　　　エチレン　　　　　　アセチレン

# Step 4 アセチレンの製法と反応をおさえよう！

## ●アセチレン CH≡CH の製法

アセチレン CH≡CH は，実験室では，炭化カルシウム（カーバイド）$CaC_2$ に水 $H_2O$ を加えて発生させることができます。次の❶〜❸の流れで反応式をつくりましょう。

❶ $^-C≡C^-$ が $H_2O$ から $H^+$ を受けとります。

$$^-C≡C^- + \begin{matrix} H^+OH^- \\ H^+OH^- \end{matrix} \longrightarrow \underset{\text{アセチレン}}{H-C≡C-H} + \begin{matrix} OH^- \\ OH^- \end{matrix}$$

❷ 反応式の両辺に $Ca^{2+}$ を加えます。

$$Ca^{2+}\ ^-C≡C^- + 2H_2O \longrightarrow H-C≡C-H + Ca^{2+}2OH^-$$

❸ まとめます。

$$\underset{\text{炭化カルシウム}}{CaC_2} + 2H_2O \longrightarrow \underset{\text{アセチレン}}{C_2H_2} + Ca(OH)_2$$

## ●アルキンの反応

アルキンのもつ C≡C 結合は，アルケンのもつ C=C 結合と同じように反応性が高く，C=C 結合と似た反応を起こします。

### (1) 付加反応

C≡C 結合は，2本の切れやすい結合 C≡C をもっているので，次のように付加反応を起こします。条件をととのえれば，1回目の付加で止めることもできます。

① ハロゲンの付加

C=C 結合と同じように，C≡C 結合に赤褐色の$Br_2$が付加し，無色の化合物になります。

$$H-C≡C-H \xrightarrow[\text{付加}]{Br\text{–}Br} H-C=C-H \xrightarrow[\text{付加}]{Br\text{–}Br} H-\overset{Br}{\underset{Br}{C}}-\overset{Br}{\underset{Br}{C}}-H$$

$Br_2$の付加反応は，$Br_2$の赤褐色が消えるので，C=C 結合だけでなく，C≡C 結合の検出にも使うことができます。

② 水素$H_2$の付加

白金PtやニッケルNiなどの触媒を使い，水素$H_2$を付加させることもできます。

$$H-C≡C-H \xrightarrow[\text{付加}]{\underset{\text{触媒(PtやNi)}}{H\text{–}H}} H-C=C-H \xrightarrow[\text{付加}]{\underset{\text{触媒(PtやNi)}}{H\text{–}H}} H-\overset{H}{\underset{H}{C}}-\overset{H}{\underset{H}{C}}-H$$

アセチレン　　　　　エチレン　　　　　　エタン

H–H 結合の切れるようす

③ 酸の付加

塩化水素HCl，酢酸$CH_3COOH$，シアン化水素HCNなどの酸を，触媒を使い付加させることができます。生成物はどれもビニル基 $CH_2=CH-$ をもっていますね。

$$H-C≡C-H + H\text{–}Cl \xrightarrow[\text{付加}]{\text{触媒}} \underset{H}{\overset{H}{C}}=\underset{Cl}{\overset{H}{C}}$$
塩化ビニル

$$H-C≡C-H + CH_3-\overset{O}{\overset{\|}{C}}-O\text{–}H \xrightarrow[\text{付加}]{\text{触媒}} \underset{H}{\overset{H}{C}}=\underset{O-\overset{O}{\overset{}{C}}-CH_3}{\overset{H}{C}}$$
酢酸ビニル

$$H-C≡C-H + H\text{–}CN \xrightarrow[\text{付加}]{\text{触媒}} \underset{H}{\overset{H}{C}}=\underset{CN}{\overset{H}{C}}$$
シアン化水素　　　　アクリロニトリル ← 名前に注意しましょう

④ 水 $H_2O$ の付加

　$C \equiv C$ 結合に水 $H_2O$ を付加させるときには注意が必要です。アセチレン $CH \equiv CH$ に水銀の塩である硫酸水銀（Ⅱ）$HgSO_4$ を触媒として $H_2O$ を付加させます。

　まず，ビニルアルコールができるのですが，このビニルアルコールは不安定なので，すぐに異性体のアセトアルデヒドに変化してしまいます。

$-\overset{\parallel}{\underset{O}{C}}-H$ をホルミル基（アルデヒド基）といいます。

ことを覚えましょう。

　アセチレンへの水の付加をまとめます。

## (2) 重合反応

アセチレン CH≡CH を，赤くなるまで加熱した鉄つまり赤熱した鉄などの触媒にふれさせると，アセチレン3分子が重合してベンゼン $C_6H_6$ が生成します。

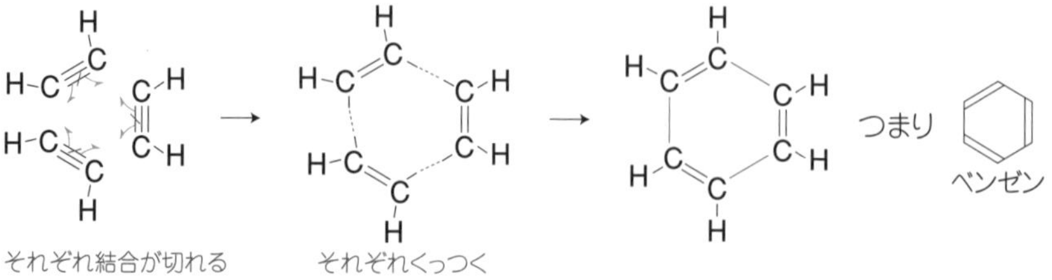

それぞれ結合が切れる　　　　　それぞれくっつく　　　　　　　　　　つまり　　ベンゼン

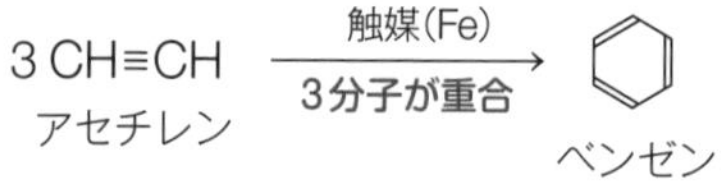

$$3\ CH\equiv CH \xrightarrow[\text{3分子が重合}]{\text{触媒(Fe)}}$$

アセチレン　　　　　　　　　　　　　　ベンゼン

## (3) アセチリド

アセチレン H–C≡C–H は，$Ag^+$ を含むアンモニア性硝酸銀水溶液では $H^+$ が引きぬかれて $^-C\equiv C^-$ が生じたのち，$^-C\equiv C^-$ と $Ag^+$ が結びついた銀アセチリド $AgC\equiv CAg$ という白色沈殿をつくります。

$Ag^+$ は $[Ag(NH_3)_2]^+$ として水溶液中に含まれています

$$H-C\equiv C-H \xrightarrow[\text{アセチレンの陰イオン}]{\text{塩基性}} {}^-C\equiv C^- \xrightarrow{Ag^+} AgC\equiv CAg\downarrow（白）$$

銀アセチリドは加熱や衝撃によって爆発しやすい性質があります。この反応はアセチレンの検出に使われます。

**Step 4 の内容をまとめると** アルキンの製法と反応

（1）アセチレンの製法

$$\underset{\text{炭化カルシウム}}{CaC_2} + 2H_2O \longrightarrow H-C\equiv C-H + Ca(OH)_2$$

$2H^+$

（2）付加反応

$$\underset{\text{切れる}}{-C\equiv C-} + \underset{\text{切れる}}{X-Y} \xrightarrow{\text{付加する}} \underset{X}{\phantom{}}C=C\underset{Y}{\phantom{}}$$

（3）重合反応とアセチリド

$$3\,H-C\equiv C-H \xrightarrow[\text{3分子が重合}]{\text{触媒(Fe)}}$$

ベンゼン

$$H-C\equiv C-H \xrightarrow{Ag^+} AgC\equiv CAg（白色沈殿）$$

最後に練習問題でアルキンを復習してみましょう。

誤りを含むものを，次の①～⑤のうちから1つ選べ。

① 炭化カルシウム $CaC_2$ と水を反応させると，アセチレンが発生する。

② 水銀(Ⅱ)イオンを触媒として，希硫酸中でアセチレンと水を反応させると，アセトンが生成する。

③ アセチレンに酢酸を付加すると，酢酸ビニルが生成する。

④ 高温・高圧で鉄を触媒としてアセチレンを反応させると，ベンゼンが生成する。

⑤ アセチレンは三重結合をもつ。

(センター試験)

### 解き方

① (正しい) アセチレンは，炭化カルシウム $CaC_2$ に水 $H_2O$ を加えて発生させることができました。

$$CaC_2 + 2H_2O \longrightarrow C_2H_2 + Ca(OH)_2$$

② (誤り) アセチレンに水銀(Ⅱ)イオン $Hg^{2+}$ を触媒として水 $H_2O$ を付加させると，アセトアルデヒドが生成しました。アセトン $CH_3-\underset{\underset{O}{\|}}{C}-CH_3$ は生成しません。

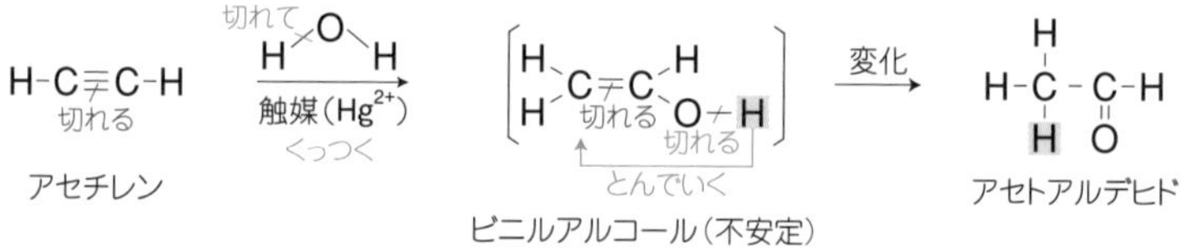

③ (正しい) $CH_2=CH$ ビニル基 をもつ酢酸ビニルが生成しました。

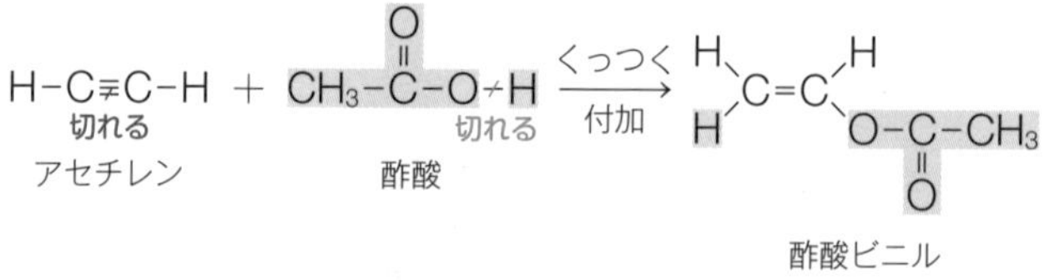

④ (正しい) 赤熱した鉄 Fe が触媒となり，アセチレン3分子が重合してベンゼン $C_6H_6$ が生成しました。

⑤ (正しい) アセチレン $H-C\equiv C-H$ は，$-C\equiv C-$ つまり三重結合をもつ直線状の分子でした。

### 答え  ②

有機化学編

第4講　酸素を含む有機化合物①
（アルコール・エーテル・アルデヒド・ケトン）

Step ① アルコールの分類方法を
2つおさえよう！

② エーテルの特徴を覚えよう。

③ アルコールの反応を覚えよう。

④ アルデヒドとケトンの
名称や反応をおさえよう！

**Step 1 アルコールの分類方法を2つおさえよう！**

## ●アルコールの名前

メタン $CH_4$，エタン $CH_3-CH_3$ の H を **-OH(ヒドロキシ基)** で置き換えたものをメタノール $CH_3-OH$，エタノール $CH_3-CH_2-OH$ といいます。このメタノールやエタノールのように，

**チェックしよう！** R-OH の構造をもつものをアルコール

> Rは，炭素Cと水素Hだけからなる炭化水素基を表します。

といいます。アルコールの名前は<u>アルカンの語尾「アン」を「オール」</u>にします。次のように，アルカンに対応させてアルコールの名前をつけましょう。

$$H-\underset{\underset{H}{|}}{\overset{\overset{H}{|}}{C}}-H \quad メタン$$ に対応させて $$H-\underset{\underset{H}{|}}{\overset{\overset{H}{|}}{C}}-OH \quad メタノール$$ ◁ 有毒な液体

$$H-\underset{\underset{H}{|}}{\overset{\overset{H}{|}}{C}}-\underset{\underset{H}{|}}{\overset{\overset{H}{|}}{C}}-H \quad エタン$$ に対応させて $$H-\underset{\underset{H}{|}}{\overset{\overset{H}{|}}{C}}-\underset{\underset{H}{|}}{\overset{\overset{H}{|}}{C}}-OH \quad エタノール$$ ◁ お酒の成分や消毒薬

$$H-\underset{\underset{H}{|}}{\overset{\overset{H}{|}}{C}}-\underset{\underset{H}{|}}{\overset{\overset{H}{|}}{C}}-\underset{\underset{H}{|}}{\overset{\overset{H}{|}}{C}}-H \quad プロパン$$ に対応させて

$$H-\overset{\overset{H}{|}}{\underset{\underset{H}{|}}{C}}\,^{|3}-\overset{\overset{H}{|}}{\underset{\underset{H}{|}}{C}}\,^{|2}-\overset{\overset{H}{|}}{\underset{\underset{OH}{|}}{C}}\,^{|1}-H$$
1-プロパノール

$$H-\overset{\overset{H}{|}}{\underset{\underset{H}{|}}{C}}\,^{|3}-\overset{\overset{H}{|}}{\underset{\underset{OH}{|}}{C}}\,^{|2}-\overset{\overset{H}{|}}{\underset{\underset{H}{|}}{C}}\,^{|1}-H$$
2-プロパノール

> 2種類のプロパノールを区別するために，-OH の位置番号が小さくなるように C 骨格に番号をつけます。
>
> つまり，$CH_3-CH_2-CH_2-\underset{\underset{OH}{|}}{CH_2}$ の名前は，
>
> $\overset{1}{C}H_3-\overset{2}{C}H_2-\overset{3}{C}H_2-\overset{4}{C}H_2$ ではなく，$\overset{4}{C}H_3-\overset{3}{C}H_2-\overset{2}{C}H_2-\overset{1}{C}H_2$
>   $\qquad\qquad\qquad\quad |$　　　　　　　　　　　　　　　　|
>   $\qquad\qquad\qquad\quad OH$　　　　　　　　　　　　　　　OH
>
> 4-ブタノール ではなく， 1-ブタノール です。

## ●アルコールの分類

アルコールは，次の「2つの方法」で分類できます。

**方法1** **価数による分類方法**

アルコールのもつ -OH の数で分類します。-OH の数が $n$ 個のアルコールを $n$ 価アルコールといいます（2価以上のアルコールは多価アルコールといいます）。

(1) 1価アルコール

$CH_3-OH$

メタノール
（-OH は1個）

(2) 2価アルコール

$CH_2-CH_2$
| |
OH  OH

エチレングリコール
（1,2-エタンジオール）
（-OH は2個）

2価のアルコールを
表しています

(3) 3価アルコール

$CH_2-CH-CH_2$
| | |
OH OH OH

グリセリン
（1,2,3-プロパントリオール）
（-OH は3個）

3価のアルコールを
表しています

-OH が結合している
C原子の位置番号です

**方法2** **級数による分類方法**

-OH の結合しているC原子のようすで分類します。

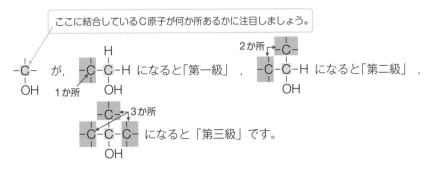

ここに結合しているC原子が何か所あるかに注目しましょう。

$-\overset{|}{\underset{OH}{C}}-$ が，1か所 になると「第一級」，になると「第二級」，

になると「第三級」です。

「**方法2** 級数による分類」は，次のように覚えると楽に分類できます。

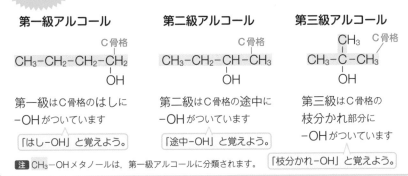

**こう覚えよう！**

### 第一級アルコール

C骨格

$CH_3-CH_2-CH_2-\underset{OH}{CH_2}$

第一級はC骨格のはしに
-OH がついています

「はし-OH」と覚えよう。

### 第二級アルコール

C骨格

$CH_3-CH_2-\underset{OH}{CH}-CH_3$

第二級はC骨格の途中に
-OH がついています

「途中-OH」と覚えよう。

### 第三級アルコール

$CH_3$
$CH_3-\underset{OH}{\overset{|}{C}}-CH_3$

C骨格

第三級はC骨格の
枝分かれ部分に
-OH がついています

「枝分かれ-OH」と覚えよう。

**注** $CH_3$-OH メタノールは，第一級アルコールに分類されます。

## ●アルコールの性質

### (1) 沸点・融点

アルコールは –OH をもつので，–OH どうしで水素結合をつくっています。水素結合しているアルコールは，分子量が同じくらいの炭化水素や構造異性体の関係にあるエーテルよりも沸点や融点が高くなります。

エーテルは，–C–O–C– の構造をもった化合物です

例

$C_2H_5-O \cdots H-O$
        $|\qquad\qquad|$
        $H\qquad\quad C_2H_5$
            水素結合

エタノール（沸点78℃）

水素結合はファンデルワールス力よりもかなり強いため，エタノールの沸点はジメチルエーテルの沸点よりもかなり高くなります

$CH_3-O \cdots CH_3-O$
        $|\qquad\qquad\quad|$
        $CH_3\qquad\quad CH_3$
            ファンデルワールス力

ジメチルエーテル（沸点 −25℃）

> エタノールとジメチルエーテルは分子式が同じ$C_2H_6O$なので，構造異性体ですね。

### (2) 液性

アルコールの –OH は水溶液中では電離しないので，アルコールの水溶液は中性です。

$R-OH$

水溶液中で$H^+$が出てきません

### (3) 水溶性

アルコールには水を嫌う疎水性部分と水を好む親水性部分があります。

$CH_3-CH_2-CH_2-OH$

疎水性部分　　　親水性部分

–CH_2– が増えていくと，疎水性が大きくなり，水に溶けにくくなります。

## –OH 1個 あたり C 3個 までは 水に よく 溶ける

と覚えましょう。

| | | | |
|---|---|---|---|
| メタノール | $CH_3-OH$ | 水に∞に溶ける | –OH 1個あたりCが3個までは水によく溶けます!! |
| エタノール | $CH_3-CH_2-OH$ | 水に∞に溶ける | |
| プロパノール | $CH_3-CH_2-CH_2-OH$ | 水に∞に溶ける | |
| 1-ブタノール | $CH_3-CH_2-CH_2-CH_2-OH$ | 水に溶けにくい | |

---

**ポイント　アルコールの性質**

（1）分子間で水素結合しているので沸点が高い。　　（2）水溶液は中性。

（3）–OH 1個あたり C 3個までは水によく溶ける。

# Step 2 エーテルの特徴を覚えよう。

### ●エーテル

 $-\overset{|}{\underset{|}{C}}-O-\overset{|}{\underset{|}{C}}-$（$R^1-O-R^2$ と書きます。$R^1$ と $R^2$ は炭化水素基です）の構造をも

っているものを**エーテル**といいます。

エーテルは，$-OH$ を1個もつ**1価アルコールと構造異性体**（⇒「官能基の種類

が異なるパターン」（p.180）ですね！）の関係にあります。

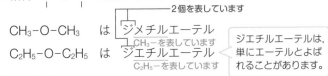

エーテル結合

CH₃-□O□-CH₃
ジメチルエーテル

ヒドロキシ基

CH₃-CH₂-□OH□
エタノール

分子式はともに $C_2H_6O$ です。官能基にエーテル
結合かヒドロキシ基かの違いがあります

### (1) エーテルの名前

ジは2個，メチルはメチル基 $CH_3-$，エチルはエチル基 $C_2H_5-$，エーテルはエ

ーテル結合 $-\overset{|}{\underset{|}{C}}-O-\overset{|}{\underset{|}{C}}-$ を表しているので，

2個を表しています

$CH_3-O-CH_3$ は ジメチルエーテル
$CH_3-$ を表しています

$C_2H_5-O-C_2H_5$ は ジエチルエーテル
$C_2H_5-$ を表しています

ジエチルエーテルは，
単にエーテルとよば
れることがあります。

と名前をつけます。

### (2) エーテルの性質

エーテルは，

① 沸点が低い　　② 水に溶けにくい

という性質があります。また，

**ジエチルエーテル $C_2H_5-O-C_2H_5$ は，**

(1)水より軽い揮発性の液体 (2)引火しやすい (3)麻酔性がある

ことを覚えましょう。

| Step | 3 | アルコールの反応を覚えよう。 |

## ●アルコールの反応

### （1）ナトリウムNaとの反応

アルコール R–OH に Na を加えると，H₂が発生します。この反応は，

> 暗記しよう！ **R-OH の H と Na を置き換える**

と覚えましょう。

❶ R–OH の H と Na を置き換えて，右辺に R–ONa と H を書きます。

置き換えます！

$$R-O\underset{}{(H)} + (Na) \longrightarrow R-ONa + H$$

❷ Hを$H_2$に直します。

$$R-OH + Na \longrightarrow R-ONa + H_2$$

❸ Hの数をそろえます。

$$R-OH + Na \longrightarrow R-ONa + \frac{1}{2}H_2$$

$\frac{1}{2}$にしてHの数をそろえます

❹ 全体を2倍して，係数を整数にします。

$$2R-OH + 2Na \longrightarrow 2R-ONa + H_2$$

メタノール$CH_3OH$やエタノール$C_2H_5OH$にNaを加えると，次のように反応し，$H_2$を発生します。

$$2CH_3OH + 2Na \longrightarrow 2CH_3ONa + H_2$$
メタノール　　　　　　　ナトリウムメトキシド

$$2C_2H_5OH + 2Na \longrightarrow 2C_2H_5ONa + H_2$$
エタノール　　　　　　　ナトリウムエトキシド

R–ONaがナトリウムアルコキシドなので，$CH_3ONa$はナトリウムメトキシド，$C_2H_5ONa$はナトリウムエトキシドと名前をつけます。まとめて覚えましょう。

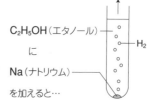

$H_2$を発生します

$C_2H_5OH$（エタノール）— ー $H_2$

に

Na（ナトリウム）

を加えると…

ところが，ジエチルエーテル $C_2H_5-O-C_2H_5$ のようなエーテルにNaを加えても，$H_2$ は発生しません。

$$C_2H_5-O-C_2H_5 + Na \xrightarrow{\times} 反応しない$$
ジエチルエーテル

ナトリウムNaとの反応は，アルコールとエーテルを区別するときによく利用されます。

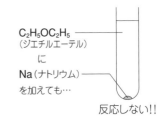

$C_2H_5OC_2H_5$
（ジエチルエーテル）
に
Na（ナトリウム）
を加えても…

反応しない!!

> **ポイント** アルコールとエーテルの区別のしかた
>
> | NaでH₂が発生した　　　　⇒　その化合物には −OH があるかも？
> | NaでH₂は発生しなかった　⇒　その化合物はエーテル $R^1-O-R^2$ かな？
> と考えられるようにしましょう。

## (2) 酸化反応

アルコールをニクロム酸カリウム $K_2Cr_2O_7$ などの酸化剤で酸化すると，アルコールの級数により，酸化のようすが変わります。アルコールの酸化は，

① −OH と（−OHのついている）C から，H 2個がとれる
② C の数や C 骨格は変わらない

この2点に気をつけながら覚えましょう。

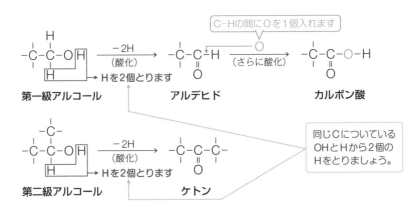

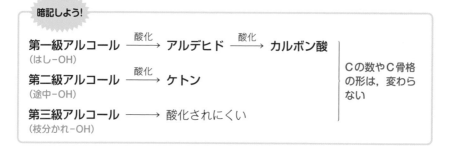

$$-\overset{\displaystyle |}{\underset{\displaystyle |}{C}}-$$

$$-\overset{\displaystyle |}{C}-\overset{\displaystyle |}{\underset{\displaystyle |}{C}}-OH \longrightarrow 酸化されにくい$$

とることのできるH2個
がありません!!

**第三級アルコール**

慣れてきたら，アルコールの酸化は次のようにとらえましょう。

**暗記しよう!**

| **第一級アルコール** $\xrightarrow{\text{酸化}}$ **アルデヒド** $\xrightarrow{\text{酸化}}$ **カルボン酸** | |
|---|---|
| (はし-OH) | Cの数やC骨格 |
| **第二級アルコール** $\xrightarrow{\text{酸化}}$ **ケトン** | の形は，変わら |
| (途中-OH) | ない |
| **第三級アルコール** $\longrightarrow$ 酸化されにくい | |
| (枝分かれ-OH) | |

入試問題を解くときには，次のように考えます。

〈問〉　例えば，$CH_3-CH_2-CH_2-\underset{\displaystyle OH}{CH_2}$ を $K_2Cr_2O_7$ で酸化するとき。

1-ブタノール

「はし-OH」なので「第一級アルコール」と判定し，

「C骨格の形 $\underset{\text{まっすぐ}}{C-C-C-C}$ は変わらない」ことと「アルデヒド $\underset{\text{ホルミル基}}{-C\overset{\displaystyle O}{\underset{\displaystyle H}{\diagup\!\!\!\diagdown}}}$」になるこ

とから，C骨格 $C-C-C-C$ と $-\overset{\displaystyle |}{\underset{\displaystyle ||}{C}}-H$ とを組み合わせて書き，

$\llcorner$ Cの数を増やさないように注意しましょう

「$C-C-C-\overset{\displaystyle |}{\underset{\displaystyle ||}{C}}-H$ が生じる」と答えます。

また，このアルデヒドをさらに酸化するときには，

$\overline{\phantom{xxx}}$ ここにOを入れるだけです

「アルデヒド $-\overset{\displaystyle |}{\underset{\displaystyle ||}{C}}-H$ をカルボン酸「$-\overset{\displaystyle |}{\underset{\displaystyle ||}{C}}-OH$ に直して答えます。

ホルミル基　　　　　　　　　　カルボキシ基

Cの数は
変化しません

$$C-C-C-\overset{O}{\underset{||}{C}}-H \xrightarrow{\text{酸化}} C-C-C-\overset{O}{\underset{||}{C}}-OH$$

まとめると，次のようになります。

〈答〉 C-C-C-C  $\xrightarrow{\text{酸化}}$  C-C-C-C-H  $\xrightarrow{\text{酸化}}$  C-C-C-C-OH
　　　　｜　　　　　　　　　　　　‖　　　　　　　　　　　　　‖
　　　　OH　　　　　　　　　　　O　　　　　　　　　　　　　O
　　第一級アルコール　　　　　　アルデヒド　　　　　　　カルボン酸

（Hは一部省略）

〈問〉 CH₃-CH₂-CH-CH₃ をK₂Cr₂O₇で酸化するとき。
　　　　　　　　｜
　　　　　　　　OH
　　　　　　2-ブタノール

「途中 -OH」なので，「第二級アルコール」と判定し，C骨格の形を変えない
ように C-OH の部分を ケトン 〉C=O にしましょう。
　　　　　　　　　　　　　　　カルボニル基

〈答〉 C-C-C-C  $\xrightarrow{\text{酸化}}$  C-C-C-C
　　　　｜　　　　　　　　　　　　‖
　　　　OH　　　　　　　　　　　O
　　第二級アルコール　　　　　　ケトン　　（Hは一部省略）

---

**ポイント** **アルコールの酸化反応**

● **第一級アルコールのとき**，
　↳ はし -OH

例 CH₃-CH₂  $\xrightarrow{\text{酸化}}$  CH₃-C-H  $\xrightarrow{\text{酸化}}$  CH₃-C-OH
　　　　｜　　　　　　　　　　‖　　　　　　　　　　‖
　　　　OH　　　　　　　　　O　　　　　　　　　　O
　　エタノール　　　　アセトアルデヒド　　　　　　酢酸

● **第二級アルコールのとき**，
　↳ 途中 -OH

―名前を覚えましょう！

例 CH₃-CH-CH₃  $\xrightarrow{\text{酸化}}$  CH₃-C-CH₃
　　　　｜　　　　　　　　　　　　‖
　　　　OH　　　　　　　　　　　O
　　2-プロパノール　　　　　　アセトン

● **第三級アルコールのとき**，
　↳ 枝分かれ -OH

　　　　　　　CH₃
　　　　　　　｜
例 CH₃-C-CH₃  ⟶ 酸化されにくい
　　　　　　　｜
　　　　　　　OH

（Cの数やC骨格の
形（■■部分）は
変わりません。）

## (3) 脱水反応

　アルコールを濃硫酸$H_2SO_4$とともに加熱すると，反応温度によって，水$H_2O$のとれ方が変わります。つまり，

のように$H_2O$がとれます。この反応は，**$H_2O$がとれる**ので**脱水反応**といいます。

　例えば，エタノール$C_2H_5OH$を濃硫酸とともに加熱すると，

130〜140℃のやや低い温度では，

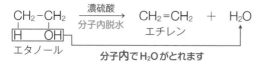

160〜170℃の高い温度では，

$$CH_2-CH_2 \xrightarrow[\text{分子内脱水}]{\text{濃硫酸}} CH_2=CH_2 + H_2O$$

となります。

---

**ポイント**　アルコールの脱水

　アルコールの脱水は，
　　低い温度で分子間，高い温度で分子内

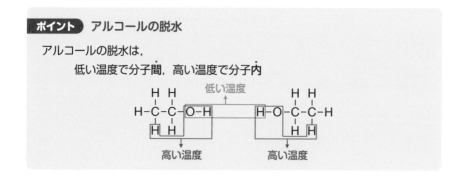

　次の練習問題でアルコールの復習をしましょう。

**練習問題**

以下の図は，エタノールとその関連化合物の反応を表している。有機化合物A～Dに適切な名称と構造式をそれぞれ記せ。また，（ ア ），（ イ ）に適切な反応名を記せ。

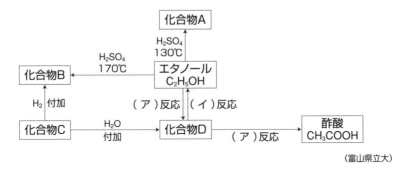

（富山県立大）

**解き方**

エタノール $CH_3-CH_2$ は「はし-OH」なので「第一級アルコール」です。
　　　　　　　　|
　　　　　　　$OH$

第一級アルコールは酸化反応によりアルデヒド，アルデヒドは酸化反応によりカルボン酸になりました。

$$CH_3-CH_2 \underset{還元}{\overset{酸化}{\rightleftharpoons}} CH_3-C-H \overset{酸化}{\longrightarrow} CH_3-C-OH$$

エタノール　　　　　アセトアルデヒド　　　　　酢酸
（第一級アルコール）　　（アルデヒド）　　　　（カルボン酸）

酸化反応の逆反応は，還元反応ですね。

エタノールを濃硫酸とともに130～140℃に加熱すると，分子間で脱水反応が起こりジエチルエーテルが生成します。

$$C_2H_5-O-\boxed{H + H-O}-C_2H_5 \xrightarrow[分子間脱水]{濃硫酸} C_2H_5-O-C_2H_5 + H_2O$$

エタノール　　　エタノール　　　　　　　　　ジエチルエーテル
　　　　　　↓
　　　分子間でH₂Oがとれます

分子間脱水のように，**2つの分子からH₂Oのような簡単な分子がとれて結びつく反応**を縮合反応といいます。

エタノールを濃硫酸とともに160～170℃に加熱すると，分子内で脱水反応が起こりエチレン(エテン)が生成します。

$$\underset{\text{エタノール}}{\underset{\boxed{\text{H OH}}}{\overset{\overset{\displaystyle\text{H H}}{|\ |}}{\underset{|\ |}{\text{H–C–C–H}}}}} \xrightarrow[\text{分子内脱水}]{\text{濃硫酸}} \underset{\boxed{\text{B}}\ \text{エチレン}}{CH_2=CH_2} \ + \ H_2O$$

分子内で $H_2O$ がとれます

分子内脱水のように，**1つの分子から$H_2O$のような簡単な分子がとれて$C=C$などの不飽和結合が生じる反応**を脱離反応といいます。

アセチレン(エチン)に水素$H_2$を付加させるとエチレン(エテン)が生成します。

$$\underset{\underset{\boxed{\text{C}}\ \text{アセチレン}}{\text{切れる}}}{\text{H–C}\!\equiv\!\text{C–H}} \ + \ \underset{\underset{\text{水素}}{\text{切れる}}}{\boxed{\text{H–H}}} \xrightarrow{\text{付加します}} \underset{\boxed{\text{B}}\ \text{エチレン}}{\overset{\displaystyle\text{H–C=C–H}}{\underset{\text{H H}}{|\ \ \ |}}}$$

アセチレンに水$H_2O$を付加させると，アセトアルデヒドが生成しました。

$$\underset{\underset{\boxed{\text{C}}\ \text{アセチレン}}{\text{切れる}}}{\text{H–C}\!\equiv\!\text{C–H}} \xrightarrow[\underset{\text{付加}}{\text{触媒}(Hg^{2+})}]{\overset{\text{切れる O}}{\text{H} \diagdown\!\diagup \text{H}}} \left[ \underset{\underset{\text{(不安定)}}{\text{ビニルアルコール}}}{\overset{\displaystyle\underset{\text{H}}{\overset{\text{H}}{\diagup}}\underset{\text{切れる}}{\overset{\text{H}}{\diagdown}}}{\text{C}\!\equiv\!\text{C}}} \right] \xrightarrow{\text{変化}} \underset{\boxed{\text{D}}\ \text{アセトアルデヒド}}{\overset{\displaystyle\text{H}}{\underset{\boxed{\text{O}}}{\text{H–C–C–H}}}}$$

**答え**　A：ジエチルエーテル　$C_2H_5{-}O{-}C_2H_5$

　　　　B：エチレン(エテン)　$CH_2=CH_2$

　　　　C：アセチレン(エチン)　$CH\equiv CH$

　　　　D：アセトアルデヒド　$\underset{\overset{\|}{O}}{CH_3{-}C{-}H}$

　　　　ア：酸化　　イ：還元

**Step 4 アルデヒドとケトンの名称や反応をおさえよう！**

## ●アルデヒドとケトンの名前や性質

$-\underset{\text{O}}{\overset{\|}{\text{C}}}-$ を**カルボニル基**といいます。カルボニル基にHが1個ついた $-\underset{\text{O}}{\overset{\|}{\text{C}}}-\text{H}$ を

**ホルミル（アルデヒド）基**，この**ホルミル基をもつ化合物をアルデヒド**といいます。

アルデヒドは，次の2つを覚えましょう。

暗記しよう！

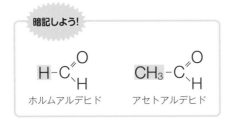

ホルムアルデヒドの水溶液をホルマリンといいます。

また，  の構造をもった化合物を**ケトン**，

―Hではなく，Cが結合しています

ケトンのもつ**カルボニル基** $-\underset{\overset{\|}{\text{O}}}{\text{C}}-\underset{}{\text{C}}-$ は**ケトン基**ともいいます。ケトンは，

暗記しよう！

$$\text{CH}_3-\underset{\overset{\|}{\text{O}}}{\text{C}}-\text{CH}_3$$
アセトン

を覚えましょう。ホルムアルデヒド，アセトアルデヒド，アセトンは，どれも**水によく溶けます**。

---

**ポイント 覚えてほしいアルデヒドとケトン**

---

## ●アルデヒドとケトンの製法

アルデヒドは「はし−OH（第一級アルコール）」，ケトンは「途中−OH（第二級アルコール）」を酸化するとつくることができました。

第一級アルコール　 $\xrightarrow{\text{酸化}}$ 　アルデヒド
「はし−OH」

第二級アルコール　 $\xrightarrow{\text{酸化}}$ 　ケトン
「途中−OH」

### （1）ホルムアルデヒドの生成（メタノールの酸化）

次のように，メタノールを酸化銅（Ⅱ）CuOで酸化してホルムアルデヒドをつくることができます。
第一級アルコール

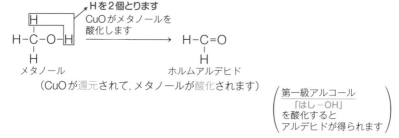

（CuOが還元されて，メタノールが酸化されます）

第一級アルコール
「はし−OH」
を酸化すると
アルデヒドが得られます

**−実験のようす−**

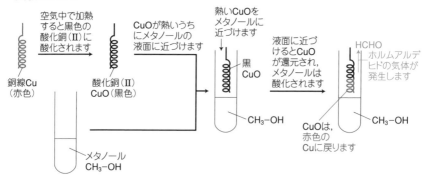

## (2) アセトアルデヒドの生成（エタノールの酸化・エチレンの酸化）

　次のような装置で，エタノールをニクロム酸カリウム$K_2Cr_2O_7$の硫酸酸性水溶液で酸化してアセトアルデヒドをつくります。

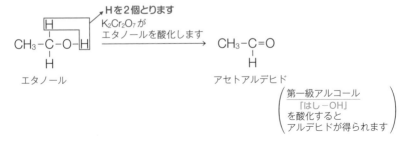

Hを2個とります
$K_2Cr_2O_7$が
エタノールを酸化します

エタノール　　　　　　　　　　　　　　　　　アセトアルデヒド

（第一級アルコール
「はし－OH」
を酸化すると
アルデヒドが得られます）

### - 実験のようす -

エタノール$C_2H_5OH$
ニクロム酸カリウム$K_2Cr_2O_7$
希硫酸$H_2SO_4$

沸騰石　　　温水

ガラス管

試験管

氷水

アセトアルデヒド$CH_3CHO$の
水溶液が得られます

（アセトアルデヒドは，沸点が
低いので気体となって発生
し，蒸留水に溶けます）

はじめに蒸留水を入れておきます。水に溶けやすい
アセトアルデヒドを水溶液にして集めます

　工業的には，塩化パラジウム（Ⅱ）$PdCl_2$と塩化銅（Ⅱ）$CuCl_2$を触媒とし，エチレンを酸素$O_2$で酸化してアセトアルデヒドをつくります。

$$CH_2{=}CH_2 \xrightarrow[\text{触媒}(PdCl_2, CuCl_2)]{O_2} CH_3{-}\underset{\underset{O}{\|}}{C}{-}H$$

エチレン　　　　　　　　　　　　　　　　　　アセトアルデヒド

この酸化は覚えにくいので，「触媒$PdCl_2$を見つけたらC－H間にOを入れる」と覚えましょう。

エチレン　　　　　　　　ビニルアルコール　　　　　　　　　アセトアルデヒド

入れる
C－Hの間に
Oを入れる

変化

$\overset{}{\underset{}{C}}{=}\overset{}{\underset{}{C}}\overset{}{\underset{OH}{}}$ の形は

不安定な形なので変化する
（p.213で学習しました）

### （3）アセトンの生成（2-プロパノールの酸化・酢酸カルシウムの乾留）

2-プロパノールをニクロム酸カリウム$K_2Cr_2O_7$の硫酸酸性水溶液で酸化して
<u>第二級アルコール</u>
アセトンをつくります。

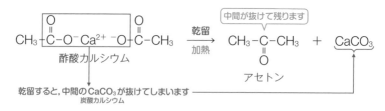

$$CH_3-\underset{\underset{\text{2-プロパノール}}{|}}{\overset{|}{\underset{OH}{CH}}}-CH_3 \xrightarrow[\text{→Hを2個とります}]{\substack{K_2Cr_2O_7\text{が}\\ \text{2-プロパノールを酸化します}}} CH_3-\underset{\underset{\text{アセトン}}{O}}{\overset{\|}{C}}-CH_3$$

（第二級アルコール
　途中 −OH
　を酸化すると
ケトンが得られます）

または，酢酸カルシウム$(CH_3COO)_2Ca$を<u>空気を遮断して熱分解</u>してアセトンを
<u>乾留といいます</u>
つくります。

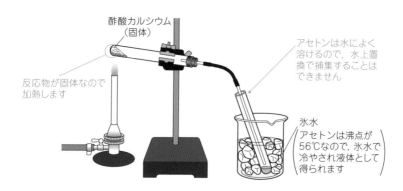

中間が抜けて残ります

$$CH_3-\overset{\overset{O}{\|}}{C}-O^-Ca^{2+}-O-\overset{\overset{O}{\|}}{C}-CH_3 \xrightarrow[\text{加熱}]{\text{乾留}} CH_3-\underset{O}{\overset{\|}{C}}-CH_3 + CaCO_3$$

酢酸カルシウム

アセトン

乾留すると，中間の$CaCO_3$が抜けてしまいます
炭酸カルシウム

#### -実験のようす-

酢酸カルシウム
（固体）

反応物が固体なので
加熱します

アセトンは水によく
溶けるので，水上置
換で捕集することは
できません

氷水
アセトンは沸点が
56℃なので，氷水で
冷やされ液体として
得られます

---

**ポイント　アルデヒドとケトンの製法**

| $CH_3OH$ | $C_2H_5OH$ | $CH_2=CH_2$ | $CH_3CH(OH)CH_3$ | $(CH_3COO)_2Ca$ |
|---|---|---|---|---|
| メタノール | エタノール | エチレン | 2-プロパノール | 酢酸カルシウム |
| 酸化↓↑還元 | 酸化↓↑還元 | $O_2$↓酸化 | 酸化↓↑還元 | ↓乾留 |
| $HCHO$ | $CH_3CHO$ | $CH_3CHO$ | $CH_3COCH_3$ | $CH_3COCH_3$ |
| ホルムアルデヒド | アセトアルデヒド | アセトアルデヒド | アセトン | アセトン |

## ●アルデヒドの検出

アルデヒドは酸化されやすく，$Cu^{2+}$や$Ag^+$などの酸化剤を使って酸化することができます。このとき，$Cu^{2+}$や$Ag^+$はアルデヒドに還元されて，

$$\underset{+2}{Cu^{2+}} \xrightarrow{\text{還元}} \underset{+1}{Cu_2O}$$

$$\underset{+1}{Ag^+} \xrightarrow{\text{還元}} \underset{0}{Ag}$$

酸化数が減少し，$Cu^{2+}$や$Ag^+$は
還元されたことがわかります

に変化します。つまり，アルデヒドにはほかの物質を還元する性質（還元性）があります。アルデヒドの還元性は，次の２つの反応で確認することができます。

### (1) 銀鏡反応

$Ag^+$を含んでいるアンモニア性硝酸銀水溶液に，アルデヒド R－CHO を加えてあたためると，$Ag^+$が還元されて試験管の内側の面に Ag が析出して鏡のようになります。この反応を銀鏡反応といいます。

$Ag^+$は$[Ag(NH_3)_2]^+$として水溶液中に含まれています

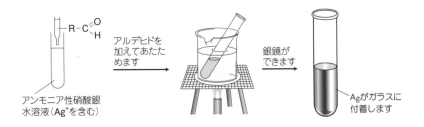

アンモニア性硝酸銀
水溶液（$Ag^+$を含む）

アルデヒドを
加えてあたた
めます

銀鏡が
できます

Agがガラスに
付着します

### (2) フェーリング液の還元

$Cu^{2+}$を含んでいるフェーリング液に，アルデヒド R－CHO を加えて加熱すると，$Cu^{2+}$が還元されて酸化銅（Ⅰ）$Cu_2O$の赤色沈殿が生じます。

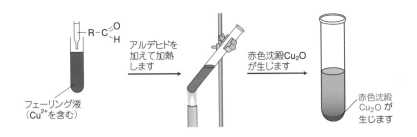

フェーリング液
（$Cu^{2+}$を含む）

アルデヒドを
加えて加熱
します

赤色沈殿$Cu_2O$
が生じます

赤色沈殿
$Cu_2O$ が
生じます

**ポイント** **アルデヒド R−CHO の還元性の確認**

(1) 銀鏡反応

$$\underset{+1}{Ag^+} \xrightarrow[\text{加温}]{R-CHO} \underset{0}{Ag}$$ 銀鏡ができる

(2) フェーリング液の還元

$$\underset{+2}{Cu^{2+}} \xrightarrow[\text{加熱}]{R-CHO} \underset{+1}{Cu_2O}(\text{赤})$$

赤色沈殿ができる

## ●ヨードホルム反応

$CH_3-\underset{\underset{OH}{|}}{CH}-$■ または $CH_3-\underset{\underset{O}{\|}}{C}-$■ の構造をもつアルコール，アルデヒド，ケトンに，ヨウ素 $I_2$ と水酸化ナトリウム NaOH 水溶液を加えて温めると，特有のにおいをもつヨードホルム $CHI_3$ の黄色沈殿が生じます。この反応を**ヨードホルム反応**といいます。

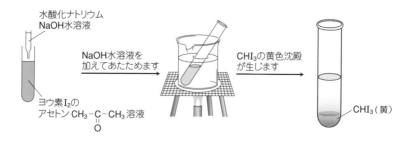

ヨードホルム反応を示すには，

**$CH_3-\underset{\underset{OH}{|}}{CH}-$■** または **$CH_3-\underset{\underset{O}{\|}}{C}-$■** の構造の −■ 部分に

H原子かC原子が直接結合

している必要があります。つまり，

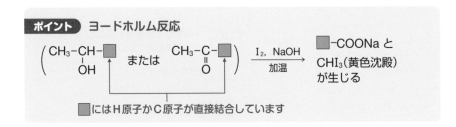

$$CH_3-\underset{\underset{OH}{|}}{CH}-H \qquad \overset{1}{CH_3}-\underset{\underset{OH}{|}}{\overset{2}{CH}}-\overset{3}{CH_3} \qquad CH_3-\underset{\underset{O}{\|}}{C}-H \qquad CH_3-\underset{\underset{O}{\|}}{C}-CH_3$$

エタノール 　 2-プロパノール 　 アセトアルデヒド 　 アセトン

は，いずれもヨードホルム反応を示します。ただし，$CH_3-\underset{\underset{O}{\|}}{C}-OH$ はヨードホルム反応は示しません。

酢酸

HやCが直接結合していません

**ポイント** ヨードホルム反応

$$\left( CH_3-\underset{\underset{OH}{|}}{CH}-\blacksquare \quad \text{または} \quad CH_3-\underset{\underset{O}{\|}}{C}-\blacksquare \right) \xrightarrow[\text{加温}]{I_2,\ NaOH} \quad \blacksquare-COONa と CHI_3(黄色沈殿)が生じる$$

■にはH原子かC原子が直接結合しています

次の練習問題でアルデヒドとケトンの復習です。

**練習問題**

化学式$CH_3X$で表される化合物の名称と性質をまとめた。ここで，Xは右表に示す原子団を表す。

(1) A〜Cにあてはまる化合物の名称を記せ。

| 化合物 $CH_3X$ | | |
|---|---|---|
| 原子団Xの化学式 | 名称 | 性質 |
| -OH | メタノール | ア |
| -CHO | A | イ |
| -COCH₃ | B | ウ |
| -COOH | C | エ |

(2) ア〜エにあてはまる性質を，次の①〜⑤から選び，番号で記せ。

① 水溶液が酸性を示す。

② 水溶液が塩基性を示す。

③ 中性の液体で，単体のナトリウムと反応して水素を発生する。

④ ヨードホルム反応と銀鏡反応を示す。

⑤ ヨードホルム反応を示すが，銀鏡反応を示さない。

**解き方**

CH₃Xの名称と性質は次のようになります。

$-X$ が $-OH$ のときは，$CH_3-OH$
　　　　　　　　　　　　　　　メタノール

メタノールは，アルコールなので中性で，Naと反応して$H_2$を発生します。

$$2CH_3OH + 2Na \longrightarrow 2CH_3ONa + H_2$$

$-X$ が $-CHO$ のときは，$CH_3-\overset{|}{\underset{\parallel O}{C}}-H$ です。

Ⓐ アセトアルデヒド

→ ホルミル基があるので，
　銀鏡反応を示します

アセトアルデヒドは，ヨードホルム反応を
示す構造をもっています

Hが直接結合しています

$-X$ が $-C-CH_3$ のときは，$CH_3-\overset{|}{\underset{\parallel O}{C}}-CH_3$ です。
　　　　$\parallel$
　　　　O

Ⓑ アセトン

ホルミル基はないので，
銀鏡反応は示しません

アセトンはヨードホルム反応を
示す構造をもっています

Cが直接結合しています

$-X$ が $-C-OH$ のときは，$CH_3-C-OH$ です。
　　　　$\parallel$　　　　　　　　　　　$\parallel$
　　　　O　　　　　　　　　　　　　O　└ HやCが直接結合していません

Ⓒ 酢酸

酢酸は弱酸性を示します。ヨードホルム反応は示しません。

**答え**　(1) A：アセトアルデヒド　　B：アセトン　　C：酢酸

　　　　(2) ア：③　　イ：④　　ウ：⑤　　エ：①

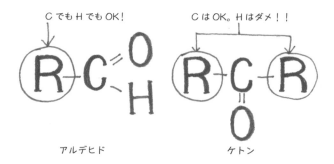

C でも H でも OK!　　　　　　C は OK。H はダメ！！

アルデヒド　　　　　　　　　　ケトン

有機化学編

# 第5講 酸素を含む有機化合物②
## (カルボン酸・エステル)

Step 1 有名なカルボン酸を覚えよう。

2 カルボン酸の性質をおさえよう!

3 エステルの名前をつけてみよう!

4 エステルの加水分解を覚えよう!

## Step 1 有名なカルボン酸を覚えよう。

### ●カルボン酸の分類と名前

カルボキシ基 $-\overset{\overset{\displaystyle O}{\|}}{C}-OH$ をもつ化合物をカルボン酸といいます。カルボン酸は，

R-COOH の構造をもち，-COOH の数で分類

します。「1」を「モノ」，「2」を「ジ」というので，

　　-COOH が「1個」のカルボン酸を，**モノカルボン酸**（1価カルボン酸）

　　-COOH が「2個」のカルボン酸を，**ジカルボン酸**（2価カルボン酸）

とよびます。次に紹介するカルボン酸の名前や構造式は暗記しましょう。

### (1) モノカルボン酸（1価カルボン酸）

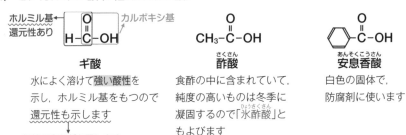

**ギ酸**
水によく溶けて強い酸性を
示し，ホルミル基をもつので
還元性も示します
→ 銀鏡反応などを示します

**酢酸**（さくさん）
食酢の中に含まれていて，
純度の高いものは冬季に
凝固するので「氷酢酸」（ひょうさくさん）と
もよびます

**安息香酸**（あんそくこうさん）
白色の固体で，
防腐剤に使います

### (2) ジカルボン酸（2価カルボン酸）

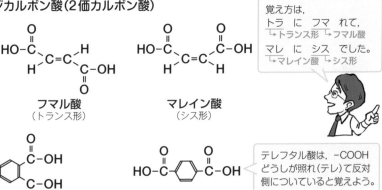

**フマル酸**
（トランス形）

**マレイン酸**
（シス形）

**フタル酸**

**テレフタル酸**

覚え方は，
トラ に フマ れて，
→トランス形 →フマル酸
マレ に シス でした。
→マレイン酸 →シス形

テレフタル酸は，-COOH
どうしが照れ（テレ）て反対
側についていると覚えよう。

安息香酸，フタル酸，テレフタル酸のように，**ベンゼン環** 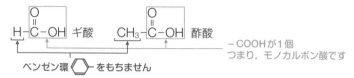 に **−COOH**

が**直接**ついている($\langle\!\!\!\bigcirc\!\!\!\rangle$−CH$_2$−COOH はダメですよ)ものを**芳香族カルボン酸**と

よびます。

「あいだ」にCがある

これに対して，ギ酸や酢酸のように

H−C−OH ギ酸　　CH$_3$−C−OH 酢酸

−COOHが1個
つまり，モノカルボン酸です

ベンゼン環 $\langle\!\!\!\bigcirc\!\!\!\rangle$ をもちません

**鎖状のモノカルボン酸**を**脂肪酸**とよびます。

ベンゼン環などの環をもたない

**脂肪酸の中で −COOH 以外が C−C 結合や C−H 結合だけのもの**を**飽和脂肪酸**

とよびます。

単結合のみ

〈飽和脂肪酸の例〉

−COOH
は1個

C−C 結合，C−H 結合のみ

また，**−COOH 以外に C=C 結合を含むもの**を**不飽和脂肪酸**とよびます。

不飽和結合

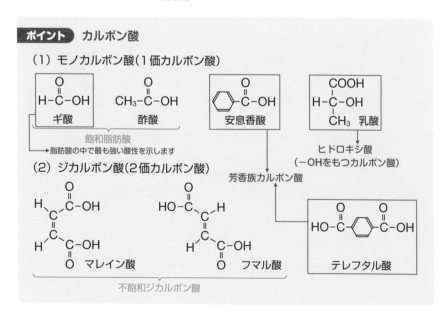

---

**ポイント　カルボン酸**

（1）モノカルボン酸（1価カルボン酸）

H−C−OH ギ酸　　CH$_3$−C−OH 酢酸　　$\langle\!\!\!\bigcirc\!\!\!\rangle$−C−OH 安息香酸

COOH
H−C−OH
CH$_3$ 乳酸

飽和脂肪酸
脂肪酸の中で最も強い酸性を示します

ヒドロキシ酸
（−OHをもつカルボン酸）

芳香族カルボン酸

（2）ジカルボン酸（2価カルボン酸）

H−C−C−OH
C
C
H−C−C−OH
O マレイン酸

HO−C−C−H
C
C
H−C−C−OH
O フマル酸

HO−C−$\langle\!\!\!\bigcirc\!\!\!\rangle$−C−OH
テレフタル酸

不飽和ジカルボン酸

## Step ② カルボン酸の性質をおさえよう！

### ●カルボン酸の性質

カルボン酸の性質を２つおさえましょう。

> ❶ カルボン酸は分子間で水素結合をつくるため，沸点が高い。
>
> ❷ カルボン酸の酸性は，塩酸 HCl や希硫酸 $H_2SO_4$ より弱いが，炭酸（$CO_2$ の水溶液）よりは強い。

次に，❶と❷について，くわしく見ていきましょう。

❶ カルボン酸は，次のように分子で水素結合をつくるため，沸点が高くなります。

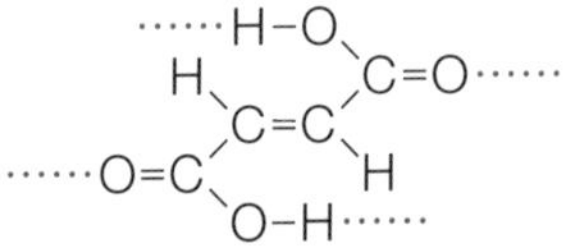

... は水素結合

フマル酸の分子間の水素結合のようす

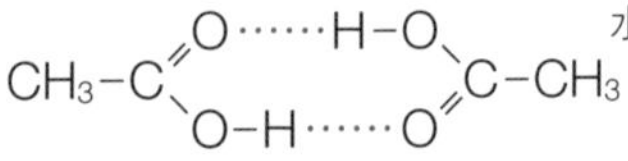

酢酸が分子間の水素結合で二量体をつくっているようす

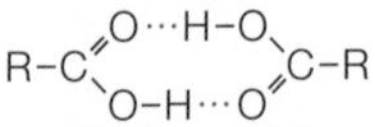

R-C（=O, O-H）…H-O, …O=）C-R を二量体といい，分子量が２倍の化合物のようになっています。そのため，分子量が同じくらいのアルコールなどに比べると，カルボン酸は高い沸点を示します。

❷ カルボン酸は水に溶けると，次のように電離して弱い酸性を示します。

$$R\text{-}COOH \rightleftarrows R\text{-}COO^- + H^+ \quad （電離）$$
弱い酸性

そのため，カルボン酸は水酸化ナトリウム NaOH などの塩基と中和反応により塩をつくります。

$$R\text{-}COOH + NaOH \longrightarrow R\text{-}COONa + H_2O \quad （中和）$$
$H^+$ と $OH^-$ が反応して，$H_2O$ になります

ここで,「強い酸が自分より弱い酸を追い出す反応(弱酸の追い出し反応)」を次のようにとらえましょう。

　酸の強さの順は,次のようになります。この順序は,暗記しましょう。

**暗記しよう!**

$$HCl \cdot H_2SO_4 > R\text{-}COOH > CO_2+H_2O > \text{\Large\bigcirc}\text{-}OH$$
塩酸　希硫酸　　　カルボン酸　　　$(H_2CO_3)$　　　フェノール
　　　　　　　　　　　　　　　　　　炭酸

　例えば,酸の強さは,$HCl > R\text{-}COOH$　なので,$HCl$ と $R\text{-}COO^-$ は次のように反応します。

$$HCl + R\text{-}COO^- \xrightarrow{\ \ H^+ を与える\ \ } Cl^- + R\text{-}COOH$$

　ところが,$CO_2+H_2O(H_2CO_3)$ と $R\text{-}COO^-$ は,酸の強さが
$R\text{-}COOH > CO_2+H_2O$　なので反応しません。
　　　　　　　　　$(H_2CO_3)$

$$\boxed{CO_2 + H_2O} + R\text{-}COO^- \xrightarrow{\ \ H^+ を与えない\ \ }\!\!\!\times\ \ HCO_3^- + R\text{-}COOH$$

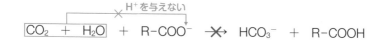

つまり,「弱酸の追い出し反応」は,

$$\underbrace{強い酸}_{\text{H}^+\text{を与える}} + 弱い酸の塩 \ominus\rightarrow 強い酸の塩 + 弱い酸$$

と表せます。

酸の強さは,R-COOH > $CO_2$+$H_2O$ でしたから,<u>カルボン酸 R-COOH</u> <u>は炭酸水素ナトリウム $NaHCO_3$ と反応して,$CO_2$ を発生します。</u>

$$\underbrace{R-COOH}_{\text{H}^+\text{を与える}} + NaHCO_3 \xrightarrow{弱酸の遊離}\ominus R-COONa + H_2O + \underset{(H_2CO_3)}{CO_2}$$

┗自分より弱い酸
　を追い出します

この反応は,$CO_2$ の泡が出るので反応しているよう すがはっきりと見えます。そのため,-COOH の検出 <u>反応</u>として使われます。

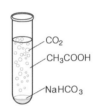

- $CO_2$
- $CH_3COOH$
- $NaHCO_3$

---

**ポイント　カルボン酸の特徴**

① カルボン酸は水素結合をつくるので,沸点が高い。

$$R-C\overset{O\cdots\cdots H-O}{\underset{O-H\cdots\cdots O}{}}C-R \quad 二量体$$

② 酸の強さの順は,

$$\underset{\substack{塩酸\ \ 希硫酸}}{HCl\cdot H_2SO_4} > \underset{カルボン酸}{R-COOH} > \underset{\substack{(H_2CO_3)\\炭酸}}{CO_2+H_2O} > \underset{フェノール}{\text{〈ベンゼン環〉}-OH}$$

であり,自分より弱い酸を追い出す反応が起こる。

$$HCl + R-COONa \ominus\rightarrow R-COOH + NaCl$$
$$R-COOH + NaHCO_3 \ominus\rightarrow R-COONa + CO_2 + H_2O$$
$$\phantom{R-COOH + NaHCO_3} \text{(-COOH の検出反応)}$$
$$CO_2 + H_2O + R-COONa \times\rightarrow 反応しない$$

## ●酸無水物の生成

2個のカルボキシ基 –COOH から $H_2O$ 1分子がとれてできた

$$-\overset{\overset{\displaystyle O}{\|}}{C}-\boxed{O-H} \; + \; \boxed{H-O}-\overset{\overset{\displaystyle O}{\|}}{C}- \; \longrightarrow \; -\overset{\overset{\displaystyle O}{\|}}{C}-O-\overset{\overset{\displaystyle O}{\|}}{C}- \quad$$ の構造をもったものを<ruby>酸無水物<rt>さん む すいぶつ</rt></ruby>

→ $H_2O$ をとります

または**カルボン酸無水物**といいます。

酸無水物は,

（A）**十酸化四リン $P_4O_{10}$** などの脱水剤（⇒$H_2O$ をうばいます）を使って

　　加熱する

（B）2個の –COOH が近いところにある分子を加熱する

のどちらかの条件で生じ,

　（A）の条件では「分子間」から, （B）の条件では「分子内」から
$H_2O$ が1個とれます。

## (1) 「分子間」から $H_2O$ 1個がとれる場合

　酢酸 $CH_3COOH$ を脱水剤 $P_4O_{10}$ と加熱する（条件(A)）と, 「分子間」から$H_2O$
1個がとれて無水酢酸 $(CH_3CO)_2O$ が生じます。

## (2) 「分子内」から $H_2O$ 1個がとれる場合

　2個の –COOH が近くにあるマレイン酸やフタル酸を加熱する（条件(B)）と,
「分子内」から$H_2O$ 1個がとれて酸無水物が生じます。

$-COOH$ どうしは、
はなれている

フマル酸 　酸無水物は生じない

$H_2O$ がとれます

加熱 → 無水フタル酸 ＋ $H_2O$

フタル酸 　$-COOH$
どうしが近い

や $HOOC-\bigcirc-COOH$ は、加熱しても酸無水物は生じない。

テレフタル酸

---

**ポイント　酸無水物の生成**

$$2CH_3COOH \xrightarrow[P_4O_{10}]{加熱} (CH_3CO)_2O + H_2O$$

酢酸　　　　　　　　　　無水酢酸

$$C_4H_4O_4 \xrightarrow{加熱} C_4H_2O_3 + H_2O$$

マレイン酸　　　　　　無水マレイン酸

$$C_8H_6O_4 \xrightarrow{加熱} C_8H_4O_3 + H_2O$$

フタル酸　　　　　　　無水フタル酸

> カルボン酸や酸無水物を、分子式で覚えておくと役立ちます。例えば、$C_8H_4O_3$ は「ハシヅメ見つけた！」と覚えるとか。

---

**練習問題**

次の文章中の空欄　a 　～　f 　に当てはまる適切な語句を記せ。

ギ酸は分子中にカルボキシ基とともに　a 　をもつため還元性を示す。例えば、硫酸酸性の　b 　水溶液の赤紫色を脱色したり、アンモニア性硝酸銀水溶液と反応して　c 　を生じる。

酢酸は食酢中に含まれ、純度の高いものは冬季に凝固するので　d 　とよばれる。酢酸は十酸化四リンで脱水されると無水酢酸になる。このように、2個のカルボキシ基から1分子の水がとれて結合した化合物を一般に　e 　という。分子中に2個のカルボキシ基をもつジカルボン酸の中には分子内で　e 　をつくるものがある。この例として、マレイン酸や　f 　がある。

**解き方**

ギ酸 $H-\underset{\text{ホルミル基}}{\underset{\text{カルボキシ基}}{C}}-O-H$ はホルミル基(アルデヒド基)をもつため還元性を示

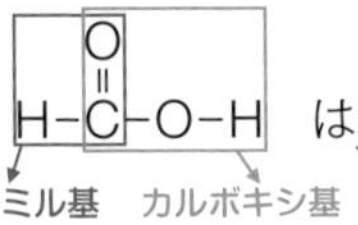

します。例えば，硫酸酸性の過マンガン酸カリウム $KMnO_4$ 水溶液の赤紫色
を脱色します。$MnO_4^-$ が赤紫色で強い酸化剤であることからわかりますね。
また，アンモニア性硝酸銀水溶液にギ酸を加えて温めると銀 $Ag$ が生じ，鏡
のようになります(銀鏡反応)。

酢酸の純度の高いものは冬季に凝固するので氷酢酸とよばれます。

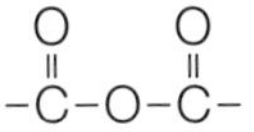

$-\overset{O}{\underset{\|}{C}}-O-\overset{O}{\underset{\|}{C}}-$ の構造をもった化合物を酸無水物（カルボン酸無水物）と

いいます。分子内で酸無水物をつくる化合物の例には，

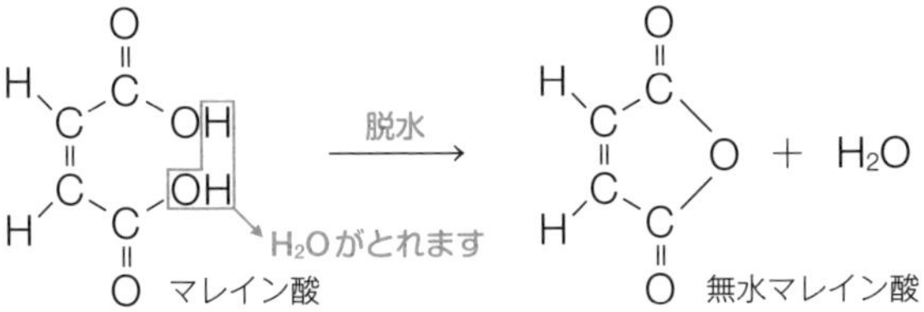

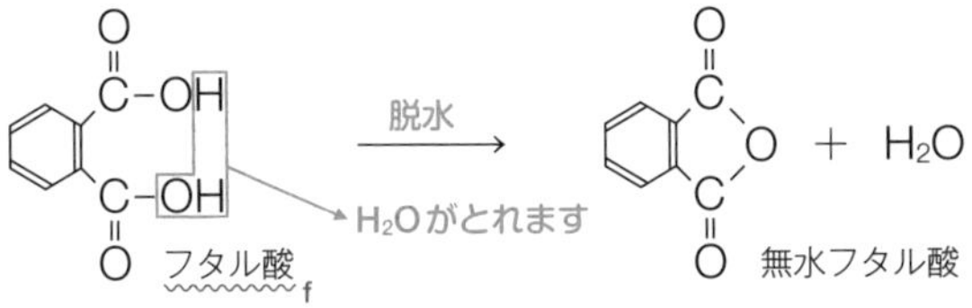

マレイン酸 → 無水マレイン酸 ＋ H₂O
(脱水，H₂Oがとれます)

フタル酸 → 無水フタル酸 ＋ H₂O
(脱水，H₂Oがとれます)

がありました。

**答え**　a：ホルミル基(または，アルデヒド基)
　　　b：過マンガン酸カリウム　　c：銀　　d：氷酢酸
　　　e：酸無水物(または，カルボン酸無水物)　　f：フタル酸

## Step 3 エステルの名前をつけてみよう！

### ●エステルの構造と名前

カルボン酸の $-\overset{O}{\overset{\|}{C}}-O-H$ とアルコールの $-OH$ とから水$H_2O$ がとれた

$$R^1-\overset{O}{\overset{\|}{C}}-\boxed{O-H \quad H}-O-R^2 \longrightarrow R^1-\overset{O}{\overset{\|}{C}}-O-R^2$$

$H_2O$ をとってみましょう

$R^1-\overset{O}{\overset{\|}{C}}-O-R^2$ をエステル，$-\overset{O}{\overset{\|}{C}}-O-$ をエステル結合といいます。

エステルの名前は，次のようにつけます。

エステル $R^1-\overset{O}{\overset{\|}{C}}-O-R^2$ は，まずカルボン酸 $R^1-\overset{O}{\overset{\|}{C}}-O-H$ の名前，次に$R^2$の名前をつけます。例えば，

$CH_3-\overset{O}{\overset{\|}{C}}-O-C_2H_5$ は，$CH_3-\overset{O}{\overset{\|}{C}}-O-H$ 酢酸 と $-C_2H_5$ エチル基 から，「酢酸エチル」とつけます。ですから，

$H-\overset{O}{\overset{\|}{C}}-O-CH_3$ は「ギ酸メチル」
　　　　　　　　↳ HCOOH ↳ $CH_3-$（メチル基）

$\bigcirc-\overset{O}{\overset{\|}{C}}-O-C_2H_5$ は「安息香酸エチル」
　　　　　　　　↳ $\bigcirc-$COOH ↳ $C_2H_5-$（エチル基）

となります。ギ酸メチルの構造を見るとわかるように，エステル $R^1-\overset{O}{\overset{\|}{C}}-O-R^2$ の $R^1-$ 部分が $H-$ になることがあります。

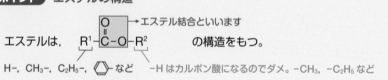

**ポイント　エステルの構造**

エステルは，　$R^1-\boxed{\overset{O}{\overset{\|}{C}}-O}-R^2$　の構造をもつ。
　　　　　　　　　　↳ エステル結合といいます

$H-$，$CH_3-$，$C_2H_5-$，$\bigcirc$ など　　$-H$ はカルボン酸になるのでダメ。$-CH_3$，$-C_2H_5$ など

## ●エステルの合成

エステル $R^1-\overset{\overset{\displaystyle O}{\|}}{C}-O-R^2$ は，カルボン酸 $R^1-\overset{\overset{\displaystyle O}{\|}}{C}-O-H$ とアルコール $R^2-O-H$

から合成することができます。この**エステルの合成反応**を**エステル化**といい，エステル化は次の ┃エステル化 のポイント**1** ┃〜┃エステル化 のポイント**3** ┃をおさえ，マスターしましょう。

┃エステル化 のポイント**1** ┃ カルボン酸 $R^1-\overset{\overset{\displaystyle O}{\|}}{C}-O-H$ とアルコール $R^2-O-H$ の混合物に<u>濃硫</u>
<u>酸 $H_2SO_4$</u> を触媒として加える。

┃エステル化 のポイント**2** ┃ カルボン酸から −OH，アルコールから −H がとれてエステルが生成する。

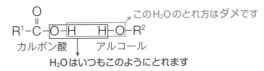

$R^1-\overset{\overset{\displaystyle O}{\|}}{C}-\boxed{O-H \qquad H}-O-R^2$ このH₂Oのとれ方はダメです

カルボン酸　　　　アルコール

**$H_2O$ はいつもこのようにとれます**

┃エステル化 のポイント**3** ┃ 行ったり来たりする反応（可逆反応）になる。

　例えば，酢酸 $CH_3COOH$ とエタノール $C_2H_5OH$ の混合物に触媒として濃硫酸を加え（┃エステル化 のポイント**1**┃），加熱します。すると，カルボン酸である酢酸 $CH_3COOH$ から −OH，アルコールであるエタノール $C_2H_5OH$ から −H がとれ（┃エステル化 のポイント**2**┃），エステル化が起こります。

　　　　　　　　　　　　　H₂Oがとれます　　　　　　O →エステル結合

$CH_3-\overset{\overset{\displaystyle O}{\|}}{C}-\boxed{O-H}$ と $C_2H_5-O-\boxed{H}$ から，$CH_3-\overset{\overset{\displaystyle O}{\|}}{C}-O-C_2H_5$ が

酢酸　　　　　エタノール

生成します。

このエステル 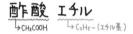 は，

酢酸 エチル
└→CH₃COOH    └→C₂H₅ー(エチル基)

とよび，エステル化の反応式は，次のような可逆反応($\boxed{\text{エステル化 3}\atop\text{のポイント}}$)になります。

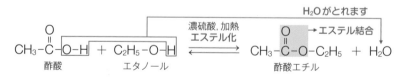

酢酸エチルは，

**チェック しよう!**　（1）果物のような芳香があり，
　　　　　　　（2）水に溶けにくく，水よりも密度が小さい（水に浮く）

ことも覚えましょう。

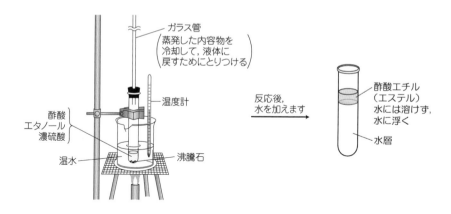

---

**ポイント　エステル化**

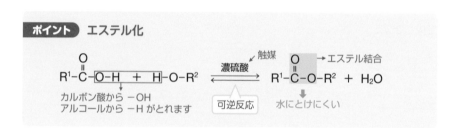

# Step 4 エステルの加水分解を覚えよう！

## ●エステルの加水分解とけん化

エステルに希硫酸$H_2SO_4$を加えて加熱すると，$H^+$が触媒となり，……部分が切れてエステル化の逆反応が起こります。

$$CH_3-\overset{O}{\overset{\|}{C}}\!\vdots\!O-C_2H_5 + H_2O \overset{H^+,\,加熱}{\underset{加水分解}{\rightleftharpoons}} CH_3-\overset{O}{\overset{\|}{C}}-O-H + C_2H_5OH$$

酢酸エチル　　　　　　　　　　　　　　　　酢酸　　　　　エタノール

この**エステル化の逆反応**を加水分解といいます。酸($H^+$)による加水分解は可逆反応($\rightleftharpoons$)になります。

エステルは，水酸化ナトリウム$NaOH$のような強塩基を加えて加熱することでも加水分解することができます。このとき，……部分が切れ，$CH_3COOH$が$NaOH$に中和された酢酸ナトリウム$CH_3COONa$が生成する点に注意しましょう。

$$CH_3-\overset{O}{\overset{\|}{C}}\!\vdots\!O-C_2H_5 + NaOH \overset{加熱}{\underset{\substack{けん化\\加水分解}}{\longrightarrow}} CH_3-\overset{O}{\overset{\|}{C}}-ONa + C_2H_5OH$$

酢酸エチル　　　　　　　　　　　　　　酢酸ナトリウム　　エタノール

**強塩基による加水分解**は，セッケン$R-COONa$をつくるときに使われるので**けん化**ともいいます。けん化は不可逆反応($\longrightarrow$)になります。

---

> **ポイント** エステルの加水分解
>
> （1）強酸を使用
>
> エステル　＋　　水　$\underset{可逆反応}{\overset{H^+}{\rightleftharpoons}}$　カルボン酸　＋　アルコール
>
> （2）強塩基を使用
>
> エステル　＋　強塩基　$\underset{不可逆反応}{\longrightarrow}$　カルボン酸の塩　＋　アルコール

第5講
酸素を含む有機化合物②（カルボン酸・エステル）

## ●加水分解の覚え方のコツ

入試では，エステルの加水分解による生成物がよく問われます。次の**手順**で考えましょう。

**手順1** エステルを書きます。

**手順2** エステル結合 $-\overset{O}{\overset{\|}{C}}-O-$ の下に，

　　　　強酸を使うときは　　$H_2O$

　　　　強塩基を使うときは　$OH^-$

を書きます。

【強酸を使うとき】　　　　　【強塩基を使うとき】

$$R^1-\overset{O}{\overset{\|}{C}}-O-R^2 \qquad\qquad R^1-\overset{O}{\overset{\|}{C}}-O-R^2$$

$H-O-H$ ←─ 下に書きます ──→ $^-O-H$

**手順3** $-\overset{O}{\overset{\|}{C}}{\downarrow}O-$ の矢印(↓)の部分で切断します。

【強酸を使うとき】　　　　　【強塩基を使うとき】

切断します　　　　　　　　　切断します

**手順4** 切れた部分をつなぎ，生成物を決定します。

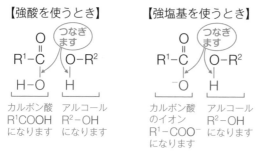

【強酸を使うとき】　　　　　　【強塩基を使うとき】

$R^1-\overset{O}{\overset{\|}{C}}$ 〈つなぎます〉 $O-R^2$　　$R^1-\overset{O}{\overset{\|}{C}}$ 〈つなぎます〉 $O-R^2$

$H-O$　　　$H$　　　　　　　$^-O$　　　$H$

カルボン酸 $R^1COOH$ になります　アルコール $R^2-OH$ になります

カルボン酸のイオン $R^1-COO^-$ になります　アルコール $R^2-OH$ になります

**ポイント** エステルの加水分解は手順をおさえて，答えよう。

**（1）強酸を使うとき**

酢酸エチル

$$CH_3-C(=O)-O-C_2H_5 \quad からは \quad CH_3-C(=O)-OH \quad と \quad C_2H_5-OH \quad が生じる。$$

H-O⁺H

（酢酸）　（エタノール）

**（2）強塩基を使うとき**

酢酸エチル

$$CH_3-C(=O)-O-C_2H_5 \quad からは \quad CH_3-C(=O)-O^- \quad と \quad C_2H_5-OH \quad が生じる。$$

⁻O⁺H

（酢酸のイオン）　（エタノール）

次の練習問題でエステルのまとめをします。

硝酸や硫酸のようにカルボン酸以外の酸も硝酸エステルや硫酸エステル
酸素を含むオキソ酸
をつくることができます。例えば，グリセリンに濃硝酸$HNO_3$と濃硫酸
$H_2SO_4$の混合物（混酸）を反応させると，爆薬や心臓病の薬として使われ
ダイナマイト　血管を拡張する作用があります
るニトログリセリンが生成します。

$$\begin{array}{l} CH_2-O-H \\ CH-O-H \\ CH_2-O-H \end{array} + \begin{array}{l} H-O-NO_2 \\ H-O-NO_2 \\ H-O-NO_2 \end{array} \xrightarrow[濃硫酸]{エステル化} \begin{array}{l} CH_2-O-NO_2 \\ CH-O-NO_2 \\ CH_2-O-NO_2 \end{array} + 3H_2O$$

グリセリン　　　　硝酸　　　　　　　ニトログリセリン
(1, 2, 3-プロパントリオール)　オキソ酸　　　　　　硝酸エステル
アルコール

化合物Aに水酸化ナトリウム水溶液を加えて加熱したのち，希硫酸を加えて酸性にしたところ，2種類の有機化合物が生成した。一方の生成物は銀鏡反応を示し，もう一方の生成物はヨードホルム反応を示した。Aの構造式として最も適当なものを，次の①〜⑥のうちから1つ選べ。

① $H-\overset{O}{\overset{\|}{C}}-O-\overset{CH_3}{\underset{}{CH}}-CH_3$

② $H-\overset{O}{\overset{\|}{C}}-O-CH_2-\overset{CH_3}{\underset{}{CH}}-CH_3$

③ $CH_3-\overset{O}{\overset{\|}{C}}-O-CH_2-CH_2-CH_3$

④ $CH_3-\overset{O}{\overset{\|}{C}}-O-\overset{CH_3}{\underset{}{CH}}-CH_3$

⑤ $CH_3-\overset{OH}{\underset{}{CH}}-\overset{O}{\overset{\|}{C}}-O-CH_2-CH_2-CH_3$

⑥ $CH_3-\overset{OH}{\underset{}{CH}}-\overset{O}{\overset{\|}{C}}-O-CH_2-\overset{CH_3}{\underset{}{CH}}-CH_3$

**解き方**

①〜⑥のエステル $R^1-\overset{O}{\overset{\|}{C}}-O-R^2$ に強塩基NaOHを加えて加熱すると，

$R^1-\overset{O}{\overset{\|}{\underset{\overset{\|}{^-O} \;\; H}{C}}}O-R^2$ ⇒ $R^1-\overset{O}{\overset{\|}{C}}\overset{}{\underset{^-O \;\; H}{}}O-R^2$ より， $\begin{matrix} R^1-COO^- \\ R^2-OH \end{matrix}$ が生成します。

切断する　　　　つなぐ

この生成物($R^1-COO^-$ と $R^2-OH$)に希硫酸$H_2SO_4$を加えて酸性にすると，

$R^1-COOH$ と $R^2-OH$

になります。よって，①と②から生成するカルボン酸は，$\boxed{H-\overset{O}{\overset{\|}{C}}-OH}$ ギ酸です。

ホルミル基があります

ギ酸は，ホルミル基 $-\overset{}{\underset{\overset{\|}{O}}{C}}-H$ をもつので銀鏡反応を示します。

また，生成するアルコールは，①からは $CH_3-\overset{}{\underset{OH}{CH}}-CH_3$，②からは 2-プロパノール

$CH_3-\overset{CH_3}{\underset{OH}{CH}}-CH_2$ になります。このうち，$\boxed{CH_3-\overset{}{\underset{OH}{CH}}-CH_3}$ だけがヨードホル

直接Cがついています

ム反応を示すので，化合物Aは $H-\overset{O}{\overset{\|}{C}}-OH$ ギ酸 と $CH_3-\overset{}{\underset{OH}{CH}}-CH_3$

2-プロパノールからなるエステル①とわかります。

**答え** ①

有機化学編

第6講 芳香族化合物①
（芳香族炭化水素・酸素を含む芳香族化合物）

# Step 1 ベンゼンの性質・特徴を覚えよう！

## ●ベンゼンについて

ベンゼン$C_6H_6$は，次の①〜③の性質をもっています。

① 特有のにおいをもつ，無色の液体

② 水に溶けにくく，水より軽く，有毒である

③ 引火しやすく，Hに対するCの割合が多く，空気中ではすすを出して燃える

また，ベンゼン$C_6H_6$の構造や構造式は，

〈構造〉

●はC，○はHを表す

〈構造式〉

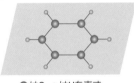

となり，ベンゼンは

> **暗記しよう！**
>
> ❶ すべてのC原子 ● とH原子 ○ が同一平面上にある
>
> ❷ C原子間の結合（●—●）は，C–C 結合と C＝C 結合の中間的な状態であり，その形は正六角形

という特徴があります。ふつうベンゼンの構造式は，

のように表します。

**ポイント**　ベンゼン C₆H₆

ベンゼン C₆H₆ は、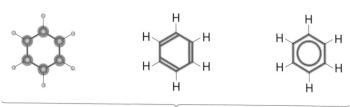 などと書く。

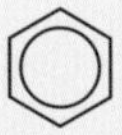

正六角形，無色の液体，C と H がすべて同一平面上にある

ベンゼン C₆H₆ のもつ**正六角形の炭素 C 骨格**（―― の部分）

（ベンゼン環の構造式）

すべてベンゼンを表しています

を**ベンゼン環**といって，<u>とても安定でこわれにくい</u>性質があります。

ベンゼン環をもつ

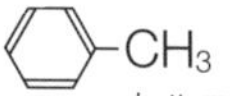

◯-CH₃　トルエン　　◯-OH　フェノール　　◯-NO₂　ニトロベンゼン

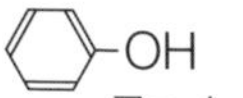

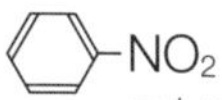

などを**芳香族化合物**，芳香族化合物の中で

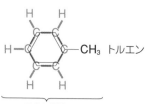 トルエン

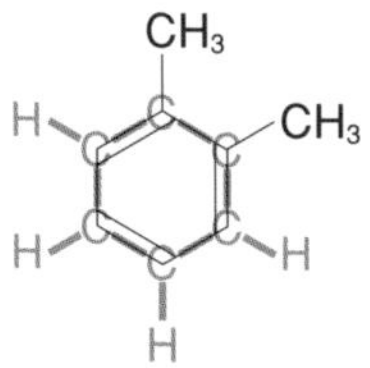

CH₃ / CH₃　*o*-キシレン

C₆H₅CH₃ つまり分子式は **C₇H₈**　　　C₆H₄(CH₃)₂ つまり分子式は **C₈H₁₀**

のように C 原子と H 原子だけからなるものは，**芳香族炭化水素**といいます。

　ベンゼンについては，**暗記しよう!** ❶と❷の特徴に加えて，次の❸と❹の特徴を覚えましょう。

❸ ベンゼン$C_6H_6$のC原子間の距離は，C-C結合よりは短く，C=C結合よりは長くなります。

〈C原子間の結合距離〉

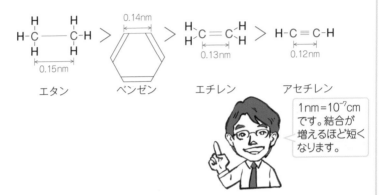

エタン　　ベンゼン　　エチレン　　アセチレン

1nm＝$10^{-7}$cmです。結合が増えるほど短くなります。

❹ ベンゼン$C_6H_6$のもつH-2個を$CH_3$-メチル基に置き換えたもの（⇒二置換体（にちかんたい）といいます）には，次の3種類の構造異性体があります。

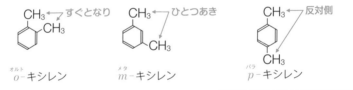

オルト
$o$-キシレン　　メタ
$m$-キシレン　　パラ
$p$-キシレン

**ポイント**　二置換体

ベンゼンのもつ-H2個を-Xにすると，

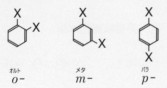

の3種類の構造異性体がある。

オルト
$o$-　　メタ
$m$-　　パラ
$p$-

## Step 2　芳香族化合物のさまざまな反応を覚えよう！

### ●置換反応

　ベンゼンは，アルケンの C=C 結合やアルキンの C≡C 結合より付加反応が起こりにくく，**置換反応** つまり，置き換わる反応が起こりやすいです。

　つまり，ベンゼンの「水素原子 –H」が「–X」に置き換わる反応

が起こります。

　実はベンゼンの置換反応では，陽イオン（⇒$E^+$ とします）が次のようにベンゼンにぶつかり，$H^+$ がはずれるような反応が起こっています。

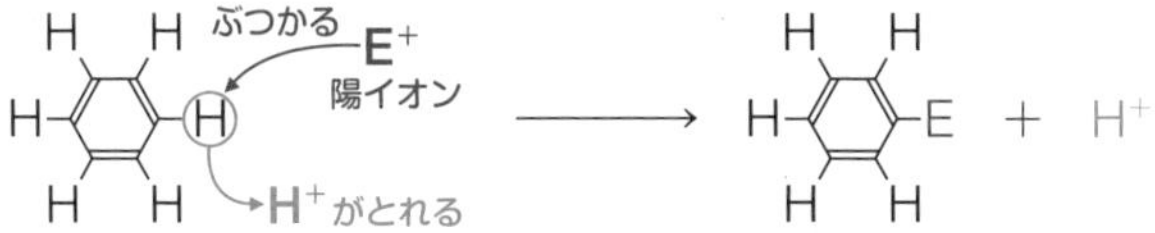

　そのため，置換反応を起こすには $E^+$ が必要で，この $E^+$ をつくるために，

| | | | |
|---|---|---|---|
| 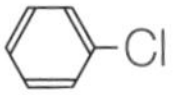 ◯–Cl クロロベンゼン | では， | $Cl^+$ をつくるために， | 鉄粉 Fe や塩化鉄（Ⅲ）$FeCl_3$ を触媒として使う |
| 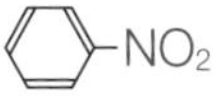 ◯–$NO_2$ ニトロベンゼン | では， | $NO_2^+$ をつくるために， | 濃硫酸 $H_2SO_4$ と濃硝酸 $HNO_3$ の混合物を使う |
|  ◯–$SO_3H$ ベンゼンスルホン酸 | では， | $^+SO_3H$ をつくるために， | 加熱して高温にする |

などの工夫をします。

## (1) ハロゲン化（塩素化）　←Clに置き換わるときを塩素化といいます

　ベンゼンを，鉄Feや塩化鉄（Ⅲ）FeCl₃を触媒にして塩素Cl₂と反応させると**クロロベンゼン**が生成します。

　このように−Hがハロゲンに置き換わる置換反応を**ハロゲン化**，−Clに置き換わるときをとくに**塩素化**といいます。

## (2) ニトロ化

　ベンゼンを，濃硝酸HNO₃と濃硫酸H₂SO₄の混合物（⇒<ruby>混酸<rt>こんさん</rt></ruby>といいます）と**約60℃**で反応させると**ニトロベンゼン**が生成します。このように−Hがニトロ基−NO₂に置き換わる置換反応を**ニトロ化**といいます。

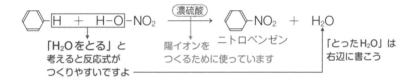

ニトロベンゼンは，
① 無色〜淡黄色の液体　で
② 水に溶けにくく，水より**重い**
ことを覚えましょう。

## (3) スルホン化

　ベンゼンを，濃硫酸H₂SO₄を加えて加熱すると**ベンゼンスルホン酸**が生成します。このように−Hがスルホ基−SO₃Hに置き換わる置換反応を**スルホン化**といいます。ベンゼンスルホン酸は，水によく溶けて強い酸性を示します。

⬡−H　＋　H−O−SO₃H　--加熱→　⬡−SO₃H　＋　H₂O

「H₂Oをとる」と　　　陽イオンを　　　ベンゼンスルホン酸　　「とったH₂O」
考えると反応式が　　　つくるために加熱しています　　　は右辺に書こう
つくりやすいですよ

## ●付加反応

ベンゼンは，置換反応（置き換わる反応）に比べて付加反応（くっつく反応）は起こりにくいのですが，

**「高温・高圧の下，触媒を使う」・「光（紫外線）を当てる」**

などの激しい条件の下では，安定なベンゼン環がこわれ，付加反応（くっつく反応）が起こります。

**付加反応の覚え方**

熱や光などのエネルギーにより結合が切れます
切れる
部分が切れる
−Xがくっつく
$X_2$が付加します

### (1) $H_2$の付加

ベンゼンに，白金Ptやニッケル Ni を触媒にして，高温・高圧の下で水素$H_2$を反応させると付加反応が起こり，**シクロヘキサン**が生成します。

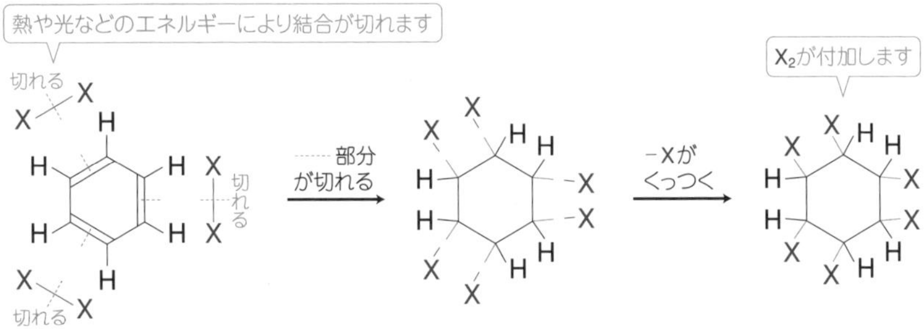

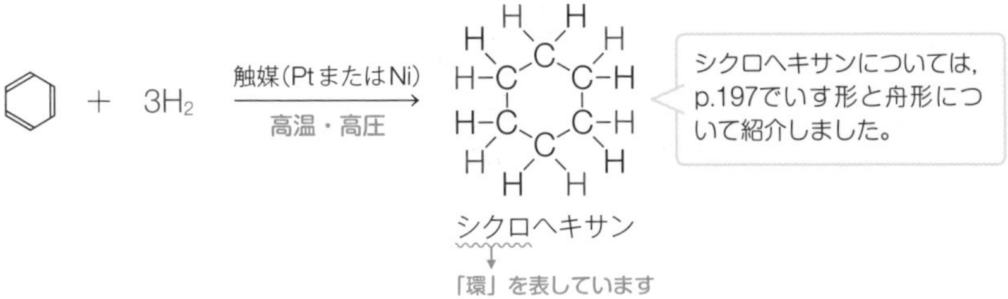

+ $3H_2$
触媒（Pt または Ni）
高温・高圧
シクロヘキサン
「環」を表しています
シクロヘキサンについては，p.197でいす形と舟形について紹介しました。

### (2) $Cl_2$の付加

ベンゼンに，光（紫外線）を当てながら塩素$Cl_2$を反応させると付加反応が起こり，**1，2，3，4，5，6-ヘキサクロロシクロヘキサン**（ベンゼンヘキサクロリド（BHC））が生成します。

+ $3Cl_2$
光
1,2,3,4,5,6-ヘキサクロロシクロヘキサン
6を
Clを表す
（ベンゼンヘキサクロリド）

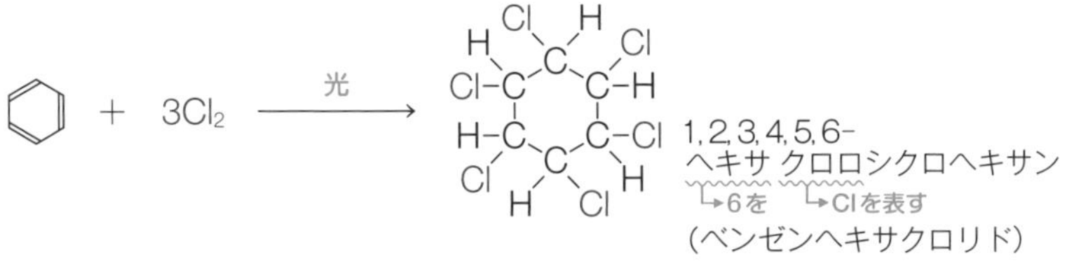

## ●酸化反応

### （1）ベンゼン環に直接ついているC原子の酸化

　ベンゼン環はとても安定でした。ですから，過マンガン酸カリウムKMnO₄の
ような強い酸化剤を使ってもベンゼン環は酸化されません。ただし，ベンゼン環
に直接C原子がついた $\langle\!\!\!\!\!\bigcirc\!\!\!\!\!\rangle$–CH₃ や $\langle\!\!\!\!\!\bigcirc\!\!\!\!\!\rangle$–CH₂–CH₃ であれば，
トルエン　　　　　　　エチルベンゼン
KMnO₄を使って酸化することができます。 $\langle\!\!\!\!\!\bigcirc\!\!\!\!\!\rangle$ に直接C原子が
ついていますね

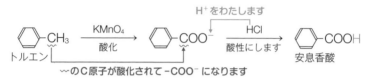

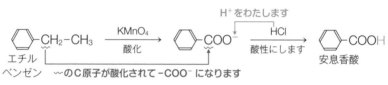

スタートはトルエンとエチルベンゼンですが，
ゴールは同じ安息香酸になります。

　ベンゼン環に直接結合したC原子は酸化により–COOHになりやすいので，
次のようにフタル酸やテレフタル酸をつくることができます。

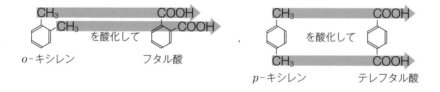

## (2) ベンゼン環の酸化

ベンゼン環は酸化されにくいのですが,

# 酸化バナジウム(V) V₂O₅ 触媒を用いて高温にする

と, ベンゼン環を酸化でこわすことができます。

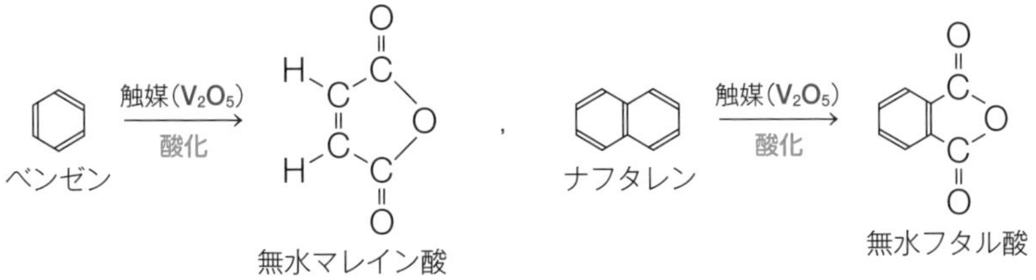

この反応は,「ベンゼンからマレイン酸ができ」,

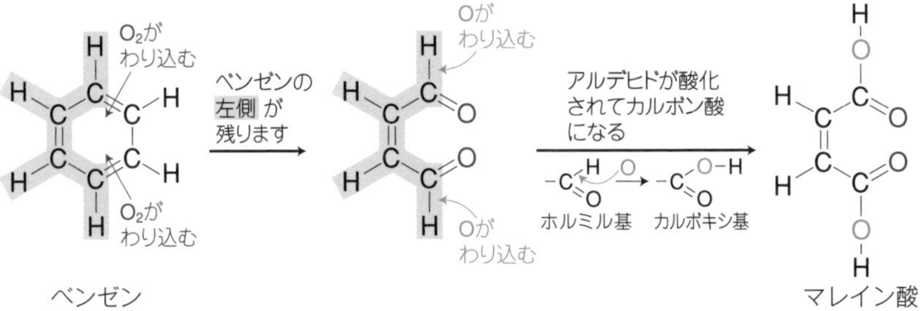

その後,「マレイン酸は加熱により無水マレイン酸になる(p.243)」

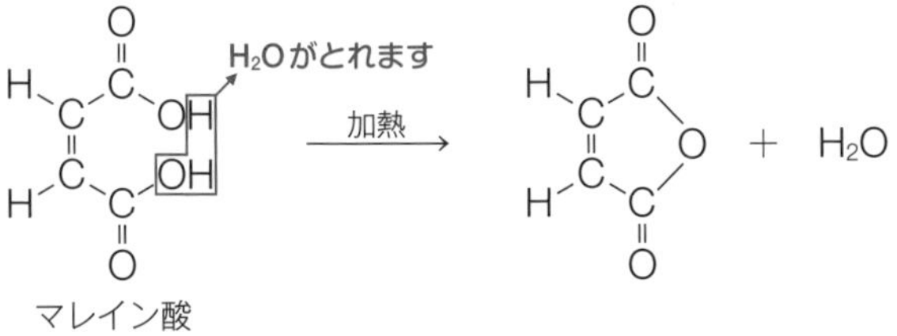

と覚えましょう。ナフタレンも同じように考えることができます。

次の練習問題で芳香族炭化水素の復習をします。

## 練習問題

次の文章を読み，文中の［A］，［B］にあてはまる化合物名および［ア］～［ウ］にあてはまる適切な語句を答えよ。

反応①　エチレンを臭素の水溶液に通すと，臭素特有の赤褐色の色が消失した。これは，エチレンの炭素－炭素二重結合に臭素が反応し，［A］が生じたためである。二重結合で起こるような反応を，［ア］反応という。

反応②　エチレンと異なり，ベンゼンは［ア］反応を起こしにくい。鉄を［イ］として用い，ベンゼンに臭素を作用させたところ，ベンゼンの水素原子の1つが臭素原子と入れ換わり，［B］が生成した。このような原子が入れ換わる反応を，［ウ］反応という。

（九州大）

---

**解き方**

反応①　エチレンを臭素$Br_2$の水溶液に通すと，付加反応(ア)が起こり1,2-ジブロモエタン(A)が生じることで赤褐色が消えました(p.206)。

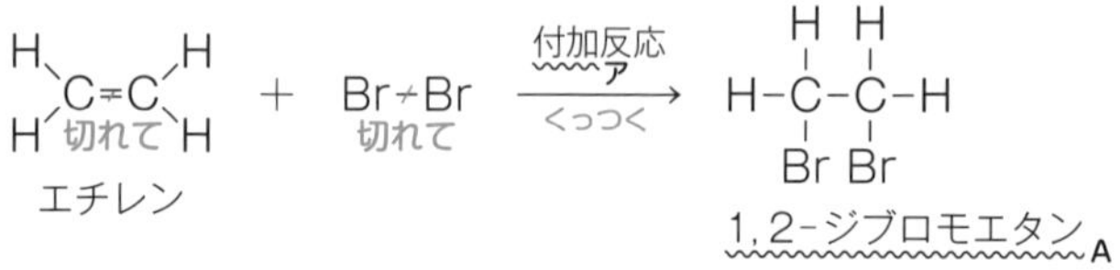

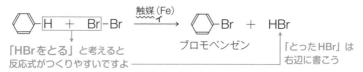

付加反応
ア
くっつく
切れて
切れて
エチレン
1,2-ジブロモエタン
A


反応②　エチレンと異なり，ベンゼンは付加反(ア)応を起こしにくく，置換反(ウ)応を起こしやすかったですね。鉄Feを触媒(イ)として用い，ベンゼンに臭素$Br_2$を作用させるとハロゲン化(臭素化)が起こり，ブロモベンゼン(B)が生成しました。

触媒(Fe)
イ
ブロモベンゼン
「HBrをとる」と考えると
反応式がつくりやすいですよ
「とったHBr」は
右辺に書こう


**答え**　A：1,2-ジブロモエタン　　B：ブロモベンゼン

ア：付加　　イ：触媒　　ウ：置換

**Step 3　フェノールの性質や反応を覚えよう。**

## ●フェノール類

　ベンゼン環のC原子に直接 –OH が結合したものをフェノール類といいます。

次のフェノール類を覚えましょう。

　　フェノール　　　$o$ - クレゾール　　$m$ - クレゾール　　$p$ - クレゾール

---

ナフタレンのHには2種類のH（HとH）

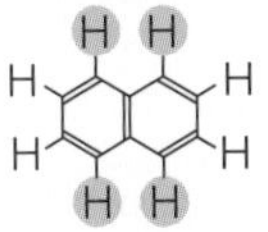

があるので，－Hを－OHで置換したフェノール類には，

と　の2種類の構造異性体があります。

Hを－OHに置換
した1-ナフトール

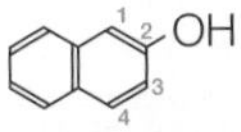

Hを－OHに置換
した2-ナフトール

---

## ●フェノールとアルコールの似ている点

　フェノールは<u>ヒドロキシ基 –OH</u> をもっているので，

**(1) Naと反応する　　　(2) エステルをつくる**

などのアルコール R–OH と似た性質を示します。

### (1) Naと反応する

　アルコールやフェノールは，ナトリウムNaと反応して水素$H_2$を発生します。

$$2R\text{-}OH \ + \ 2Na \ \longrightarrow \ 2R\text{-}ONa \ + \ H_2$$
　アルコール　　　　　　　　　　ナトリウムアルコキシド

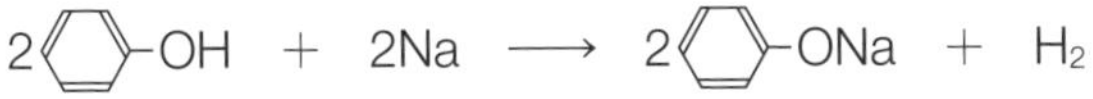

$$2\text{〈〉}\text{-}OH \ + \ 2Na \ \longrightarrow \ 2\text{〈〉}\text{-}ONa \ + \ H_2$$
　フェノール　　　　　　　　　**ナトリウムフェノキシド**

## (2) エステルをつくる

アルコールやフェノールは,無水酢酸($CH_3CO)_2O$と反応してエステルをつくります。

$$R-OH \ + \ (CH_3CO)_2O \ \longrightarrow \ R-O-\overset{\overset{O}{\|}}{C}-CH_3 \ + \ CH_3COOH$$

エステル

$$\bigcirc\!\!-OH \ + \ (CH_3CO)_2O \ \longrightarrow \ \bigcirc\!\!-O-\overset{\overset{O}{\|}}{C}-CH_3 \ + \ CH_3COOH$$

エステル

この反応はエステル化なのですが,$-\overset{\overset{O}{\|}}{C}-CH_3$(⇒**アセチル基**といいます)をくっつけているので**アセチル化**ともいいます。

無水酢酸を利用したアセチル化の反応式を書くときは,不可逆反応(──→)にして,$-O-H$を$-O-\overset{\overset{O}{\|}}{C}-CH_3$に直し$CH_3COOH$とともに反応式の右辺に書きます。

不可逆にします

$$\bigcirc\!\!-OH \ + \ (CH_3CO)_2O \ \xrightarrow{\text{アセチル化}} \ \bigcirc\!\!-O-\overset{\overset{O}{\|}}{C}-CH_3 \ + \ CH_3COOH$$

無水酢酸を
書きます

酢酸フェニル
フェノールの
Hをアセチル基 $-\overset{\overset{O}{\|}}{C}-CH_3$
に直したものを書きます

酢酸を書きます

ついでに,アニリン $\bigcirc\!\!-\overset{\overset{H}{|}}{N}-H$ のアセチル化の反応式も書いてみます。

不可逆にします

$$\bigcirc\!\!-\overset{\overset{H}{|}}{N}-H \ + \ (CH_3CO)_2O \ \xrightarrow{\text{アセチル化}} \ \bigcirc\!\!-\overset{\overset{H}{|}}{N}-\overset{\overset{O}{\|}}{C}-CH_3 \ + \ CH_3COOH$$

アニリン

無水酢酸を
書きます

アセトアニリド
アニリンの
Hをアセチル基 $-\overset{\overset{O}{\|}}{C}-CH_3$
に直したものを書きます

酢酸を
書きます

## ●フェノールとアルコールとの違い

フェノールはアルコールとは異なる「フェノール独自の性質」を示します。

## (1) フェノールの水溶液は,弱い酸性を示す

アルコール$R-OH$の水溶液は中性でした。

$$CH_3-OH \qquad C_2H_5-OH$$
メタノール　　　エタノール　　→ 水溶液中では，$H^+$ が出てきません

ところが，フェノールは水に少し溶け，その水溶液は弱い酸性を示します。

⬡—OH ⇄ ⬡—O$^-$ ＋ $H^+$
　　　　わずかに電離　　フェノキシドイオン　　↖弱酸性を示します

酸ですから，NaOHなどの塩基と中和反応し，塩と水になります。

　　酸　　＋　塩基　　⟶　　　塩　　＋　水
⬡—OH ＋ NaOH —中和→ ⬡—ONa ＋ $H_2O$
　　　　　　　　　　　　　ナトリウムフェノキシド

また，酸の強さの順は，

> $$HCl \cdot H_2SO_4 \quad > \quad R\text{-}COOH \quad > \quad CO_2 + H_2O \quad > \quad ⬡\text{—OH}$$
> 塩酸　希硫酸　　　　カルボン酸　　　　（$H_2CO_3$）炭酸　　　　フェノール

でした。ですから，HClは自分より弱い酸であるフェノールを追い出します。

　　　$H^+$ を与えます
HCl ＋ ⬡—O$^-$ ——→ Cl$^-$ ＋ ⬡—OH

$CO_2 + H_2O$ も自分より弱い酸であるフェノールを追い出します。

　　　　　　$H^+$ を与えます
$CO_2 + H_2O$ ＋ ⬡—O$^-$ ——→ $HCO_3^-$ ＋ ⬡—OH

## (2) 塩化鉄（Ⅲ）FeCl₃ 水溶液を加えるとフェノール類は紫系の色になる

フェノール類に$FeCl_3$の水溶液を加えると紫系の色になります。

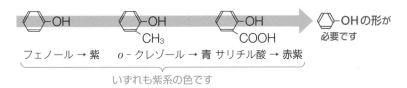

フェノール → 紫　　$o$-クレゾール → 青　サリチル酸 → 赤紫
　　　　　　　いずれも紫系の色です

なお，ベンジルアルコール ⬡—CH₂OH はフェノール類ではないため，
$FeCl_3$水溶液では呈色しません。

**（3）フェノールはベンゼンよりも置換反応しやすく，とくにオルト $o-$ やパラ $p-$ の位置が置換反応しやすい**

　フェノールに臭素水を加えると，オルト $o-$ やパラ $p-$ の位置で置換反応が起こり，白色沈殿を生成します。この反応は，フェノールの検出反応に利用します。

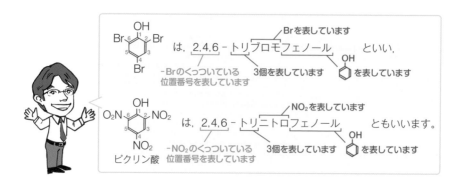

●は $o-$, $p-$ の位置
Br$_2$
触媒なし！
↓
白色沈殿
2,4,6 - トリブロモフェノール

　フェノールをニトロ化していくと，オルト $o-$ やパラ $p-$ の位置で置換反応が起こり，最後は黄色のピクリン酸になります。

●は $o-$, $p-$ の位置
ニトロ化します
さらにニトロ化します
ピクリン酸

ピクリン酸は，

① 黄色の結晶
② かっては爆薬に利用された
③ 水溶液は強酸性　（フェノールよりもはるかに酸性が強い）

という特徴をもっています。

Brを表しています
は, 2,4,6 - トリブロモフェノール　といい,
-Brのくっついている位置番号を表しています
3個を表しています
を表しています

NO$_2$を表しています
は, 2,4,6 - トリニトロフェノール　ともいいます。
ピクリン酸
-NO$_2$のくっついている位置番号を表しています
3個を表しています
を表しています

## ●フェノールの製法

フェノールは，医薬品やプラスチックなどの原料になります。そのつくり方は，**【昔のつくり方】**と**【現在のつくり方】**をおさえておきましょう。

**【昔のつくり方：その1】 ベンゼンスルホン酸ナトリウムをアルカリ融解する方法**

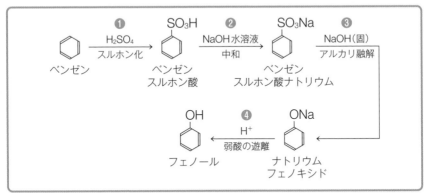

これから出てくるフローチャートはどれも頻出です。くり返し書いて覚えましょう。

❶ まず，ベンゼンをスルホン化してベンゼンスルホン酸をつくります(p.258)。

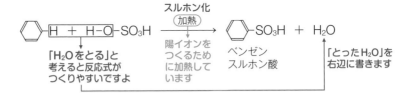

❷ 次に，ベンゼンスルホン酸を水酸化ナトリウム水溶液で中和します。

$H^+ + OH^- \longrightarrow H_2O$　をイメージしながら，反応式をつくりましょう。

$$\text{◯}-SO_3\underline{H} + Na\underline{OH} \xrightarrow{\text{中和}} \text{◯}-SO_3Na + H_2O$$

ベンゼンスルホン酸ナトリウム

❸ そして，固体どうし（〈◯〉-SO₃Na と NaOH）を**高温にしてどろどろに融解**さ

せて**反応**（⇒**アルカリ融解**といいます）させます。

$$\langle\bigcirc\rangle\text{-SO}_3\text{Na} \xrightarrow[\text{アルカリ融解}]{\text{NaOH（固）}} \langle\bigcirc\rangle\text{-ONa}$$

この反応は，2段階に分けて考えましょう。

**（1段階目）　つきとばす反応が起こる**

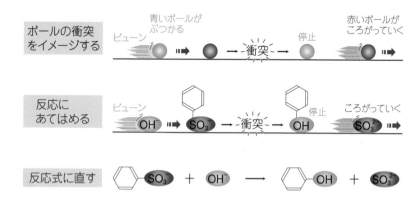

**（2段階目）　余っているNaOHとフェノールが中和する**

$$\langle\bigcirc\rangle\text{-O}\underline{\text{H}} + \text{Na}\underline{\text{OH}} \xrightarrow{\text{中和}} \langle\bigcirc\rangle\text{-ONa} + \text{H}_2\text{O}$$

これで，アルカリ融解をおさえることができました。

❹ 最後に，酸の強さの順を利用してフェノールをつくります。

酸の強さの順は，

$$\text{HCl} \cdot \text{H}_2\text{SO}_4 \;>\; \text{R-COOH} \;>\; \underset{\text{炭酸（H}_2\text{CO}_3\text{）}}{\text{CO}_2 + \text{H}_2\text{O}} \;>\; \langle\bigcirc\rangle\text{-OH}$$

でしたから，HCl や CO₂＋H₂O でフェノールを追い出せます。

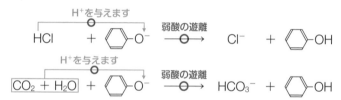

## 【昔のつくり方：その２】クロロベンゼンを加水分解する方法

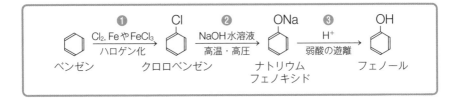

**①** まず，ベンゼンをハロゲン化（塩素化）してクロロベンゼンをつくります。

(p.258)

**②** 次に，クロロベンゼンをNaOH水溶液と高温・高圧の下で反応させます。

この反応は，２段階に分けて考えます。

### （１段階目）　つきとばす反応が起こる

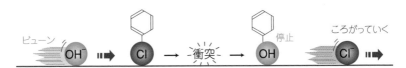

### （２段階目）　余っているNaOHとフェノールが中和する

$$\text{◯-OH} + \text{NaOH} \xrightarrow{\text{中和}} \text{◯-ONa} + H_2O$$

**③** 最後に，HClやCO₂＋H₂O（炭酸）でフェノールを追い出します。

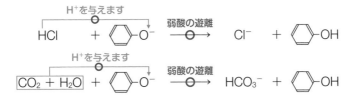

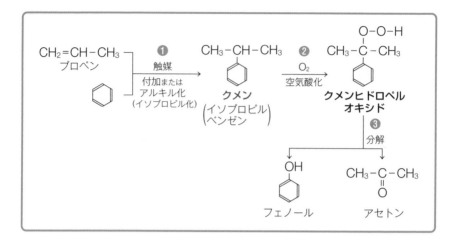

❶ まず，ベンゼンがプロペンに付加して**クメン**ができます。

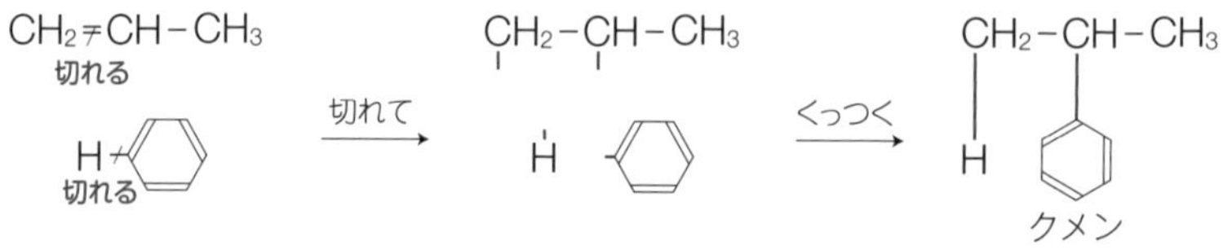

CH₂≒CH−CH₃ … CH₂−CH−CH₃ … CH₂−CH−CH₃ （図）

クメンは，ベンゼンのH原子が，$CH_3-CH_2-CH_2-$ の枝分かれした
プロピル基
$CH_3-CH-$ に置き換わっているのでイソプロピルベンゼンともよびます。
イソプロピル基
└ 枝分かれを表しています

そのため，この反応は置換反応（⇒イソプロピル化）と考えることもできます。

❷ 次に，クメンを空気中の$O_2$で酸化して，**クメンヒドロペルオキシド**をつくります。

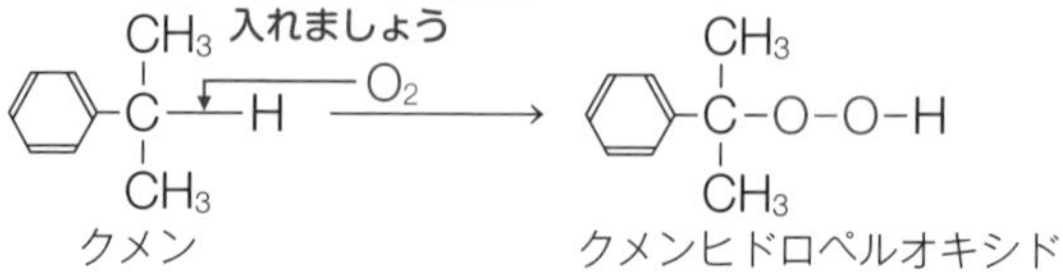

$O_2$をC−Hの間に
入れましょう
（図）　クメン　クメンヒドロペルオキシド

❸ 最後に，クメンヒドロペルオキシドを酸で分解して，フェノールとアセトンをつくります。

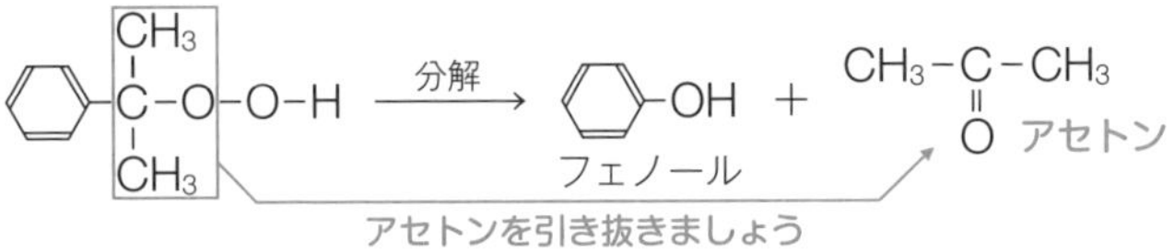

CH₃-C-CH₃ アセトン

分解 → フェノール + アセトン

アセトンを引き抜きましょう

この❶～❸のフェノールの製法を**クメン法**といい， クメン法はフェノールだけでなくアセトンの製法にもなります。

**ポイント** フェノールの合成方法

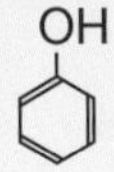

OH

フェノール は，
① アルカリ融解を利用する方法
② クロロベンゼンの加水分解を利用する方法
③ クメン法
の3つのつくり方をおさえよう

次の練習問題でフェノールの製法を復習しましょう。

ガンバレ

ベンゼンからフェノールを合成する3つの方法が示してある。

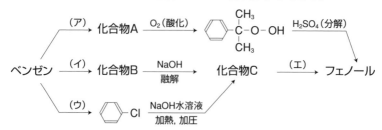

(1) 化合物A～Cの構造式を記せ。

(2) 反応(ア)～(エ)に最も適切な反応試薬を@～①から選べ。

ⓐ $Cl_2$, NaOH　　ⓑ $Cl_2$　　ⓒ $Cl_2$, Fe　　ⓓ $Cl_2$, 紫外線

ⓔ 濃$H_2SO_4$　　ⓕ 濃$H_2SO_4$, 濃$HNO_3$　　ⓖ $HNO_2$

ⓗ プロパン, 触媒　　ⓘ プロペン, 触媒　　ⓙ プロピン, 触媒

ⓚ $CO_2$, $H_2O$　　ⓛ $CO_2$, 高圧, 加熱

（明治薬大）

---

**解き方**

(1), (2)　一番上の方法は,「クメン法」でした。

上から2つ目の方法は,「アルカリ融解を利用する方法」でした。

一番下の方法は,「クロロベンゼンを加水分解する方法」でした。

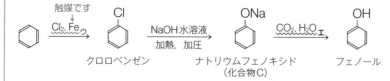

**答え**　(1) A：⟨ ⟩-CH(CH_3)_2　B：⟨ ⟩-SO_3H　C：⟨ ⟩-ONa

(2)（ア）ⓘ　（イ）ⓔ　（ウ）ⓒ　（エ）ⓚ

## ●サリチル酸・サリチル酸の製法

サリチル酸の構造式は

暗記しよう!　<COOH OH の構造式>

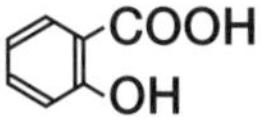

で，カルボン酸とフェノール類の両方の性質を示します。

サリチル酸は，フェノールから次のようにつくります。

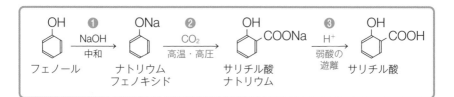

❶ まず，フェノールをNaOH水溶液で中和します。

$$\bigcirc\text{-O}\underline{\text{H}} + \text{Na}\underline{\text{OH}} \xrightarrow{\text{中和}} \bigcirc\text{-ONa} + \text{H}_2\text{O}$$
ナトリウムフェノキシド

❷ 次に，ナトリウムフェノキシドに高温・高圧下で，$CO_2$を反応させると，サリチル酸ナトリウムができます。

この反応は，$CO_2$をC-Hの間に高温・高圧にして無理に入れると覚えましょう　から

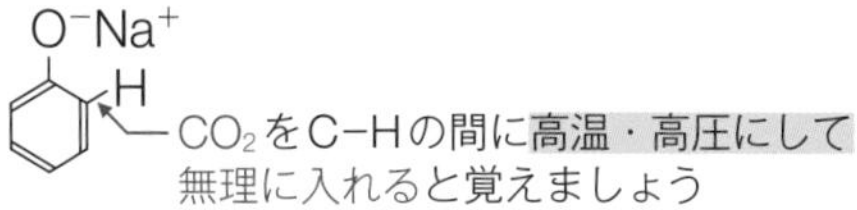

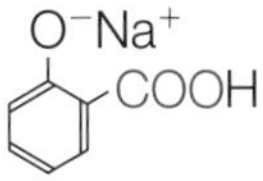

<O⁻Na⁺ / H の構造式>　<O⁻Na⁺ / COOH の構造式>

ができ，その後，

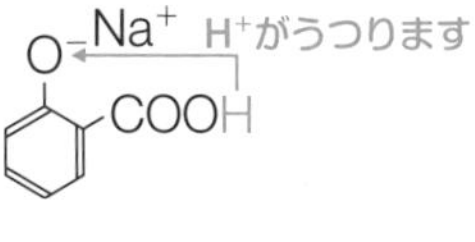

<O⁻Na⁺ H⁺がうつります / COOH の構造式>　が　<OH / COO⁻Na⁺ の構造式>　になります。
サリチル酸ナトリウム

❸ 最後に，HClなどの強酸を使ってサリチル酸を追い出します。

<OH / COO⁻ H⁺を与えます の構造式> + HCl $\xrightarrow{\text{弱酸の遊離}}$ <OH / COOH の構造式> + Cl⁻
サリチル酸

## ●サリチル酸の反応

サリチル酸について,「カルボン酸としての反応」,「フェノール類としての反応」の順に考えましょう。

### (1) カルボン酸としての反応

#### ① アルコールとエステルをつくる

サリチル酸とメタノール$CH_3OH$の混合物に触媒として濃硫酸を加えて加熱します。すると,サリチル酸の$-COOH$から$-OH$,メタノールの$-OH$からHがとれてエステル化が起こります。エステル化は可逆反応($\rightleftharpoons$)でした。

このとき生じるエステルは,

# サリチル酸 メチル

とよび,サリチル酸メチルは消炎鎮痛用塗布薬としてシップ薬に使われています。

#### ② $NaHCO_3$水溶液と反応して$CO_2$を発生する

酸の強さの順は,$\underset{\text{カルボン酸}}{R-COOH} > \underset{\text{炭酸}}{CO_2+H_2O}$ でした。そのため,サリチル酸は炭酸水素ナトリウム$NaHCO_3$と反応して,$CO_2$を発生します。

### (2) フェノール類としての反応

#### ① 無水酢酸$(CH_3CO)_2O$とエステルをつくる

サリチル酸を無水酢酸$(CH_3CO)_2O$と反応させます。この反応は,エステル化やアセチル化といいました。アセチル化の反応式は,不可逆反応($\longrightarrow$)にして,ヒドロキシ基$-O-H$ の $-H$ を $\overset{\overset{\text{O}}{\|}}{-C}-CH_3$(アセチル基) に直したものを,$CH_3COOH$とともに反応式の右辺に書きました。

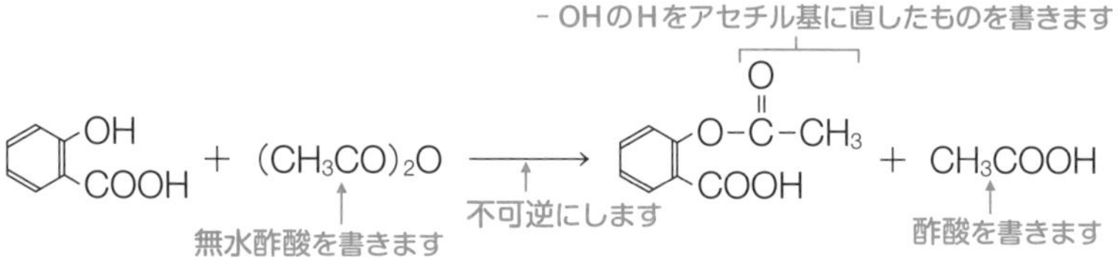

-OHのHをアセチル基に直したものを書きます
OH
COOH
+ $(CH_3CO)_2O$
無水酢酸を書きます
不可逆にします
O
O−C−$CH_3$
COOH
+ $CH_3COOH$
酢酸を書きます


このとき生じるエステルは，

**アセチルサリチル酸**

とよび，アセチルサリチル酸は**アスピリン**ともいいます。アスピリンは，解熱鎮痛剤として使われています。

### ② 塩化鉄(Ⅲ) $FeCl_3$ 水溶液を加えると紫系の色になる

サリチル酸に $FeCl_3$ 水溶液を加えると紫系の色になりました。

OH
COOH
サリチル酸 → 赤紫
-OHの形があれば，
$FeCl_3$ 水溶液で紫系の色になりました


また，$FeCl_3$ 水溶液で

サリチル酸メチル 

OH
-OHの形があります
C−O−$CH_3$
O

は赤紫色になりますが，

アセチルサリチル酸 

O
O−C−$CH_3$
C−OH
O

は紫系の色にはなりません。

-OHの形はありません


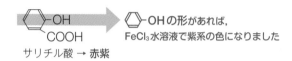

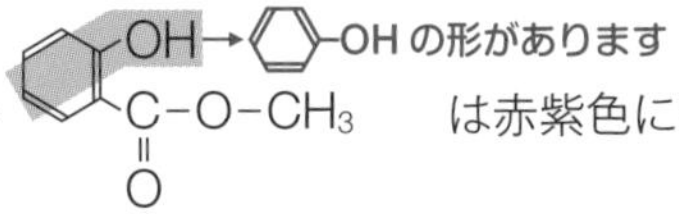

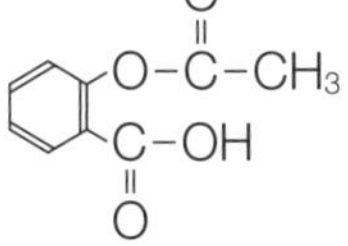

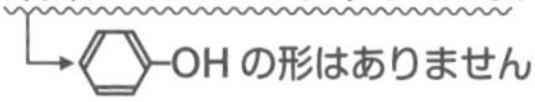

**ポイント** **サリチル酸の反応生成物**

サリチル酸 

OH
COOH

は，

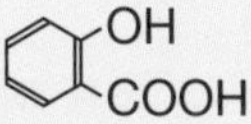

エステル化により，サリチル酸メチル(シップ薬)，

アセチル化により，アセチルサリチル酸(アスピリン，解熱鎮痛剤)

を生成する。

次の記述にあてはまる化合物A～Cの構造式を記せ。

ナトリウムフェノキシドを二酸化炭素と反応させ，生成物に希硫酸を作用させると，分子式$C_7H_6O_3$の化合物Aを生じる。化合物Aを濃硫酸によりメタノールと反応させると，分子式$C_8H_8O_3$の化合物Bが得られる。また，化合物Aに無水酢酸を作用させると，分子式$C_9H_8O_4$の化合物Cが得られる。　(岡山大)

**解き方**

ナトリウムフェノキシドに高温・高圧下で，$CO_2$を反応させるとサリチル酸ナトリウムができ，これに希硫酸$H_2SO_4$を作用させると分子式$C_7H_6O_3$のサリチル酸(化合物A)を生じます。

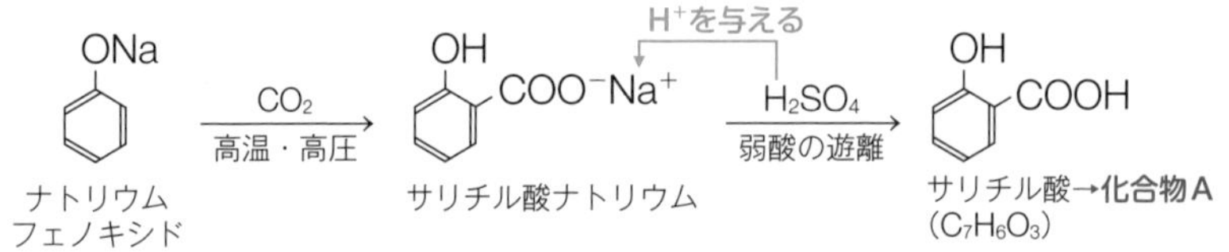

サリチル酸を濃硫酸によりメタノールと反応させるとエステル化が起こり，分子式$C_8H_8O_3$のサリチル酸メチル(化合物B)が得られます。

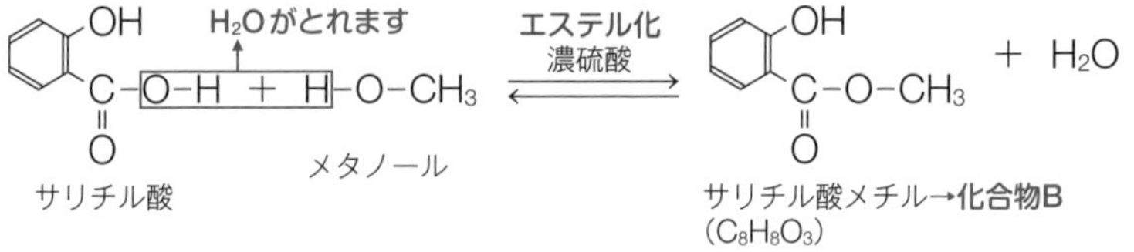

また，サリチル酸に無水酢酸を作用させると，アセチル化が起こり，分子式$C_9H_8O_4$のアセチルサリチル酸(化合物C)が得られます。

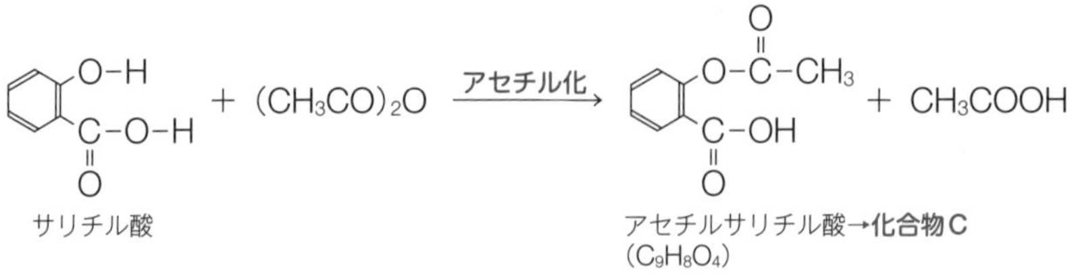

**答え**

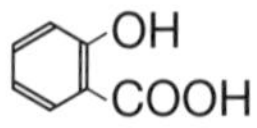

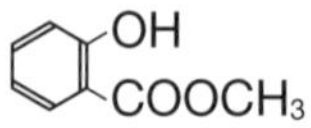

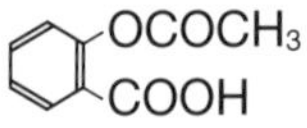

有機化学編

第7講

# 芳香族化合物②
（窒素を含む芳香族化合物・分離）

Step ① アニリンの性質や
反応のようすをつかめ！

② アニリンの製法を2通り覚えよう！

③ 染料のつくり方をマスターしよう！

④ 塩のつくり方をおさえて
分離をマスターしよう！

# Step 1 アニリンの性質や反応のようすをつかめ！

## ●アニリンの性質

まず，

**暗記しよう！** アニリン $\langle\bigcirc\rangle$—NH₂

の名前と構造式を覚えましょう。アニリンの構造式は，アンモニア$NH_3$の H−

を $\langle\bigcirc\rangle$− に置きかえてつくることができます。

### アニリンの性質 1 弱い塩基性を示し，酸で中和できる

アニリンはアンモニアと同じように，弱い塩基性を示します。

$$\begin{cases} \overset{H^+ を与えます}{NH_3 + H_2O} \rightleftarrows NH_4^+ + OH^- \text{弱塩基性を示します} \\ \overset{H^+ を与えます}{\langle\bigcirc\rangle\text{-}NH_2 + H_2O} \rightleftarrows \langle\bigcirc\rangle\text{-}NH_3^+ + OH^- \text{弱塩基性を示します} \end{cases}$$

アニリンはアンモニアと同じように，塩酸$HCl$で中和できます。

$$\begin{cases} \overset{H^+ を与えます}{NH_3 + HCl} \xrightarrow{中和} NH_4Cl \\ \overset{H^+ を与えます}{\langle\bigcirc\rangle\text{-}NH_2 + HCl} \xrightarrow{中和} \langle\bigcirc\rangle\text{-}NH_3Cl \\ \qquad\qquad\qquad\qquad\qquad \text{アニリン塩酸塩} \end{cases}$$

水への溶けやすさは，アンモニアとアニリンに違いがあります。

### アニリンの性質 2 水にわずかしか溶けず，ジエチルエーテルなどの有機溶媒によく溶ける

また，アニリンには酸化されやすい性質があります。

### アニリンの性質 3　酸化されやすい

① 無色・液体のアニリンは，空気中で酸化されて褐色になる

② 酸化剤のさらし粉 $CaCl(ClO)\cdot H_2O$ 水溶液を加えると，アニリンは酸化されて赤紫色になる

③ 酸化剤のニクロム酸カリウム $K_2Cr_2O_7$ 水溶液を加えると，アニリンは酸化されて黒色のアニリンブラックという黒色染料になる

---

**ポイント　アニリンの性質**

アニリンは無色の液体で水にわずかに溶け，

$$\text{C}_6\text{H}_5\text{-NH}_2 + \text{H}_2\text{O} \xrightleftharpoons[]{電離} \text{C}_6\text{H}_5\text{-NH}_3^+ + \text{OH}^-$$

のように電離し，弱塩基性を示す。
アニリンは酸化されやすく，

① 空気中で無色から褐色に
② さらし粉で赤紫色に　　　　　酸化される
③ ニクロム酸カリウムで黒色のアニリンブラックに

---

## ●アニリンの反応

アニリンは弱塩基なので，塩酸 $HCl$ などの酸で中和することができました。

$$\underset{\text{アニリン}}{\text{C}_6\text{H}_5\text{-NH}_2} + \text{HCl} \xrightarrow{中和} \underset{\text{アニリン塩酸塩}}{\text{C}_6\text{H}_5\text{-NH}_3^+\text{Cl}^-}$$

H⁺を与えます

このとき，水にわずかしか溶けないアニリンですが，アニリン塩酸塩になると水によく溶けるようになります。

$\text{C}_6\text{H}_5\text{-NH}_2$（アニリン）　➡　水にわずかに溶ける

$\text{C}_6\text{H}_5\text{-NH}_3^+\text{Cl}^-$（アニリン塩酸塩）　➡　水によく溶ける

ベンゼン環をもつ化合物（芳香族化合物）は，塩になると
電離してイオンになるため，水によく溶ける

また，アニリン塩酸塩に NaOH 水溶液を加えると，

　塩基の強さの順は，　NaOH　＞　〈ベンゼン環〉-NH$_2$

なので，NaOH が自分より弱い塩基であるアニリンを追い出す反応が起こります。

〈ベンゼン環〉-NH$_3^+$Cl$^-$ ＋ NaOH $\xrightarrow{\text{弱塩基の遊離}}$ 〈ベンゼン環〉-NH$_2$ ＋ H$_2$O ＋ NaCl

H$^+$を与えます

（アニリンより
強い塩基）

（NaOHより
弱い塩基）

強い塩基 NaOH が
弱い塩基のアニリンを
追い出します

　アニリンに無水酢酸 (CH$_3$CO)$_2$O を反応させると，$-\overset{H}{\underset{\;}{N}}-H$ の H が $-\overset{O}{\underset{\;}{C}}-CH_3$
（アセチル基）に置き換わる**アセチル化**が起こります。アセチル化の反応式を書く
手順は，

**手順1**　反応式の左辺に，アニリンと無水酢酸 (CH$_3$CO)$_2$O を書く

**手順2**　不可逆反応（――→）にする

**手順3**　反応式の右辺に，$-\overset{H}{\underset{\;}{N}}-H$ を $-\overset{H}{\underset{\;}{N}}-\overset{O}{\underset{\;}{C}}-CH_3$ に直したものと
　　　　酢酸 CH$_3$COOH を書く

でした。

〈ベンゼン環〉-$\overset{H}{\underset{\;}{N}}$-H ＋ (CH$_3$CO)$_2$O ―――→ 〈ベンゼン環〉-$\overset{H}{\underset{\;}{N}}$-$\overset{O}{\underset{\;}{C}}$-CH$_3$ ＋ CH$_3$COOH

**手順2** 不可逆にします

**手順1** アニリンと無水酢酸を書きます　　　**手順3** アニリンの H をアセチル基

$-\overset{O}{\underset{\;}{C}}$-CH$_3$ に直したものと酢酸を書きます

このとき生成した  をアセトアニリドといい，$-\overset{O}{\underset{H}{C}}-N-$ をア

ミド結合といいます。この**アミド結合** $-\overset{O}{\underset{H}{C}}-N-$ **をもつ化合物**は，アミドとよび

ます。アセトアニリドは，かつて解熱鎮痛剤として使われていましたが，副作用
が強く現在では使われていません。

> アセトアニリドに構造式がよく似ている
> アセトアミノフェンHO⟨⟩ーN-C-CH₃
> が現在，解熱鎮痛剤として使われています。

---

**ポイント** アニリンの反応

● ⟨⟩-NH₂
　① HClで中和できる。
　② ⟨⟩-NH₃Cl に NaOH水溶液を加えると生成する。
　③ (CH₃CO)₂O により，**アセチル化**できる。

● ⟨⟩-N-C-CH₃ は，**アセトアニリド**とよばれる。
　└→アミド結合

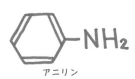

アニリン

# Step 2 アニリンの製法を2通り覚えよう！

## ●アニリンの製法

アニリンは，ベンゼンから次のようにつくることができます。

### (1) アニリンの実験室でのつくり方

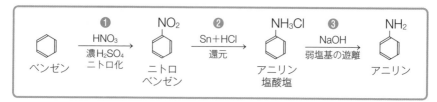

❶ まず，**濃硝酸HNO₃と濃硫酸H₂SO₄の混合物（混酸）**とベンゼンを約60℃で反応させます。このとき，ニトロ化が起こり，ニトロベンゼンが生成します（p.258）。

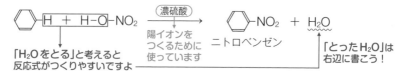

❷ 次に，ニトロベンゼンをスズSn（または鉄Fe）と塩酸HClで還元します。

　　還元とは， $\left\{\begin{array}{l}\text{物質が酸素Oを失う変化}\\ \text{物質が水素Hを受けとる変化}\end{array}\right.$ でした。ですから，

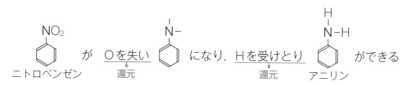

と考えましょう。ただし，HClは多く使われていることがふつうなので，生じたアニリンは残っているHClとすぐに中和してしまいます。

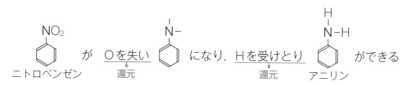

❸ 最後に，アニリン塩酸塩にNaOH水溶液を加えてアニリンをつくります。

H⁺を与えます

$$\underset{\left(\substack{\text{アニリンより}\\\text{強い塩基}}\right)}{\text{⟨◯⟩}-\text{NH}_3^+\text{Cl}^-} + \text{NaOH} \xrightarrow{\text{弱塩基の遊離}} \underset{\left(\substack{\text{NaOHより}\\\text{弱い塩基}}\right)}{\text{⟨◯⟩}-\text{NH}_2} + \text{H}_2\text{O} + \text{NaCl}$$

強い塩基NaOHが
弱い塩基のアニリンを
追い出します

　アニリンは工業的には，ニトロベンゼンから次のようにつくります。

## (2) アニリンの工業的なつくり方

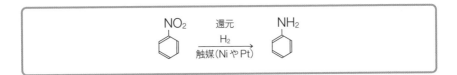

　ニトロベンゼンをニッケルNi（または白金Pt）を触媒として水素H₂で還元してアニリンをつくります。この反応も，次のように考えましょう。

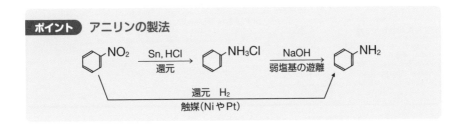

**ポイント**　アニリンの製法

$$\underset{}{\text{⟨◯⟩}-\text{NO}_2} \xrightarrow[\text{還元}]{\text{Sn, HCl}} \text{⟨◯⟩}-\text{NH}_3\text{Cl} \xrightarrow[\text{弱塩基の遊離}]{\text{NaOH}} \text{⟨◯⟩}-\text{NH}_2$$

還元　H₂
触媒(NiやPt)

# Step 3 染料のつくり方をマスターしよう！

## ●芳香族アゾ化合物

−N=N− をアゾ基といい，**アゾ基をもつ**

*p*−フェニルアゾフェノール
（*p*−ヒドロキシアゾベンゼン）
**橙赤色**

メチルオレンジ

> メチルオレンジは，酸・塩基の中和滴定の指示薬でした。
> メチルオレンジの構造式を覚える必要はありません。
> アゾ基をもっていることを確認しましょう。

**のような化合物をアゾ化合物といいます。ベンゼン環をもつアゾ化合物**は黄〜赤色を示し，**アゾ染料**とよばれる染料として使われます。

ここでは，橙赤色の染料である

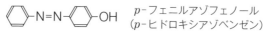
*p*−フェニルアゾフェノール
（*p*−ヒドロキシアゾベンゼン）

のつくり方を考えていきます。

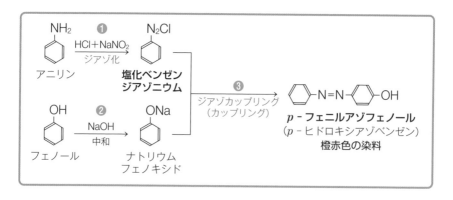

❶ まず，アニリンを塩酸HClに溶かし5℃以下に冷やしながら，亜硝酸ナトリウムNaNO₂の水溶液を加えて反応させます。この反応を**ジアゾ化**といいます。ジアゾ化は，次の**手順1〜手順4**で考えましょう。

**手順1** アニリンが塩酸HClに中和されます。

$$\underset{}{\bigcirc}\!-NH_2 \ + \ HCl \ \xrightarrow{\text{中和}} \ \bigcirc\!-NH_3{}^+Cl^-$$

H⁺を与えます

アニリン塩酸塩

**手順2** 強酸であるHClが自分より弱い酸である亜硝酸HNO₂を追い出す反応が起こります。

$$NO_2{}^- \ + \ H^+Cl^- \ \xrightarrow{\text{弱酸の遊離}} \ HNO_2 \ + \ Cl^-$$

H⁺を与えます

亜硝酸イオン　　　　　　　　　　　　　　　　　　亜硝酸　　　　　　HClがHNO₂を追い出します

**手順3** アニリン塩酸塩から Cl⁻ がはずれた $\bigcirc\!-\overset{+}{N}H_3$ と亜硝酸HNO₂ から H₂O 2個がとれます。

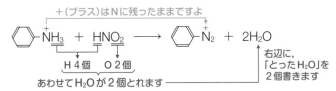

＋（プラス）はNに残ったままですよ

H 4個　O 2個

あわせてH₂Oが2個とれます

右辺に，「とったH₂O」を2個書きます

**手順4** はずれて残っているCl⁻をくっつけます。

$$\bigcirc\!-\overset{+}{N}_2 \ + \ Cl^- \ \longrightarrow \ \bigcirc\!-N_2Cl$$

ジアゾ化で生成した $\bigcirc\!-\mathbf{N_2Cl}$ を**塩化ベンゼンジアゾニウム**といいます。

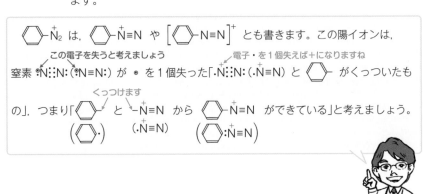

$\bigcirc\!-\overset{+}{N}_2$ は，$\bigcirc\!-\overset{+}{N}\!\equiv\!N$ や $\left[\bigcirc\!-N\!\equiv\!N\right]^+$ とも書きます。この陽イオンは，

この電子を失うと考えましょう　　　　　　　　電子・を1個失えば＋になりますね

窒素 •N⠶N• (•N≡N•) が • を1個失った「•N⠶N• (•N≡N) と $\bigcirc$ がくっついたもの」，つまり「$\bigcirc$ と ⁻N≡N から $\bigcirc\!-\overset{+}{N}\!\equiv\!N$ ができている」と考えましょう。

($\bigcirc$•)　(•N≡N)　($\bigcirc$:⁺N≡N)

くっつけます

❷ 次に，フェノールをNaOH水溶液で中和し，ナトリウムフェノキシドをつくります。

$$\langle\text{⬡}\rangle\text{-O}\underline{\text{H}} + \text{NaOH} \xrightarrow{\text{中和}} \langle\text{⬡}\rangle\text{-ONa} + \text{H}_2\text{O}$$

ナトリウム
フェノキシド

❸ 最後に，❶で生成した $\langle\text{⬡}\rangle$-N₂Cl 塩化ベンゼンジアゾニウム と ❷で生成した $\langle\text{⬡}\rangle$-ONa ナトリウムフェノキシド を 5℃以下に冷やしながら 反応させます。

この反応は複雑なので，窒素N₂を例に次のように考えましょう。

:N⋮:N: を中央の ┊ で :N⋮:N: のようにわけて，右のNのもつ⦿の電子を

　窒素　　　　　　　　　　　　　電荷0　電荷0

　　　　　　　　　　　　　　　　　この電子・を左のNにわたす

左のNにわたすと :N⋮:N: となりますね。

　　　　　　　　　−1　+1
　　　　　　　となる　となる

電子・を1個もらったので
　－になります

電子・を1個失ったので＋になります

同じように， $\langle\text{⬡}\rangle$-N≡N で考えましょう。

はじめから＋です。注意しましょう。

はじめから＋ですよ　電子・を左のNに渡します　電子・を1個失ったので＋になります
電荷+1です　電荷0　電荷0になります　+1になります　電荷が打ち消されます

つまり $\langle\text{⬡}\rangle$-N=N: となります。この陽イオン $\langle\text{⬡}\rangle$-N=N⁺ が

H-$\langle\text{⬡}\rangle$-O⁻Na⁺ からH⁺とNa⁺がはずれた ⁻$\langle\text{⬡}\rangle$-O⁻ とぶつかって

H⁺がはずれたので－になります

($\langle\text{⬡}\rangle$-N=N⁺ と ⁻$\langle\text{⬡}\rangle$-O⁻ の衝突) $\langle\text{⬡}\rangle$-N=N-$\langle\text{⬡}\rangle$-O⁻ となり，この陰イオンにはずれて残っているH⁺がくっつくと考えましょう。

$$\langle\text{⬡}\rangle\text{-N=N-}\langle\text{⬡}\rangle\text{-O}^- + \text{H}^+ \xrightarrow{\text{くっつく}} \langle\text{⬡}\rangle\text{-N=N-}\langle\text{⬡}\rangle\text{-OH}$$

この反応を**ジアゾカップリング**（カップリング）といい，〈ベンゼン環〉−N=N−〈ベンゼン環〉−OH

は *p*-**フェニルアゾフェノール** または *p*-**ヒドロキシアゾベンゼン** といい
ます。

## ●5℃以上にしてフェノールをつくる

ジアゾ化やジアゾカップリングは，5℃以下に冷やして反応させていましたが，
このとき水温を5℃以上にしたり，水溶液を加熱したりすると，不安定な塩化ベ
ンゼンジアゾニウムがこわれてフェノールが生成します。

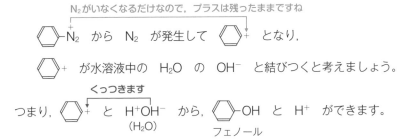

この反応は，5℃以上になると，

$N_2$がいなくなるだけなので，プラスは残ったままですね

〈ベンゼン環〉−$\overset{+}{N_2}$ から $N_2$ が発生して 〈ベンゼン環〉$^+$ となり，

〈ベンゼン環〉$^+$ が水溶液中の $H_2O$ の $OH^-$ と結びつくと考えましょう。

くっつきます

つまり，〈ベンゼン環〉$^+$ と $H^+OH^-$ から，〈ベンゼン環〉−OH と $H^+$ ができます。
（$H_2O$）　　　　　　　フェノール

---

**ポイント** **アゾ染料のつくり方**

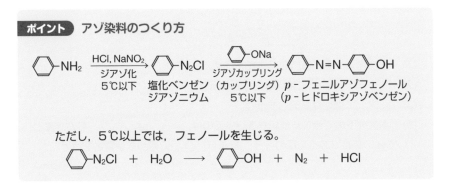

ただし，5℃以上では，フェノールを生じる。

〈ベンゼン環〉−$N_2Cl$ + $H_2O$ ⟶ 〈ベンゼン環〉−OH + $N_2$ + HCl

次の練習問題で染料の復習をしましょう。

染料として用いられる有機化合物 $p$-フェニルアゾフェノール($p$-ヒドロキシアゾベンゼン)は,ベンゼンを原料として次図に示すように,有機化合物CおよびFをジアゾカップリングして合成することができる。

有機化合物Cを合成するためには,まず,ベンゼンを濃硝酸と濃硫酸とで  a  して化合物Aを合成する。次に化合物Aをスズと塩酸で  b  したのち,水酸化ナトリウム水溶液を加えて化合物Bを合成した。最後に化合物Bを塩酸に溶かし,0〜5℃に冷やしながら  ア  により  c  して化合物Cを合成する。

一方,化合物Fの合成では,まず,ベンゼンを濃硫酸とともに熱して  d  して化合物Dを合成する。さらに化合物Dと水酸化ナトリウムを加熱融解して化合物Eを合成し,最後に化合物Eの水溶液に二酸化炭素を通して化合物Fを合成する。

$p$-フェニルアゾフェノールは,5℃に冷やした化合物Fの水酸化ナトリウム水溶液に化合物Cの水溶液を加え,ジアゾカップリングさせて合成する。

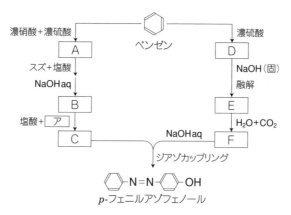

$p$-フェニルアゾフェノール

(1)  化合物A〜Fに適当な構造式を示せ。

(2)   a  〜  d  に適当な反応名を示せ。

(3)   ア  に適切な試薬名を示せ。

(4)  本文の下線で示した反応が進行するのは,  イ  より  ウ  の方が酸として強いためである。この  イ  および  ウ  に適当な物質名を示せ。

(岐阜大)

**解き方**

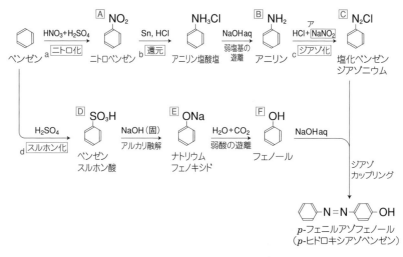

(4) 下線の反応が進行するのは，フェノール ⬡-OH より
    イ
炭酸 $CO_2 + H_2O$ の方が酸として強いためです。
ウ

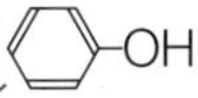

$$\underbrace{(CO_2 + H_2O)} + \bigcirc\!\!-O^- \xrightarrow[\text{弱酸の遊離}]{} HCO_3^- + \bigcirc\!\!-OH$$

$H^+$を与えます

$CO_2+H_2O$（炭酸）が
フェノールを追い出します

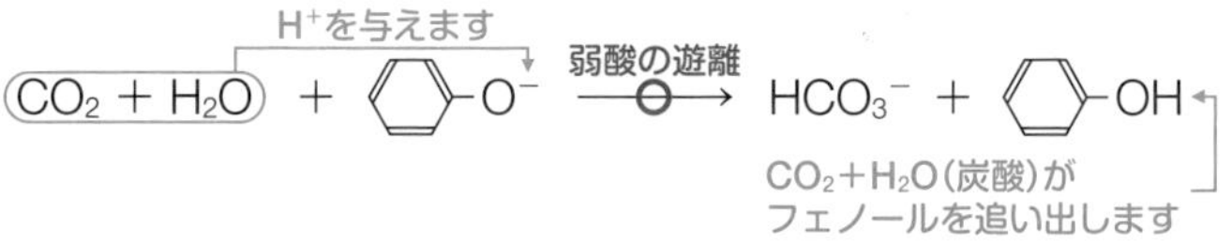

**答え** (1) A: ⬡-NO₂　　　B: ⬡-NH₂

C: [⬡-N≡N]Cl　D: ⬡-SO₃H

E: ⬡-ONa　　F: ⬡-OH

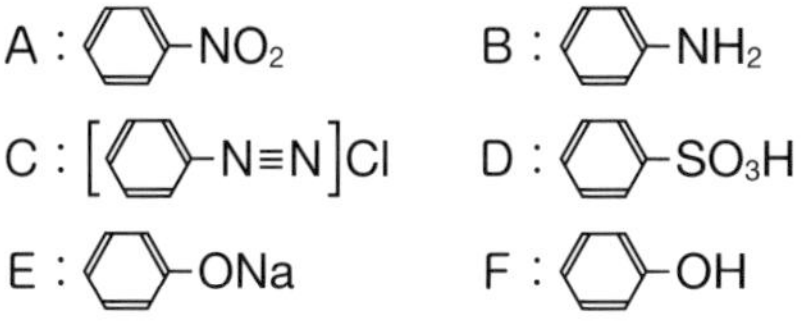

(2) a：ニトロ化　b：還元

c：ジアゾ化　d：スルホン化

(3) 亜硝酸ナトリウム

(4) イ：フェノール　ウ：炭酸（二酸化炭素）

# Step 4 塩のつくり方をおさえて分離をマスターしよう！

## ●芳香族化合物の分離

芳香族化合物は，水よりもジエチルエーテルなどの有機溶媒によく溶けます。また，中和反応などで芳香族化合物は塩になると水によく溶けるようになります。

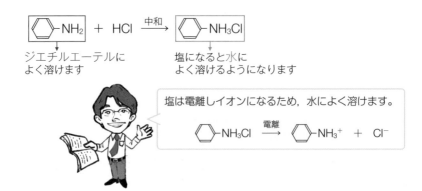

ジエチルエーテルや水などの溶媒に対する溶けやすさの違いを利用して，芳香族化合物の混合物を分離することができます。

有機化合物の混合物に**目的の物質だけを溶かす溶媒を加え分離する操作**を抽出(ちゅうしゅつ)といいます。抽出によって芳香族化合物を分離するときは，**分液ろうと**というガラス器具を使います。分液ろうとは，次のように使います。

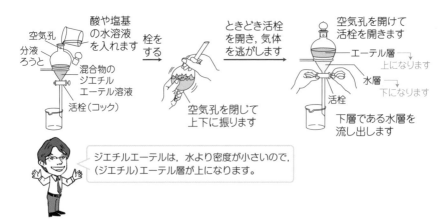

ここで，「酸の強さの順」と「塩基の強さの順」を思い出しましょう。

酸の強さの順は，

$$HCl・H_2SO_4 > R-COOH > CO_2+H_2O > \text{〈〉}-OH$$

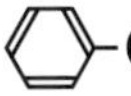

塩酸　希硫酸　　　　カルボン酸　　　　($H_2CO_3$)　　　フェノール
炭酸

カルボン酸 R-COOH は，〈〉-COOH 安息香酸や $CH_3$-COOH 酢酸など
を表しています。
また，フェノールのところは〈〉-OH の形をもっている〈〉-OH　$o$-ク
レゾールなどでもかまいません。　　　　　　　　　　　　　　　　$CH_3$

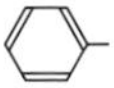

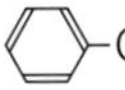

塩基の強さの順は，

$$NaOH > \text{〈〉}-NH_2$$

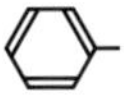

水酸化ナトリウム　アニリン

でした。この「酸や塩基の強さの順」に加え，「弱酸の追い出し反応」

$H^+$を与える

「強い酸　＋　弱い酸の塩　$\xrightarrow{\text{弱酸の遊離}}$　強い酸の塩　＋　弱い酸」

やアニリンに関する「中和反応」と「弱塩基の追い出し反応」

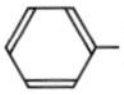

$$\text{〈〉}-NH_2 + HCl \xrightarrow{\text{中和}} \text{〈〉}-NH_3Cl$$

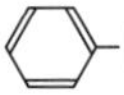

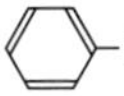

$$\text{〈〉}-NH_3Cl + NaOH \xrightarrow{\text{弱塩基の遊離}} \text{〈〉}-NH_2 + H_2O + NaCl$$

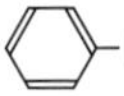

（「弱い塩基の塩　＋　強い塩基　$\longrightarrow$　弱い塩基　＋　強い塩基の塩」）

を利用し，芳香族化合物の混合物を分離することができます。

　例えば，ジエチルエーテルに溶けているニトロベンゼンとアニリンに塩酸 HCl
を加えると，次のように分離することができます。

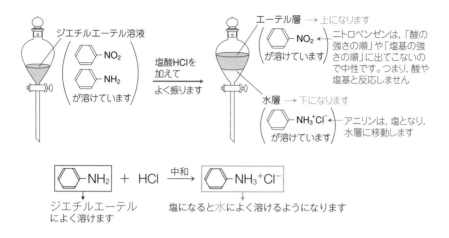

ジエチルエーテル溶液

$\langle$◯$\rangle$-NO₂
$\langle$◯$\rangle$-NH₂
が溶けています

塩酸HClを
加えて
よく振ります

エーテル層 → 上になります
$\langle$◯$\rangle$-NO₂ ← ニトロベンゼンは,「酸の
が溶けています　強さの順」や「塩基の強
さの順」に出てこないの
で中性です。つまり, 酸や
塩基と反応しません

水層 → 下になります
$\langle$◯$\rangle$-NH₃⁺Cl⁻ ← アニリンは, 塩となり,
が溶けています　水層に移動します

$$\boxed{\langle\bigcirc\rangle\text{-NH}_2} + \text{HCl} \xrightarrow{\text{中和}} \boxed{\langle\bigcirc\rangle\text{-NH}_3^+\text{Cl}^-}$$

ジエチルエーテル
によく溶けます

塩になると水によく溶けるようになります

次の練習問題で分離の考え方をマスターしましょう。

**練習問題**

　フェノール，サリチル酸，アニリン，ニトロベンゼンが溶けているジエチル
エーテル溶液がある。この溶液の中から，それぞれの成分を分液ろうとを用い
て抽出分離するため，次図のような操作を行った。以下の問いに答えよ。

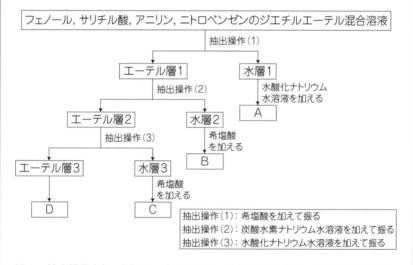

フェノール, サリチル酸, アニリン, ニトロベンゼンのジエチルエーテル混合溶液
抽出操作(1)

エーテル層1 ── 抽出操作(2)　　　水層1
　　　　　　　　　　　　　水酸化ナトリウム
　　　　　　　　　　　　　水溶液を加える
　　　　　　　　　　　　　A

エーテル層2　　　水層2
抽出操作(3)　　　希塩酸
　　　　　　　　を加える
　　　　　　　　B

エーテル層3　　　水層3
D　　　　　　　　希塩酸
　　　　　　　　を加える
　　　　　　　　C

抽出操作(1)：希塩酸を加えて振る
抽出操作(2)：炭酸水素ナトリウム水溶液を加えて振る
抽出操作(3)：水酸化ナトリウム水溶液を加えて振る

問1　抽出操作(1)〜(3)で，ジエチルエーテル溶液は上層，下層のどちらか。

問2　A〜Cの水層，Dのエーテル層から，抽出分離した成分を適切な方法で
　　回収した。それぞれの化合物名を記せ。

(熊本大)

**解き方**

問1 ジエチルエーテルは水より密度が小さいので,水層よりも上になります。

問2 **[抽出操作(1)]** フェノール ⟨benzene⟩-OH(弱酸性),サリチル酸 ⟨benzene⟩COOH OH

(酸性),アニリン ⟨benzene⟩-NH₂(弱塩基性),ニトロベンゼン ⟨benzene⟩-NO₂(中性) のジエチルエーテル混合溶液に希塩酸HClを加えて振ると,弱塩基であるアニリンが中和されて塩となり 水層1 に移ります。

$$\boxed{\text{⟨benzene⟩-NH}_2} + \text{HCl} \xrightarrow{\text{中和}} \boxed{\text{⟨benzene⟩-NH}_3^+\text{Cl}^-}$$

アニリン　　希塩酸　　　　　　　　　アニリン塩酸塩

ジエチルエーテル　　　　　　　　　塩になると水に　　　（水層1）
に溶けていました　　　　　　　　　溶けるようになります　へ移る

フェノール ⟨benzene⟩-OH と サリチル酸 ⟨benzene⟩COOH OH は酸性,ニトロベンゼン ⟨benzene⟩-NO₂ は中性なので,これらはHClとは反応せず, エーテル層1 に残ります。

水層1 にNaOH水溶液を加えると,塩基の強さの順は,

$$\text{NaOH} > \text{⟨benzene⟩-NH}_2$$

なので,次の反応が起こります。

$$\boxed{\text{⟨benzene⟩-NH}_3^+\text{Cl}^-} + \text{NaOH} \xrightarrow{\text{弱塩基の遊離}} \text{⟨benzene⟩-NH}_2 + \text{H}_2\text{O} + \text{NaCl}$$

水層1 に溶けています　　　　　　　　　　　　　　アニリン A

これで A がアニリンとわかります。

**[抽出操作(2)]** [抽出操作(1)]の エーテル層1 に溶けているフェノール ⟨benzene⟩-OH,サリチル酸 ⟨benzene⟩COOH OH,ニトロベンゼン ⟨benzene⟩-NO₂ に,炭酸水素ナトリウムNaHCO₃水溶液を加えて振ると,酸の強さの順が

$$\text{R-COOH} > \text{CO}_2 + \text{H}_2\text{O} > \text{⟨benzene⟩-OH}$$

なので,サリチル酸の -COOH だけがNaHCO₃水溶液と反応してサリチル酸が塩となり, 水層2 に移ります。この操作では<u>CO₂が発生するので,ときどき分液ろうとの活栓を開き,気体を逃がして圧力を下げます。</u>

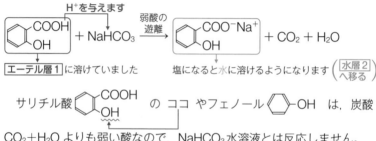

$H^+$を与えます

弱酸の遊離

エーテル層1 に溶けていました

塩になると水に溶けるようになります （水層2 へ移る）

サリチル酸 のココ やフェノール は，炭酸 $CO_2 + H_2O$ よりも弱い酸なので，$NaHCO_3$ 水溶液とは反応しません。

+ $NaHCO_3$ ─✗→ 反応しません

エーテル層1 に溶けていて，$NaHCO_3$ 水溶液と反応しないので，エーテル層2 に残ります。

（フェノールは自分より強い酸である炭酸を追い出すことはできません）

また，ニトロベンゼン $-NO_2$ は中性なので $NaHCO_3$ 水溶液とは反応せず，フェノール $-OH$ とともに エーテル層2 に残ります。

水層2 に希塩酸 $HCl$ を加えると，酸の強さの順は，$HCl > R-COOH$ なので，次の反応が起こります。

$H^+$を与えます

弱酸の遊離

水層2 に溶けています

サリチル酸 B

+ $NaCl$

これで B がサリチル酸とわかります。

**[抽出操作(3)]** ［抽出操作(2)］の エーテル層2 に溶けているフェノール $-OH$，ニトロベンゼン $-NO_2$ に，$NaOH$ 水溶液を加えて振ると，弱酸のフェノールが $NaOH$ に中和されて塩となり 水層3 に移ります。

$-OH$ + $NaOH$ ─中和→ $-O^-Na^+$ + $H_2O$

エーテル層2 に溶けていました

塩になると水に溶けるようになります （水層3 へ移る）

ニトロベンゼン $-NO_2$ は中性なので $NaOH$ 水溶液とは反応せず，エーテル層3 に残ります。

水層3 に希塩酸 $HCl$ を加えると，酸の強さの順は，$HCl > $ $-OH$

なので，次の反応が起こります。

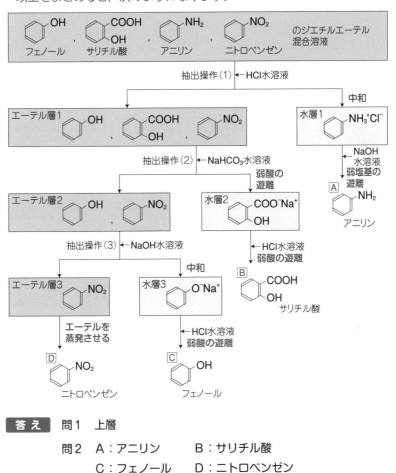

これで $C$ がフェノールとわかります。

また，エーテル層3からジエチルエーテルを蒸発させると，ニトロベンゼン $\bigcirc$–NO$_2$ が残ります。
$D$

これで $D$ がニトロベンゼンとわかります。

以上をまとめると，次のようになります。

答え 　問1　上層

　　　問2　A：アニリン　　　B：サリチル酸
　　　　　　C：フェノール　　D：ニトロベンゼン

有機化学編

| 第8講 | 油　脂 |

## Step ① 油脂の特徴をつかもう！

食品に含まれている栄養素のうち，

　　(1)　油脂(脂質)　　　　(2)　糖類(炭水化物)　　　　(3)　タンパク質

を三大栄養素といいます。第8講は，油脂について考えましょう。

### ●油脂

油脂は，室温で固体の脂肪と，室温で液体の脂肪油に分けることができます。

脂肪の例として，**ウシの脂**や**ブタの脂**，脂肪油の例として**ゴマ油**や**コーン油**を覚えましょう。

> **暗記しよう！**
>
> 油脂 ┬ **脂肪** ⇒ 室温で固体　[例]　ウシの脂，ブタの脂
>
> 　　　└ **脂肪油** ⇒ 室温で液体　[例]　ゴマ油，コーン油

油脂(脂肪や脂肪油)は，いずれも

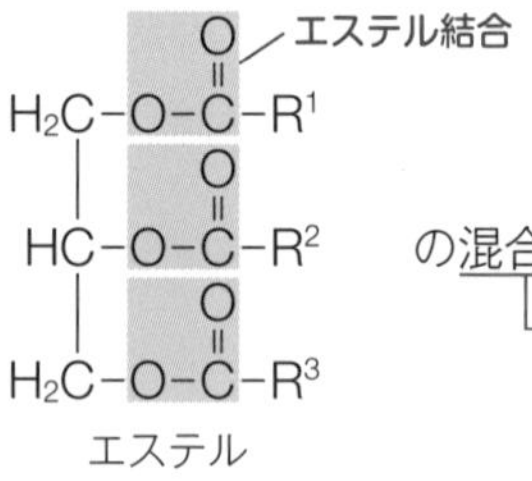

の混合物
　　└→ Rがちがうものが
　　　　いろいろと混ざっています

で，油脂の性質は R− 部分で決まります。つまり，

室温で固体の脂肪がもつ R− 部分には C=C 結合が少ない，

室温で液体の脂肪油がもつ R− 部分には C=C 結合が多いといった具合です。

> **ポイント**　油脂
>
> 油脂の性質は，R− 部分次第

油脂は，3価のアルコールである**グリセリン$C_3H_5(OH)_3$ 1分子と高級脂肪酸**
└→−OH が3個　　　　　　　Cの数が多い，鎖状の1価カルボン酸 ←┘

**R−COOH 3分子とのエステル**です。

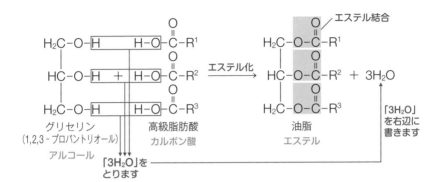

グリセリン
(1,2,3 - プロパントリオール)
アルコール

高級脂肪酸
カルボン酸

油脂
エステル

「$3H_2O$」を
とります

エステル化 →

「$3H_2O$」
を右辺に
書きます

油脂は，高級脂肪酸からOH，グリセリンから
Hがとれたエステルですね。

第
8
講

油
脂

---

**ポイント**　油脂

$$C_3H_5(OH)_3 \;+\; 3RCOOH \xrightarrow{\text{エステル化}} C_3H_5(OCOR)_3 \;+\; 3H_2O$$

グリセリン　　　　高級脂肪酸　　　　　　　　油脂
(1,2,3-プロパントリオール)

脂肪　　脂肪油
└→固体　└→液体

このような簡単な反応式でも表せるようにしよう。

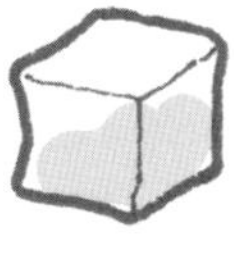

牛脂

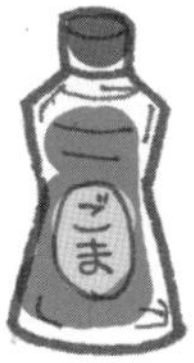

ゴマ油

# Step 2 高級脂肪酸の名称と構造をおさえよう！

天然の油脂を構成している高級脂肪酸 R-COOH の多くは，Cの数が16と18のもので，高級脂肪酸 R-COOH がもつ

R- が C-C 結合と C-H 結合だけのもの　⇒　**高級飽和脂肪酸**

R- が C=C 結合をもつもの　　　　　⇒　**高級不飽和脂肪酸**

とよびます。

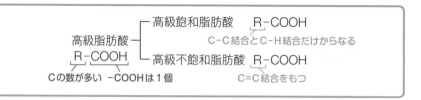

高級飽和脂肪酸には，例えば

ステアリン酸 $C_{17}H_{35}COOH$

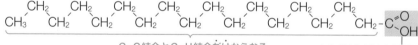

高級不飽和脂肪酸には，例えば

オレイン酸 $C_{17}H_{33}COOH$

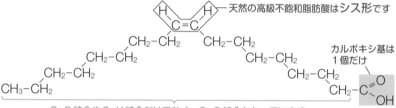

があります。

高級脂肪酸は，まず，

パル ・ ステ ・ オ ・ リ ・ レン

パルミチン酸 　ステアリン酸 　オレイン酸 　リノール酸 　リノレン酸

と覚えましょう。次に，

$C_nH_{2n+1}-$ **の型** をもつと，**C-C 結合** と **C-H 結合** のみ からできている

↳ アルキル基といいます

つまり

$C_{15}H_{31}-$ や $C_{17}H_{35}-$ は，**C-C 結合** と **C-H 結合** のみ からできている

ことも覚えておきましょう。

C-C 結合と C-H 結合のみからなります　　　　　　C=C 結合の数が増えるほど融点は低くなります

| 炭素数 | 示性式 | 名称 | C=Cの数 | 分子量 | 融点 | |
|--------|--------|------|---------|--------|------|---|
| 16 | $C_{15}H_{31}COOH$ | パルミチン酸 | 0 | 256 | 63℃ | 高級飽和 |
| 18 | $C_{17}H_{35}COOH$ | ステアリン酸 | 0 | 284 | 70℃ | 脂肪酸 |
| | $C_{17}H_{33}COOH$ | オレイン酸 | 1 | 282 | 13℃ | 高級不飽和 |
| | $C_{17}H_{31}COOH$ | リノール酸 | 2 | 280 | −5℃ | 脂肪酸 |
| | $C_{17}H_{29}COOH$ | リノレン酸 | 3 | 278 | −11℃ | |

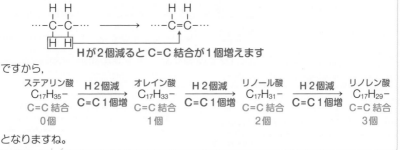

Hが2個減ると C=C 結合が1個増えます

ですから，

ステアリン酸 $C_{17}H_{35}-$ →(H 2個減 / C=C 1個増)→ オレイン酸 $C_{17}H_{33}-$ →(H 2個減 / C=C 1個増)→ リノール酸 $C_{17}H_{31}-$ →(H 2個減 / C=C 1個増)→ リノレン酸 $C_{17}H_{29}-$

C=C 結合 0個 → C=C 結合 1個 → C=C 結合 2個 → C=C 結合 3個

となりますね。

ステアリン酸 $C_{17}H_{35}COOH$ のみからなる油脂 $C_3H_5(OCOC_{17}H_{35})_3$ の分子量は890になります。覚えておくと問題を解くときに役立ちますよ。

オレイン酸，リノール酸，リノレン酸のもつ C=C 結合はいずれも

のような**シス形**で，C=C 結合のところで折れ曲

がっています。R- 部分が折れ曲がっていると，分子どうしが並びにくくなり固化しにくくなります。つまり，高級不飽和脂肪酸は，C=C 結合が増えるほど R- 部分が折れ曲がることで固化しにくくなり，融点が低くなります。

## ●乾性油

**あまに油**や**ひまわり油**などは C=C 結合を多く含む脂肪油です。これらの油を**物の表面にうすくぬっておく**と，C=C 結合が空気中の $O_2$ に酸化されて C=C 結合が少なくなり**固まります**。

あまに油やひまわり油などの脂肪油は**乾性油**といって，塗料などに使います。

## ●硬化油

**コーン油**などの C=C 結合を多く含む脂肪油に，ニッケル Ni を触媒として $H_2$ を付加させて C=C 結合を少なく（C-C 結合を多く）すると，油脂の融点が高くなり，室温で固化します。**$H_2$ を付加させてつくった油脂**を**硬化油**といい，マーガリンの原料になります。

次の練習問題にチャレンジしてみましょう。

　油脂はグリセリン1分子と高級脂肪酸3分子が ア 結合した化合物である。油脂は常温で固体の イ と常温で液体の ウ に大別される。構成する脂肪酸として, イ は飽和脂肪酸を多く含み, ウ は不飽和脂肪酸を多く含む。また, ウ にニッケルを触媒として水素を付加させると, 固体の エ が生じる。

(1) ア に最も適する語句を書け。

(2) イ ～ エ に最も適する語句を, それぞれⓐ～ⓕから選べ。

ⓐ 乾性油　　ⓑ 硬化油
ⓒ 脂肪　　ⓓ 脂肪油
ⓔ セッケン　　ⓕ ろう

(3) 飽和脂肪酸および不飽和脂肪酸の組み合わせとして正しいものを右表のⓐ～ⓔから選べ。

| | 飽和脂肪酸 | 不飽和脂肪酸 |
|---|---|---|
| ⓐ | パルミチン酸 | ステアリン酸 |
| ⓑ | リノレン酸 | パルミチン酸 |
| ⓒ | オレイン酸 | リノール酸 |
| ⓓ | ステアリン酸 | オレイン酸 |
| ⓔ | リノール酸 | リノレン酸 |

**解き方**

(1)　グリセリン $C_3H_5(OH)_3$ 1分子　と　高級脂肪酸 RCOOH 3分子　が

エステル結合 $-\overset{\overset{\textstyle O}{\|}}{C}-O-$ した化合物 $C_3H_5(OCOR)_3$ が油脂でした。
　　　　ア

(2)　油脂は常温で固体の脂肪と, 常温で液体の脂肪油に大別されます。脂肪は飽和脂肪酸を多く含み, 脂肪油は不飽和脂肪酸を多く含みます。また, マーガリンの原料になる硬化油は次のようにつくります。

$$脂肪油（C=C が多い） \xrightarrow[\text{H}_2付加]{\text{触媒(Ni)}} 硬化油（C=C が少ない）$$

(3)　飽和脂肪酸は,　　パル　・　ステ
　　　C=Cなし　　パルミチン酸　ステアリン酸

　　　不飽和脂肪酸は,　　オ　・　リ　・　レン　です。
　　　C=Cあり　　オレイン酸　リノール酸　リノレン酸

**答え**　(1) エステル　(2) イ:ⓒ　ウ:ⓓ　エ:ⓑ　(3) ⓓ

## Step 3 セッケンと合成洗剤を覚えよう！

### ●セッケン

エステル　$R^1-\overset{\overset{O}{\|}}{C}-O-R^2$　に水酸化ナトリウムNaOH水溶液を加えて加熱すると，カルボン酸のNa塩 $R^1-COONa$　と　アルコール $R^2-OH$ に加水分解（けん化）することができました。この反応は，

**(1)エステルを書く**　　**(2)エステルの下にOH⁻を書く**　　**(3)** のような矢印↓を書く

$$R^1-\overset{\overset{O}{\|}}{C}-O-R^2 \Rightarrow R^1-\overset{\overset{O}{\|}}{C}-O-R^2 \Rightarrow R^1-\overset{\overset{O}{\|}}{C}\overset{|}{-}O-R^2$$

**(4)矢印↓で切断する**　　**(5)切れた部分をつなぐ**

の順に考えました。

両辺にNa⁺を加えて，まとめると次の反応式になります。

$$R^1-\overset{\overset{O}{\|}}{C}\vdots O-R^2 + Na^+OH^- \xrightarrow[けん化]{加熱} R^1-\overset{\overset{O}{\|}}{C}-O^-Na^+ + R^2-OH$$

エステル結合

このエステルをうら返して，けん化のようすをもう一度反応式に表します。

$$R^2-O\vdots\overset{\overset{O}{\|}}{C}-R^1 + Na^+OH^- \longrightarrow R^2-O-H + R^1-\overset{\overset{O}{\|}}{C}-O^-Na^+$$

上のエステルをうら返して書いてみました

この反応を1分子中にエステル結合 $-\overset{\overset{O}{\|}}{C}-O-$ を3個もっている油脂にあてはめてみます。

$$
\begin{array}{l}
\mathrm{H_2C-O} \!\vdots\! \overset{\displaystyle O}{\overset{\displaystyle \|}{\mathrm{C}}} \mathrm{-R^1} \\[4pt]
\mathrm{HC-O} \!\vdots\! \overset{\displaystyle O}{\overset{\displaystyle \|}{\mathrm{C}}} \mathrm{-R^2} \\[4pt]
\mathrm{H_2C-O} \!\vdots\! \overset{\displaystyle O}{\overset{\displaystyle \|}{\mathrm{C}}} \mathrm{-R^3}
\end{array}
\;+\; 3\mathrm{NaOH}
\;\xrightarrow{\text{加熱}}\;
\begin{array}{l}
\mathrm{H_2C-O-H} \\[4pt]
\mathrm{HC-O-H} \\[4pt]
\mathrm{H_2C-O-H}
\end{array}
\;+\;
\begin{array}{l}
\mathrm{R^1-}\overset{\displaystyle O}{\overset{\displaystyle \|}{\mathrm{C}}}\mathrm{-O^- Na^+} \\[4pt]
\mathrm{R^2-}\overset{\displaystyle O}{\overset{\displaystyle \|}{\mathrm{C}}}\mathrm{-O^- Na^+} \\[4pt]
\mathrm{R^3-}\overset{\displaystyle O}{\overset{\displaystyle \|}{\mathrm{C}}}\mathrm{-O^- Na^+}
\end{array}
$$

エステル結合が3か所あるのでNaOHは3mol必要です

油脂（エステル）　　　　グリセリン（アルコール）　　　セッケン（高級脂肪酸のナトリウム塩）

　このように油脂（エステル）にNaOH水溶液を加えて加熱すると，**油脂がけん化**されて**グリセリン**（アルコール）と**高級脂肪酸のナトリウム塩**（セッケン）RCOONaが生成します。

　セッケンは，水になじみやすい–COO⁻の部分（⇒**親水基**といいます）と，水になじみにくい長い炭化水素基の部分（⇒**疎水基**または**親油基**といいます）からできています。セッケンのように，親水基と疎水基を合わせてもつ物質を**界面活性剤**といいます。

**〈セッケンの構造〉**

疎水性の部分（疎水基 または 親油基）　　　親水性の部分（親水基）

**セッケン分子**

　セッケンを水に溶かしてセッケン水をつくりましょう。

　セッケン水の濃度が大きくなると，セッケンは**疎水基を内側に，親水基を外側にして球状のコロイド粒子**である**ミセル**をつくって，水中に細かく分散します。

セッケンを水に溶かすと…

空気と水の境界（界面）に並びます

ミセル　水中に分散

セッケン水の濃度が大きくなると，セッケンは疎水基を内側に，親水基を外側にして球状の粒子であるミセルをつくります

このセッケン水に油汚れのついた布を入れてみます。

セッケンの疎水基（親油基）が油と引き合い，油はセッケンにまわりをとり囲まれて水中に分散します。このように，**セッケンが油を水中に分散させる作用**を乳化作用，**得られるにごった水溶液**を乳濁液といいます。

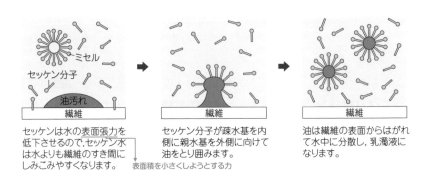

| | | |
|---|---|---|
| セッケンは水の表面張力を低下させるので,セッケン水は水よりも繊維のすき間にしみこみやすくなります。 | セッケン分子が疎水基を内側に親水基を外側に向けて油をとり囲みます。 | 油は繊維の表面からはがれて水中に分散し,乳濁液になります。 |

表面積を小さくしようとする力

## ●セッケンの性質

セッケンの性質を2つ紹介します。

**性質(1)** セッケン水は弱塩基性を示し，絹や羊毛などの動物繊維をいためます。

$R-COO^-$ が水 $H_2O$ の $H^+$ と結びつきやすく，セッケン水は弱塩基性を示します。

> $H_2O$ から電離して生じる $H^+$ と $R-COO^-$ が結びつきます。

$$H_2O \underset{電離}{\rightleftarrows} \cancel{H^+} + OH^-$$

$$+)\ R-COO^- + \cancel{H^+} \longrightarrow R-COOH \leftarrow R-COO^- が H^+ と結びつく$$

$$R-COO^- + H_2O \rightleftarrows R-COOH + OH^-$$

$OH^-$ を生じて弱塩基性を示すので，絹や羊毛には使わない

**性質(2)** セッケンは，硬水中では泡立ちが悪くなり，洗浄力が低下します。

**$Ca^{2+}$ や $Mg^{2+}$ を多く含む硬水**にセッケンを溶かすと，水に溶けにくい $(RCOO)_2Ca$ や $(RCOO)_2Mg$ が沈殿し，セッケンの泡立ちが悪くなり，洗浄力が低下します。

$$2R-COO^- + Ca^{2+} \longrightarrow (R-COO)_2Ca\downarrow$$

$$2R-COO^- + Mg^{2+} \longrightarrow (R-COO)_2Mg\downarrow$$

**ポイント** セッケン

(1) セッケンは，油脂をけん化してつくる。

(2) セッケン  は，ミセル  をつくり

疎水基 親水基
（親油基）

油  をとり囲み，乳濁液になる。

(3) セッケン水は，弱塩基性を示す。

(4) 硬水($Ca^{2+}$，$Mg^{2+}$)中では，セッケンは泡立ちにくい。

## ●合成洗剤

セッケン以外の洗剤として，合成洗剤を覚えましょう。

### (1) 高級アルコール系合成洗剤

高級アルコール R-OH に 濃硫酸 $H_2SO_4$ を反応させ，硫酸エステルをつくり
└→Cの数が多いアルコール。$C_{12}H_{25}$-OH など
ます。

$H_2O$ をとります
↑
R-O-[H + H-O]-$SO_3H$ ──エステル化──→ R-O-$SO_3H$ + $H_2O$
高級アルコール　　硫酸　　　　　　　　　　硫酸エステル

この反応は，**硫酸 $H_2SO_4$ の OH とアルコール R-OH の H から $H_2O$ がと
れている**ので，**エステル化**です。生成した硫酸エステルをNaOHで中和して合成
洗剤をつくることができます。

R-O-$SO_3H$ + NaOH ──中和──→ R-O-$SO_3^-Na^+$ + $H_2O$
硫酸エステル　　　　　　　　　高級アルコール系合成洗剤

### (2) アルキルベンゼンスルホン酸ナトリウム（石油系合成洗剤）

アルキル基（メチル基 $CH_3-$，エチル基 $C_2H_5-$，…アルキル基 $C_nH_{2n+1}-$ です）
をもつベンゼンをアルキルベンゼン $C_nH_{2n+1}-\bigcirc$ といいます。このアルキルベ
ンゼンを濃硫酸 $H_2SO_4$ と反応させます。

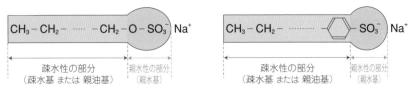

$$C_nH_{2n+1}-\underset{\substack{\text{アルキル}\\\text{ベンゼン}}}{\underline{\quad}}-\boxed{H + H-O}-SO_3H \xrightarrow{\text{スルホン化}} C_nH_{2n+1}-\underset{\substack{\text{アルキルベンゼン}\\\text{スルホン酸}}}{\underline{\quad}}-SO_3H + \underset{\substack{\text{とったH}_2\text{Oを}\\\text{右辺に書きます}}}{H_2O}$$

「H$_2$Oをとる」と考えると反応式がつくりやすいですよ

この反応は，**スルホン化**でした。生成したアルキルベンゼンスルホン酸を NaOHで中和して合成洗剤をつくることができます。

$$C_nH_{2n+1}-\underset{\substack{\text{アルキルベンゼン}\\\text{スルホン酸}}}{\underline{\quad}}-SO_3H + NaOH \xrightarrow{\text{中和}} C_nH_{2n+1}-\underset{\substack{\text{アルキルベンゼン}\\\text{スルホン酸ナトリウム}}}{\underline{\quad}}-SO_3{}^-Na^+ + H_2O$$

これらの洗剤は，石油などから合成されるので**合成洗剤**といい，セッケンと同じように疎水基（親油基）と親水基をもっています。

$$CH_3-CH_2-\cdots\cdots-CH_2-O-SO_3{}^-\ Na^+$$

疎水性の部分
（疎水基 または 親油基）　親水性の部分（親水基）

**高級アルコール系合成洗剤**

$$CH_3-CH_2-\cdots\cdots-\underset{}{\underline{\quad}}-SO_3{}^-\ Na^+$$

疎水性の部分
（疎水基 または 親油基）　親水性の部分（親水基）

**アルキルベンゼンスルホン酸ナトリウム**

合成洗剤は，

① 水溶液が，**中性である**

② Ca$^{2+}$やMg$^{2+}$を多く含む硬水中でも**泡立つ**

というセッケンとは異なる性質をもっています。

---

**ポイント** 合成洗剤

（1）合成洗剤のつくり方

$$R-OH \xrightarrow[\text{エステル化}]{H_2SO_4} R-O-SO_3H \xrightarrow[\text{中和}]{NaOH} R-O-SO_3{}^-Na^+$$

$$R-\underset{}{\underline{\quad}} \xrightarrow[\text{スルホン化}]{H_2SO_4} R-\underset{}{\underline{\quad}}-SO_3H \xrightarrow[\text{中和}]{NaOH} R-\underset{}{\underline{\quad}}-SO_3{}^-Na^+$$

（2）合成洗剤は強酸と強塩基からなる塩なので，その水溶液は中性。

（3）硬水（Ca$^{2+}$，Mg$^{2+}$）中でも，合成洗剤は泡立つ。

**練習問題**

　油脂に水酸化ナトリウム水溶液を加えて加熱すると，油脂は化合物Aと脂肪酸のナトリウム塩（セッケン）になる。この分解反応を　ア　という。セッケンは，　1　性の炭化水素基と　2　性のイオンの部分からできている。セッケンを水に溶かすと，脂肪酸イオンは　1　性部分を　3　側に，　2　性部分を　4　側にして粒子をつくる。この粒子を　イ　という。

　衣服に付着した油は水と混じらないが，セッケン水を加えると油はセッケンの　1　性部分に囲まれ細かい粒子になって水の中に分散・乳化される。また，セッケン水の表面では，セッケンの　2　性部分は　5　に，　1　性部分は　6　に向いて並ぶことにより，水の　ウ　は著しく下がる。このため，セッケン水は繊維などの隙間にしみこみやすい。セッケンの洗浄作用はこの2つの共同作業によるとされている。セッケンは$Ca^{2+}$，$Mg^{2+}$などを多く含む硬水や海水では，その洗浄力が低下する。

　一方，硬水や海水でも洗浄力を示す合成洗剤のアルキルベンゼンスルホン酸塩（ABS洗剤）は，次式に示す反応により合成されている。ABS洗剤はスルホン酸のナトリウム塩であるため，その水溶液は　7　である。

$$R \!-\!\!\bigcirc\!\!- \xrightarrow[\text{I}]{\text{H}_2\text{SO}_4} \boxed{\text{B}} \xrightarrow[\text{II}]{\text{NaOH}} \boxed{\text{ABS洗剤}} \quad \text{(R：アルキル基)}$$

(1)　ア　〜　ウ　に最も適する語句をそれぞれ次から選べ。

ⓐ アセチル化　　ⓑ エステル化　　ⓒ けん化　　ⓓ 浸透圧　　ⓔ ゾル
ⓕ 疎水コロイド　　ⓖ 乳化　　　ⓗ 表面張力　　ⓘ ミセル

(2)　1　〜　7　に最も適する語句をそれぞれ次から選べ。

ⓐ 塩基性　　ⓑ 外　　ⓒ 空中　　ⓓ 酸性　　ⓔ 親水　　ⓕ 水中
ⓖ 疎水　　　ⓗ 中性　　ⓘ 内

(3)　式中の　Ⅰ　および　Ⅱ　に該当する反応名をそれぞれ次から選べ。

ⓐ アルキル化　　ⓑ エーテル化　　ⓒ ジアゾ化　　ⓓ 中和
ⓔ スルホン化

(4)　AおよびBの構造式を書け。

**解き方**

(1)，(2)，(4)　油脂に水酸化ナトリウムNaOH水溶液を加えて加熱すると，グリセリンと脂肪酸のナトリウム塩（セッケン）になります。

$$\underset{\text{油脂}}{C_3H_5(OCOR)_3} + 3NaOH \longrightarrow \underset{\text{グリセリン}}{\boxed{C_3H_5(OH)_3}^{\text{A}}} + \underset{\text{セッケン}}{3RCOONa}$$

この分解反応は，けん化でした。セッケンは疎水性の炭化水素基と親
　　　　　　 ‾‾ア‾‾　　　　　　　　　　　　‾‾‾‾‾‾‾‾‾‾1‾‾‾‾‾
水性のイオンの部分からできています。
‾‾‾
　2

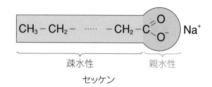

疎水性　　　親水性
セッケン

セッケンはミセルという粒子をつくりました。
　　　　‾‾‾‾‾
　　　　　イ

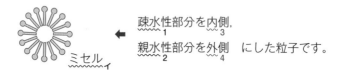

疎水性部分を内側，
‾‾‾‾‾1　　　　‾‾3
　　　　　　　　　　　　にした粒子です。
親水性部分を外側
‾‾‾‾‾2　　　　‾‾4

ミセル
　　イ

セッケン水の表面では，

疎水性部分は空中に向く
‾‾‾‾‾1　　　‾‾‾‾‾6

親水性部分は水中に向く
‾‾‾‾‾2　　　‾‾‾‾‾5

のようにセッケンが並ぶことで，水の表面張力が低下します。
　　　　　　　　　　　　　　　‾‾‾‾‾‾‾‾‾‾
　　　　　　　　　　　　　　　　　　ウ
　　合成洗剤の水溶液は中性でした。
　強酸と強塩基からなる塩　‾‾7

(3)，(4)　合成洗剤のアルキルベンゼンスルホン酸塩(ABS洗剤)は，次の
　　　　　　　　　　　　A　　　B　　　　S
反応により合成します。

$$R-\bigcirc \xrightarrow[\text{スルホン化}]{H_2SO_4}_{I} \boxed{R-\bigcirc-SO_3H}^B \xrightarrow[\text{中和}]{NaOH}_{II} R-\bigcirc-SO_3Na$$

ABS洗剤

**答え**　(1)　ア：ⓒ　　イ：ⓘ　　ウ：ⓗ

　　　(2)　1：ⓖ　　2：ⓔ　　3：ⓘ　　4：ⓑ　　5：ⓕ

　　　　　　6：ⓒ　　7：ⓗ

　　　(3)　I：ⓔ　　II：ⓓ

　　　(4)　(A)　CH₂−CH−CH₂
　　　　　　　　　|　　|　　|
　　　　　　　　　OH　OH　OH

　　　　　　(B)　R−〈〉−SO₃H

## 第9講　糖　類

## Step ① グルコースの構造を覚えよう！

糖類は，米やパンに多く含まれていて，ふつう $C_m(H_2O)_n$ と表すことができる

炭素 ↲　　↳水

ので**炭水化物**ともよばれます。おもな糖類には，

↱単糖のイメージです。

**(1) 単糖 ( ● )** ⇒ **これ以上，加水分解されない糖**

単糖には，Cが6個の**六炭糖（ヘキソース）**と，Cが5個の**五炭糖（ペントース）**

↳数詞ではヘキサ　　　　　　　　　　　　↳数詞ではペンタ

があります。

六炭糖（ヘキソース）の分子式は，$C_6(H_2O)_6$　つまり　$C_6H_{12}O_6$　です。

↳Cが6個　　　　　　　↳分子量が180になることも覚えよう

> **覚えてほしい六炭糖の名前** グルコース（ブドウ糖），フルクトース（果糖），ガラクトース

**(2) 二糖 ( ●—● )** ⇒ **単糖 ( ● ) 2分子から水 $H_2O$ 1分子がとれた構造**

分子式は，$C_6H_{12}O_6 + C_6H_{12}O_6 - H_2O = C_{12}H_{22}O_{11}$　です。

↳分子量が342になることも覚えよう

↱間から $H_2O$ がとれるので $(n-1)$ 分子とれます

**(3) 多糖 ( ●→●→●→…→● )** ⇒ **単糖 ( ● ) $n$ 分子から水 $H_2O$ $(n-1)$ 分子が**
　　　　　　　　　　　　　　　　　　　**とれた構造**

分子式は，

$$C_6H_{12}O_6 \times n - H_2O \times (n-1) = C_6H_{12}O_6 \times n - H_2O \times n + H_2O$$

↳$n(C_6H_{12}O_6 - H_2O)$ とできます

$$= (C_6H_{10}O_5)_n + H_2O$$

ばく大　　　わずか

となり，$n$ が大きいので $(C_6H_{10}O_5)_n$ と近似できます。

↳分子量が $162n$ になることも覚えよう

---

> **ポイント** 糖類
>
> | 単糖 | | 二糖 | 多糖 |
> |---|---|---|---|
> | $C_6H_{12}O_6$ | $C_5H_{10}O_5$ | $C_{12}H_{22}O_{11}$ | $(C_6H_{10}O_5)_n$ |
> | 六炭糖 | 五炭糖 | | |

## ●単糖 $C_6H_{12}O_6$

単糖は，分子式 $C_6H_{12}O_6$ のグルコース・フルクトース・ガラクトースをおさえ，グルコースとフルクトースの構造式を暗記しましょう。

どの単糖も結晶で，ヒドロキシ基 –OH を多くもち水によく溶けます。単糖の水溶液はすべて還元性があり，銀鏡反応を示し，フェーリング液を還元します。

ポイント **単糖の水溶液はすべて還元性を示す**

### (1) グルコース（ブドウ糖）$C_6H_{12}O_6$

グルコース $C_6H_{12}O_6$ は**ブドウ糖**ともよび，果実などに含まれています。動物や植物のエネルギー源になります。グルコースは植物の光合成により，二酸化炭素 $CO_2$ と水 $H_2O$ からつくられます。

$$6CO_2 \ + \ 6H_2O \ \xrightarrow[\text{光合成}]{\text{光}} \ \underset{\text{グルコース}}{C_6H_{12}O_6} \ + \ 6O_2$$

グルコースの水溶液は，**α–グルコース**，**鎖状グルコース**，**β–グルコース**の3種類が平衡状態になっています。

### 〈水溶液中のグルコース〉

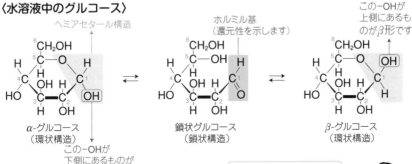

ヘミアセタール構造

ホルミル基
（還元性を示します）

この –OH が
上側にあるものが β 形です

α-グルコース
（環状構造）

この –OH が
下側にあるものが
α 形です

鎖状グルコース
（鎖状構造）

β-グルコース
（環状構造）

α–グルコースとβ–グルコースは，$C^1$ につく –OH の向きが異なる立体異性体の関
<u>–OH と –H の立体的な配置が異なる</u>
係にあります。

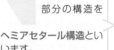

部分の構造をヘミアセタール構造といいます。
ヘミアセタールは，ヒドロキシ基 –OH をもったエーテル（–O–）と覚えましょう。

実際のα-グルコースやβ-グルコースは，

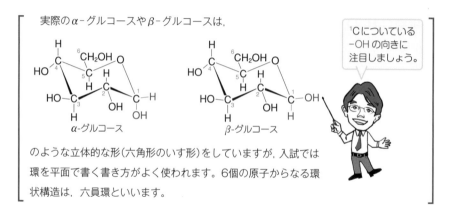

α-グルコース      β-グルコース

のような立体的な形（六角形のいす形）をしていますが，入試では
環を平面で書く書き方がよく使われます。6個の原子からなる環
状構造は，六員環といいます。

α-グルコースやβ-グルコースのもつヘミアセタール構造 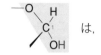 は，

のように水溶液中で環が開くので，環状構造のα-グルコースやβ-グルコースは，
ホルミル基をもった鎖状構造になることができます。

　また，鎖状構造は環状構造になることもできるので，グルコースの水溶液は
α-グルコース，鎖状グルコース，β-グルコースの平衡混合物になります。

### 〈水溶液中のグルコース（％は25℃の水溶液中の存在割合）〉

α-グルコース    鎖状グルコース    β-グルコース
（環状構造）    （鎖状構造）    （環状構造）
約38%     約0.002%     約62%
    （極めて少ない）  （最も多い）

環が開きます　　　　　環状構造になります
環状構造になります　　　環が開きます

　鎖状グルコースにはホルミル基 $-C\!\!\begin{smallmatrix}O\\H\end{smallmatrix}$ があるので，グルコースの水溶液は還
元性を示します。つまり，銀鏡反応を示し，フェーリング液を還元します。

　グルコースの3種類の構造式は，次のように覚えましょう。

グルコースの構造式の覚え方

①CH₂OHを
書きます

CH₂OH
|

➡ ②六角形を書き，
右上をOにします

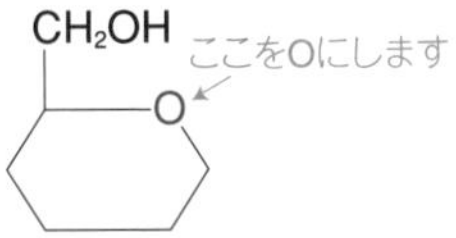

CH₂OH
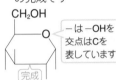
ここをOにします

➡ ③両はしの棒(−)を
下向きにつけます

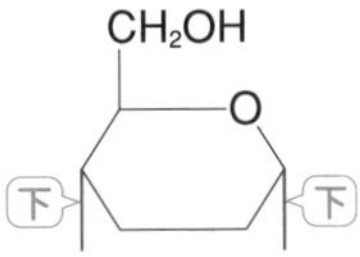

CH₂OH

下　　　下

➡ ④棒(−)を上下
交互につけます

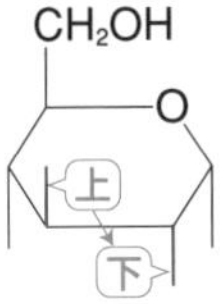

CH₂OH

上

下

➡ ⑤α-グルコース
の完成です

CH₂OH

完成

−は−OHを
交点はCを
表しています

くり返し
書いて暗記
しましょう！

➡ ⑥β-グルコースを書く場合は，
右の棒(−)を上に向けます

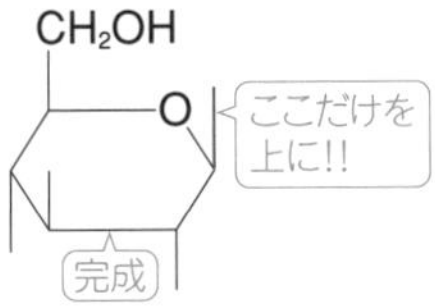

CH₂OH

ここだけを
上に!!

完成

➡ ⑦鎖状グルコースを書く場合は，右上の
OをOHにし，右はしを−CHOとします

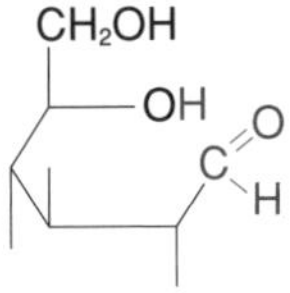

CH₂OH

OH

C
‖
O

H

補足　交点はC，棒(−)は−OH，Cの価標 $4\left(-\overset{|}{\underset{|}{C}}-\right)$ を使い構造式を書きます

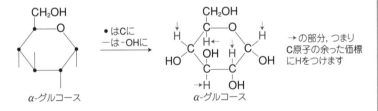

α-グルコース

•はCに
−は−OHに

α-グルコース

→の部分，つまり
C原子の余った価標
にHをつけます

ポイント　グルコース $C_6H_{12}O_6$

● グルコースの構造式は3種類を覚える。
● 鎖状構造はホルミル基をもつので，グルコースの水溶液は還元性を示す。

## （2）フルクトース（果糖）$C_6H_{12}O_6$

フルクトース$C_6H_{12}O_6$は**果糖**ともよび，グルコースの構造異性体で，糖の中で最も甘く果物やはちみつなどに含まれています。

フルクトースの水溶液は，おもに次のような平衡状態になっています。

### 〈水溶液中のフルクトース〉

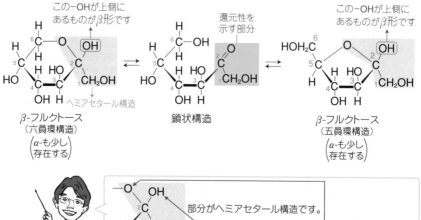

この-OHが上側にあるものがβ形です

還元性を示す部分

この-OHが上側にあるものがβ形です

β-フルクトース
（六員環構造）
（α-も少し存在する）

鎖状構造

β-フルクトース
（五員環構造）
（α-も少し存在する）

ヘミアセタール構造

部分がヘミアセタール構造です。

ヘミアセタールは，ヒドロキシ基-OHをもったエーテル-O-でしたね。

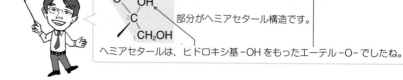

環状構造のヘミアセタール構造　　　　　　　は，水溶液中で

Hが移動します

…… 部分が切れます

のように環が開き，$-\overset{O}{\underset{2}{C}}-\underset{1}{CH_2}-OH$　の構造をもつ鎖状構造になることができます。

$-\overset{O}{\underset{2}{C}}-\underset{1}{CH_2}-OH$ は水溶液中では $-\underset{2}{CH}-\overset{OH}{\underset{1}{C}}\overset{O}{\diagdown}_{H}$ に変化する

ので，フルクトースの水溶液は還元性を示します。

β-フルクトース（五員環構造）と鎖状構造を次のように覚えましょう。

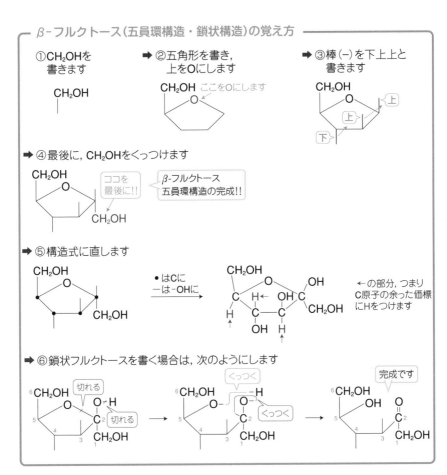

β-フルクトース（五員環構造・鎖状構造）の覚え方

① CH₂OHを書きます

➡ ②五角形を書き，上をOにします

➡ ③棒（−）を下上上と書きます

➡ ④最後に，CH₂OHをくっつけます

β-フルクトース五員環構造の完成!!

➡ ⑤構造式に直します

・はCに
−は−OHに

←の部分，つまりC原子の余った価標にHをつけます

➡ ⑥鎖状フルクトースを書く場合は，次のようにします

切れる → くっつく → 完成です

## (3) ガラクトース $C_6H_{12}O_6$

　ガラクトースは，グルコースの４位のHとOHの位置が逆になっただけの構造（ガラクトースは，グルコースの立体異性体です）となっています。構造式を覚える必要はありませんが，グルコースの水溶液と同じようにガラクトースの水溶液も還元性を示すことを知っておきましょう。

### 〈水溶液中のガラクトース〉〈参考〉

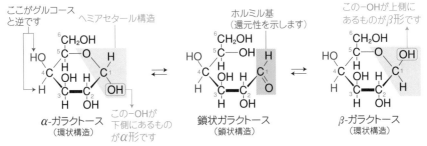

ここがグルコースと逆です

ヘミアセタール構造

ホルミル基（還元性を示します）

この−OHが上側にあるものがβ形です

α-ガラクトース（環状構造）

この−OHが下側にあるものがα形です

鎖状ガラクトース（鎖状構造）

β-ガラクトース（環状構造）

Step **2** スクロースを中心に覚えよう。

## ●二糖 $C_{12}H_{22}O_{11}$

二糖は，**単糖 $C_6H_{12}O_6$ 2分子から $H_2O$ 1分子がとれた構造**で

$$C_6H_{12}O_6 \ + \ C_6H_{12}O_6 \ - \ H_2O \ = \ C_{12}H_{22}O_{11}$$

の分子式をもっています。

二糖の学習は，次の4種類の二糖，「マルトース・セロビオース・ラクトース・スクロース」をながめることからはじめましょう。

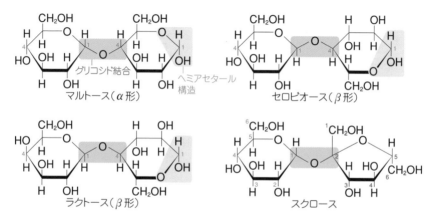

■■■ の構造が水溶液中で開環して，還元性を示します

4種類の二糖を見て，気づくことはありませんか？

スクロースは，ヘミアセタール構造
　　　　　　　ヒドロキシ基 -OH をもったエーテル -O-

を見つけることができませんね。スクロースは，$C^1$ や $C^2$ についていたヒドロキシ基 -OH の H がなくなり，-OH は**グリコシド結合** $^1C$-O-$^2C$ をつくっています。

グリコシド結合とは，**糖のヘミアセタール構造の −OH と 他の糖の −OH との間のエーテル結合 C−O−C** のことをいいます。

前ページの4種類の二糖を見ると，スクロースはヘミアセタール構造がなくなっているので，水溶液中で環が開きません。つまり，スクロースの水溶液は還元性を示しません。それに対して，他の二糖，マルトース・セロビオース・ラクトースはヘミアセタール構造があるので，これら二糖の水溶液はいずれも還元性を示します。

## (1) マルトース(麦芽糖) $C_{12}H_{22}O_{11}$

マルトース $C_{12}H_{22}O_{11}$ は**麦芽糖**ともよび，ほどよい甘さをもち，水あめなどに含まれています。

**マルトース(α形)は，α-グルコース2分子が，1位と4位の −OH の間で$H_2O$がとれた構造**になっています。

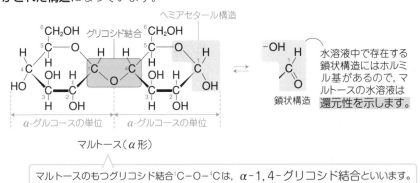

水溶液中で存在する鎖状構造にはホルミル基があるので，マルトースの水溶液は還元性を示します。

マルトース(α形)

> マルトースのもつグリコシド結合 $^1$C−O−$^4$C は，α-1,4-グリコシド結合といいます。

マルトース(α形)は，次のように覚えましょう。

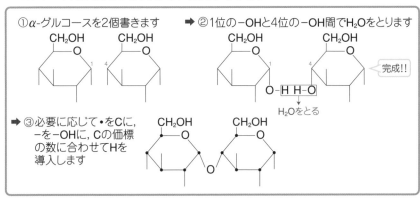

①α-グルコースを2個書きます ➡ ②1位の−OHと4位の−OH間で$H_2O$をとります

完成!!

$H_2O$をとる

➡ ③必要に応じて•をCに，−を−OHに，Cの価標の数に合わせてHを導入します

## (2) セロビオース $C_{12}H_{22}O_{11}$

セロビオース$C_{12}H_{22}O_{11}$は，ほとんど甘さをもたない二糖です。

**セロビオース($\beta$形)は，$\beta$-グルコース2分子が，1位と4位の$-OH$の間で$H_2O$がとれた構造**になっています。

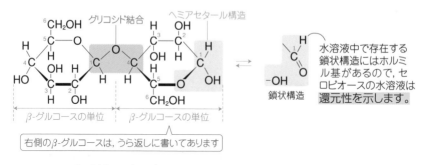

セロビオース($\beta$形)

セロビオースのもつグリコシド結合${}^1C-O-{}^4C$は，$\beta$-1,4-グリコシド結合といいます。

セロビオース($\beta$形)は，次のように覚えましょう。

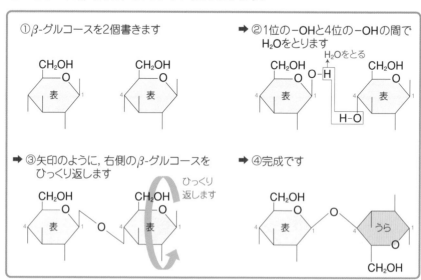

## (3) ラクトース（乳糖）$C_{12}H_{22}O_{11}$

ラクトース$C_{12}H_{22}O_{11}$は，乳糖ともよび，そのβ形は**β−ガラクトースの1位と**

**β−グルコースの4位の−OH の間で$H_2O$がとれた構造**になっています。構造式

を覚える必要はありませんが，水溶液が還元性を示すことを確認しましょう。

### 〈ラクトース（β形）〉〈参考〉

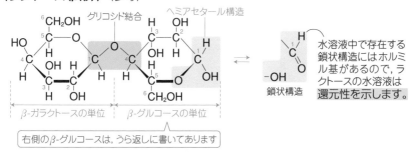

水溶液中で存在する鎖状構造にはホルミル基があるので，ラクトースの水溶液は還元性を示します。

鎖状構造

β-ガラクトースの単位　　β-グルコースの単位

右側のβ-グルコースは，うら返しに書いてあります

## (4) スクロース（ショ糖）$C_{12}H_{22}O_{11}$

スクロース$C_{12}H_{22}O_{11}$は**ショ糖**ともよび，甘く，サトウキビやテンサイなどに

含まれています。砂糖の主成分はスクロースです。

**スクロースは，α−グルコースの1位とβ−フルクトース（五員環構造）の2位の**

**−OH の間で$H_2O$がとれた構造**になっています。

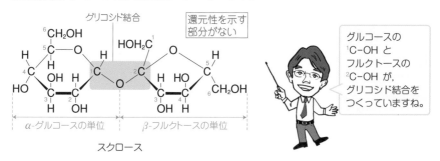

還元性を示す部分がない

グルコースの$^1$C−OH と フルクトースの$^2$C−OH が，グリコシド結合をつくっていますね。

α-グルコースの単位　　β-フルクトースの単位

スクロース

スクロースは，ヘミアセタール構造がなくなっているので，水溶液中で環が開

きません。つまり，スクロースの水溶液は，α−グルコースの単位が鎖状構造と

なって　$-\overset{1}{C}\overset{O}{\underset{H}{\diagdown}}$　を生じたり，β−フルクトースの単位が鎖状構造となって

$-\overset{O}{\overset{2\parallel}{C}}-\overset{1}{C}H_2-OH$　を生じたりすることがないのです。ですから，スクロースの水

溶液は還元性を示しません。

スクロースのもつβ-フルクトースの単位と<u>β-フルクトース（五員環構造）</u>を見くらべましょう。

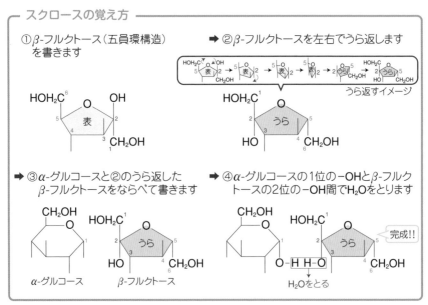

スクロース

β-フルクトース（五員環構造）

よく見ると，β-フルクトースの右半分にある $^1C$，$^2C$，$^3C$ がスクロースのもつβ-フルクトースの単位では左側にあり，β-フルクトースの左半分にある $^4C$，$^5C$，$^6C$ がスクロースのもつβ-フルクトースの単位では右側にある，つまり，

**スクロースを書くには，β-フルクトースを左右でうら返す必要がある**

のです。次のように，スクロースの構造式を覚えましょう。

― スクロースの覚え方 ―

①β-フルクトース（五員環構造）を書きます

➡ ②β-フルクトースを左右でうら返します

うら返すイメージ

➡ ③α-グルコースと②のうら返したβ-フルクトースをならべて書きます

α-グルコース　β-フルクトース

➡ ④α-グルコースの1位の−OHとβ-フルクトースの2位の−OH間でH₂Oをとります

完成!!

$H_2O$をとる

**ポイント**　二糖 $C_{12}H_{22}O_{11}$

● <u>マルトース・セロビオース・ラクトース</u>・<u>スクロース</u>
　　　　水溶液が還元性を示す　　　　　　水溶液は還元性を示さない

## 練習問題

$\beta$-フルクトースAと$\alpha$-グルコースBの構造を図1に示す。

(1) 図1の$\alpha$-グルコースの表記法にならって，$\beta$-グルコース，鎖状グルコースの構造を書け。

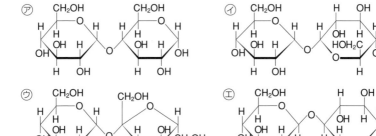

$\beta$-フルクトースA　　$\alpha$-グルコースB
図1

(2) スクロースCの構造を㋐～㋒の中から選べ。

㋐　　　㋑

㋒　　　㋒

(3) セロビオースDおよびマルトースEの構造を㋐～㋒からそれぞれ選べ。

(4) 糖類A～Eのうち，水に溶かしたとき還元性を示さないものはどれか。

### 解き方

Aは$\beta$-フルクトースの五員環構造ですね。

(2) スクロースCの構造は，㋒です。

(3) セロビオースDは㋒，マルトースEは㋐ですね。（二糖㋑は，$\alpha$-グルコースの1位と$\alpha$-グルコースの1位の-OH間で$H_2O$がとれた構造になっています。この二糖㋑をトレハロースといい，ヘミアセタール構造が見つけられません。つまり，トレハロースの水溶液は還元性を示しません。）

(4) $\beta$-フルクトースA，$\alpha$-グルコースB，スクロースC，セロビオースD，マルトースEのうち，水溶液が還元性を示さないものはスクロースです。

### 答え

(1)

$\beta$-グルコース　　鎖状グルコース

(2) ㋒

(3) D：㋒　E：㋐

(4) C

**Step** **3** **多糖はデンプンとセルロースをきっちり覚える！**

## ●多糖 $(C_6H_{10}O_5)_n$

多糖（たとう）は，単糖 $C_6H_{12}O_6$ $n$ 分子から $H_2O$ $(n-1)$ 分子がとれた構造で

$$C_6H_{12}O_6 \times n - H_2O \times (n-1) = \underbrace{C_6H_{12}O_6 \times n - H_2O \times n}_{n(C_6H_{12}O_6 - H_2O) \ とできます} + H_2O$$

$$= (C_6H_{10}O_5)_n + H_2O ≒ (C_6H_{10}O_5)_n \quad ← n がとても大きいので H_2O は近似できます$$

の分子式をもっています。

多糖 $(C_6H_{10}O_5)_n$ は，

### (1) デンプン　　(2) セルロース　　(3) グリコーゲン

を覚えましょう。

まずは，多糖 $(C_6H_{10}O_5)_n$ のポイントをおさえます。

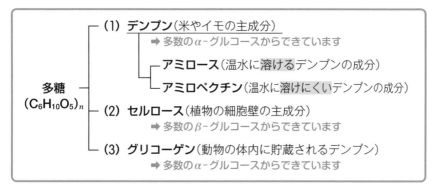

多糖 $(C_6H_{10}O_5)_n$
- (1) **デンプン**（米やイモの主成分）
  - ➡ 多数の $\alpha$-グルコースからできています
    - **アミロース**（温水に溶けるデンプンの成分）
    - **アミロペクチン**（温水に溶けにくいデンプンの成分）
- (2) **セルロース**（植物の細胞壁の主成分）
  - ➡ 多数の $\beta$-グルコースからできています
- (3) **グリコーゲン**（動物の体内に貯蔵されるデンプン）
  - ➡ 多数の $\alpha$-グルコースからできています

デンプンやグリコーゲンはヨウ素デンプン反応を示しますが，セルロースは示しません。
ヨウ素デンプン反応により，デンプンは青〜青紫色，グリコーゲンは赤褐色になります。

次に，(1)〜(3)について，くわしく考えることにします。

## (1) デンプン $(C_6H_{10}O_5)_n$

米やイモの主成分であるデンプンは，多数のα-グルコースがつながってできたらせん構造になっています。デンプンは 80℃くらいの温水に溶ける成分であるアミロース と 溶けにくい成分であるアミロペクチン とからできています。

### ① アミロース

アミロースは，多数のα-グルコースが１位と４位の −OH の間から$H_2O$がとれた直鎖状の高分子です。次のようならせん構造をとります。

**〈アミロースの構造〉**

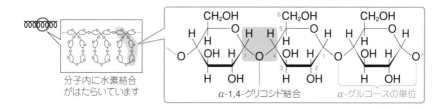

分子内に水素結合
がはたらいています

α-1,4-グリコシド結合

α-グルコースの単位

### ② アミロペクチン

アミロペクチンは，多数のα-グルコースが１位と４位の −OH の間から$H_2O$がとれた直鎖状の部分に加え，１位と６位の −OH の間から$H_2O$がとれた構造の高分子です。１位と６位が結合したα-グルコースのところで枝分かれ構造になっています。次のような構造をもち，らせん構造をとります。

α-グルコース約6個で1回転します

**〈アミロペクチンの構造〉**

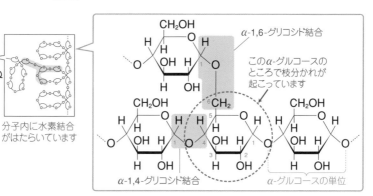

α-1,6-グリコシド結合

このα-グルコースの
ところで枝分かれが
起こっています

分子内に水素結合
がはたらいています

α-1,4-グリコシド結合

α-グルコースの単位

### ③ ヨウ素デンプン反応

デンプン水溶液にヨウ素溶液を加えると，**デンプンのらせん構造の中に$I_2$がとり込まれて青～青紫色**（⇒**ヨウ素デンプン反応**といいます）になります。ヨウ素デンプン反応により青紫色になった水溶液を加熱すると，$I_2$がらせん構造の外に出て色が消え，冷やすと再び青紫色になります。

らせん構造が長いほど青色が濃くなるので，

らせんの長いアミロースは濃青色，らせんの短いアミロペクチンは赤紫色

になります。

---

**ポイント** デンプン

|  | アミロース<br>（温水に溶ける） | | アミロペクチン<br>（温水に溶けにくい） | |
|---|---|---|---|---|
| 構成単糖と<br>立体構造 | α-グルコース | 直鎖状の<br>らせん構造 | α-グルコース | 枝分かれの<br>らせん構造 |
| 結合のようす | 1,4結合のみ | | 1,4結合のほか1,6結合もある | |
| デンプン中の<br>質量% | 20%程度 | | 80%程度<br>（モチ米はほぼ100%） | |
| 分子量 | 比較的小さい | | 比較的大きい | |
| ヨウ素溶液を加える<br>（ヨウ素デンプン反応） | 濃青色 | | 赤紫色 | |

## (2) セルロース (C₆H₁₀O₅)ₙ

植物の細胞壁の主成分であるセルロースは，多数のβ-グルコースが長くつながってできた直鎖状の構造になっています。また，分子間の水素結合で強く結びついているので，熱水や有機溶媒に溶けにくく，らせん構造をとっていないのでヨウ素デンプン反応を示しません。

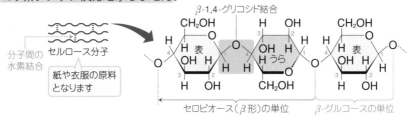

## (3) グリコーゲン (C₆H₁₀O₅)ₙ

グリコーゲンは，**動物デンプン**ともよばれ，動物の肝臓や筋肉にたくわえられている多糖です。グリコーゲンの構造はアミロペクチンに似ていますが，枝分かれがアミロペクチンより多くヨウ素デンプン反応は赤褐色になります。

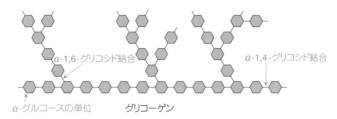

---

**ポイント** 多糖のまとめ

① デンプン

    アミロース：I₂ で濃青色
    アミロペクチン：I₂ で赤紫色            いずれの多糖も還元性を示さない

② セルロース：I₂ で呈色しない

③ グリコーゲン：I₂ で赤褐色

# Step 4 加水分解のフローチャートを暗記しよう！

## ●糖の加水分解

中学のときに，

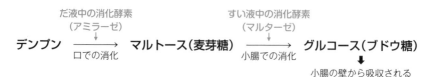

と学習しました。

大学入試では，デンプン以外の多糖・二糖の消化（⇒**加水分解**といいます）も学ぶことになります。

まずは，デンプンがヒトの体内で加水分解されるようすと，セルロースがウシやヒツジの体内で加水分解されるようすを暗記しましょう。

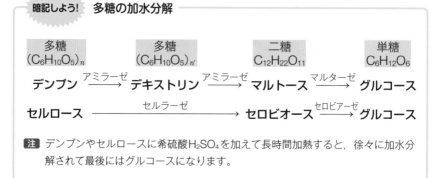

アミラーゼ，マルターゼ，セルラーゼ，セロビアーゼは，酵素（こう そ）とよばれる**タンパク質で触媒（しょくばい）**としてはたらきます。ほとんどの酵素の名前は，

　　　　糖の語尾　オース　を　アーゼ　にする

ことでつけられます。

デンプンは，アミロースを考えて名前をつけましょう。つまり，

デンプン　　　マルトース　　　セルロース　　　セロビオース
　↓　　　　　　　↓　　　　　　　↓　　　　　　　↓
アミラーゼ　　　マルターゼ　　　セルラーゼ　　　セロビアーゼ

ですね。

**デキストリン**は，デンプンよりもやや分子量の小さな多糖の混合物のことです。

> このフローチャート(p.328 暗記しよう!)は，
> デンプンのルートには，α-グルコースからなる多糖や二糖，
> セルロースのルートには，β-グルコースからなる多糖や二糖が並んでいること
> をあわせて覚えると，多糖や二糖の構造式を書くときに役立ちますよ。

次に，二糖の加水分解のようすも覚えましょう。

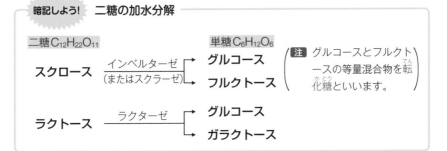

スクロースは，酵素**インベルターゼ**(またはスクラーゼ)によって加水分解(⇒**転化**といいます)されると，**グルコースとフルクトースの等量混合物**(転化糖)になります。

$$C_{12}H_{22}O_{11} \ + \ H_2O \ \longrightarrow \ C_6H_{12}O_6 \ + \ C_6H_{12}O_6$$
スクロース　　　　　　　　　　　　グルコース　　　フルクトース

同じ個数が生成するので等量になります

スクロースの水溶液は還元性を示しませんが，グルコースやフルクトースは還元性を示すので，転化糖の水溶液は還元性を示します。

グルコース・フルクトースなどの**単糖$C_6H_{12}O_6$に酵母菌に含まれるチマーゼと**いう酵素の混合物を作用させると，エタノール$C_2H_5OH$と二酸化炭素$CO_2$を生じます。この変化を**アルコール発酵**といい，お酒の製造に利用されています。

$$C_6H_{12}O_6 \xrightarrow{\text{チマーゼ}} 2C_2H_5OH \ + \ 2CO_2$$
エタノール

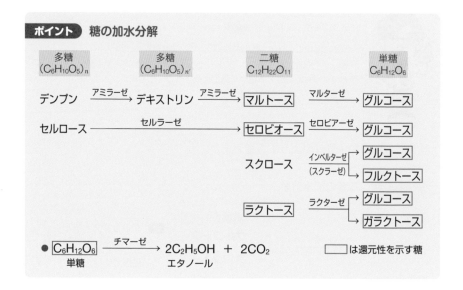

**ポイント** 糖の加水分解

| 多糖 $(C_6H_{10}O_5)_n$ | 多糖 $(C_6H_{10}O_5)_{n'}$ | 二糖 $C_{12}H_{22}O_{11}$ | 単糖 $C_6H_{12}O_6$ |
|---|---|---|---|

デンプン $\xrightarrow{\text{アミラーゼ}}$ デキストリン $\xrightarrow{\text{アミラーゼ}}$ マルトース $\xrightarrow{\text{マルターゼ}}$ グルコース

セルロース $\xrightarrow{\text{セルラーゼ}}$ セロビオース $\xrightarrow{\text{セロビアーゼ}}$ グルコース

スクロース $\xrightarrow[\text{(スクラーゼ)}]{\text{インベルターゼ}}$ グルコース／フルクトース

ラクトース $\xrightarrow{\text{ラクターゼ}}$ グルコース／ガラクトース

● $C_6H_{12}O_6 \xrightarrow{\text{チマーゼ}} 2C_2H_5OH \ + \ 2CO_2$ 　　　　□は還元性を示す糖
単糖　　　　　　　エタノール

　デンプンは，直鎖状の構造を示す　ア　と，枝分かれの多い構造をもつ　イ　とに分けられる。両者の割合は原料によって異なるが，一般的なデンプンでは　ウ　の含量が75～80％であり，残りの20～25％は　エ　である。ヨウ素デンプン反応では　ア　は　オ　色を示し，　イ　は　カ　色を示す。

　デンプンは食物として摂取されると，消化液中の酵素　キ　によって二糖の　ク　に，ついで酵素　ケ　によってグルコースに加水分解されて吸収される。吸収されたグルコースの一部は　コ　となって肝臓や筋肉などにたくわえられる。

　セルロースは植物体の細胞壁の主成分である。セルロース分子は多数の$\beta$-グルコース分子が直鎖状に縮合重合したもので，枝分かれ構造はない。セルロースを酵素　サ　で加水分解すると，二糖の　シ　ができる。

　デンプンとセルロースの分子式は一般的に　ⅰ　で表される。デンプンやセルロースを加水分解したときに得られる単糖グルコースの結晶は，普通は環状構造の$\alpha$-グルコースとして存在するが，結晶を水に溶かすと鎖状構造や$\beta$-グルコースになり，3者は平衡状態になる。

　グルコースの水溶液が，銀鏡反応を起こしたり，フェーリング液を還元して赤色の　ⅱ　を生じさせるのは，鎖状構造のグルコース分子が　ス　基をもつためである。

問　文中の　ア　～　ス　に適当な語句を，　ⅰ　と　ⅱ　には化学式を入れよ。ただし，同じ語句が入る場合もある。

---

**解き方**

　デンプンは，直鎖状の アミロース（ア）と，枝分かれの多い アミロペクチン（イ）に分けられます。一般的なデンプンは アミロペクチン（ウ）の含量が約80％，残りの約20％は アミロース（エ）です。ヨウ素デンプン反応はアミロースが 濃青（オ）色を示し，アミロペクチンは 赤紫（カ）色を示します。

　デンプンは食物として摂取されると，次のように加水分解されます。

デンプン $\xrightarrow{\text{アミラーゼ（キ）}}$ デキストリン $\xrightarrow{\text{アミラーゼ}}$ マルトース（ク）$\xrightarrow{\text{マルターゼ（ケ）}}$ グルコース

↑酵素　　　　　　　　　　　　　　　↑酵素　　↓吸収される

吸収されたグルコースの一部は グリコーゲン となって肝臓や筋肉などに
たくわえられます。
　　　　　　　　　　　　　コ
　セルロースを酵素 セルラーゼ で加水分解すると二糖 セロビオース がで
　　　　　　　　　　サ
きます。さらに，セロビオースは，酵素セロビアーゼでグルコースに加水
分解されます。

　　　セルロース　$\xrightarrow{\text{セルラーゼ}}$　セロビオース　$\xrightarrow{\text{セロビアーゼ}}$　グルコース

　デンプン，セルロース，グリコーゲンなどの多糖の分子式は $(C_6H_{10}O_5)_n$
　　　　　　　　　　　　　　　　　　　　　　　　　　　　　　　　i
で表されます。
　グルコースの水溶液がフェーリング液を還元して赤色の酸化銅（Ⅰ）
$Cu_2O$ を生じさせるのは，鎖状のグルコース分子が ホルミル 基をもつため
　ii　　　　　　　　　　　　　　　　　　　　　　　　　　　　　ス
です。

**答え**　ア：アミロース　　イ：アミロペクチン
　　　　ウ：アミロペクチン　　エ：アミロース　　オ：濃青
　　　　カ：赤紫　　キ：アミラーゼ　　ク：マルトース
　　　　ケ：マルターゼ　　コ：グリコーゲン　　サ：セルラーゼ
　　　　シ：セロビオース　　ス：ホルミル（またはアルデヒド）
　　　　i：$(C_6H_{10}O_5)_n$　　ii：$Cu_2O$

有機化学編

| 第10講 | アミノ酸・タンパク質 |

## Step **1** 有名なアミノ酸の構造式を覚え，性質をおさえよう！

### ●α-アミノ酸

　肉・魚・卵などに多く含まれている成分は，タンパク質ですね。**タンパク質は，多くのα-アミノ酸からできています。**

$$△-●-■-◆-● \quad は， \quad ●，△，■，◆ \quad からなる$$

タンパク質　　　　　　　　　　　α-アミノ酸

　アミノ酸とは，アミノ基 $-NH_2$ と カルボキシ基 $-COOH$ をもつ化合物のことです。**同じ炭素原子Cに $-NH_2$ と $-COOH$ がくっついているアミノ酸を**とくに α-アミノ酸といいます。

$$\underset{H}{\overset{R \leftarrow 側鎖}{H_2N-\overset{|}{\underset{|}{C}}-COOH}}$$

α位のCに $-NH_2$ がついているので，α-アミノ酸といいます。

$$-\overset{|}{\underset{β位}{C}}-\overset{|}{\underset{α位}{C}}-COOH$$

　$R-$ は，$H-$ やいろいろな置換基（例 $CH_3-$，⟨benzene⟩$-CH_2-$）を表しています。

　まずは，$R-$ が $H-$ の

$$\underset{H}{\overset{H}{H_2N-\overset{|}{\underset{|}{C}}-COOH}} \quad グリシン$$

と，$R-$ が $CH_3-$ の

$$\underset{H}{\overset{CH_3}{H_2N-\overset{|}{\underset{|}{\overset{*}{C}}}-COOH}} \quad アラニン \quad （C^* は不斉炭素原子）$$

を覚えましょう。

タンパク質をつくっているα-アミノ酸は約20種類あり，その中で<mark>グリシンだけが不斉炭素原子をもちません</mark>。つまり，グリシンを除くすべてのα-アミノ酸に不斉炭素原子があり，鏡像異性体(光学異性体)が存在します。

「鏡にうつすもの」 「鏡にうつったもの」

C*は不斉炭素原子
（▬は紙面の手前側，
￼ᴵᴵᴵᴵは紙面のうら側の
結合を示しています）

　天然に存在するα-アミノ酸の多くは，<u>鏡像異性体の一方のL形</u>(鏡像異性体は
<small>L-アミノ酸</small>
その立体構造からD形とL形に区別されます)の構造をもっています。


## ●さまざまなα-アミノ酸

　約20種類のα-アミノ酸のうち，10種類の構造式と名前を暗記しましょう。
側鎖(R-)の違いで分類してから覚えると覚えやすいと思います。

　　　R-　に　-COOH や -NH₂　をもたない α-アミノ酸を**中性アミノ酸**

　　　R-　に　-COOH　をもつ α-アミノ酸を**酸性アミノ酸**

　　　R-　に　-NH₂　　をもつ α-アミノ酸を**塩基性アミノ酸**

といいます。

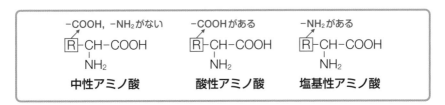

次ページに，覚えてほしい10種類のα-アミノ酸を分類し紹介します。

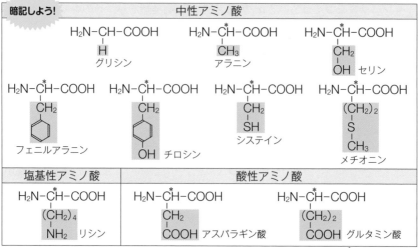

| 暗記しよう! | 中性アミノ酸 | |
|---|---|---|

C*は不斉炭素原子

## 〈α-アミノ酸の覚え方〉

**手順①** まず, グリシンとアラニンを覚えます。

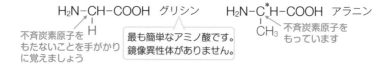

$H_2N-CH-COOH$ グリシン　　　$H_2N-C^*H-COOH$ アラニン

不斉炭素原子を
もたないことを手がかり
に覚えましょう

最も簡単なアミノ酸です。
鏡像異性体がありません。

不斉炭素原子を
もっています

**手順②** 次に, アラニンの側鎖(R-)を利用しながら暗記量を増やしましょう。

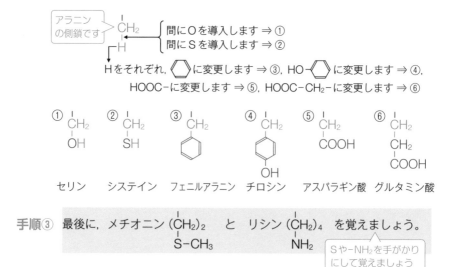

アラニン
の側鎖です

間にOを導入します ⇒ ①
間にSを導入します ⇒ ②

Hをそれぞれ, ⟨⟩に変更します ⇒ ③, HO-⟨⟩に変更します ⇒ ④,
HOOC-に変更します ⇒ ⑤, HOOC-CH₂-に変更します ⇒ ⑥

① CH₂ / OH　② CH₂ / SH　③ CH₂ / ⟨⟩　④ CH₂ / ⟨⟩-OH　⑤ CH₂ / COOH　⑥ CH₂ / CH₂ / COOH

セリン　　　システイン　　フェニルアラニン　チロシン　　　アスパラギン酸　グルタミン酸

**手順③** 最後に, メチオニン (CH₂)₂ / S-CH₃　と　リシン (CH₂)₄ / NH₂ を覚えましょう。

Sや-NH₂を手がかり
にして覚えましょう

## ● α-アミノ酸の性質

α-アミノ酸は，-COOH から -N̈H₂ に H⁺ が移動した

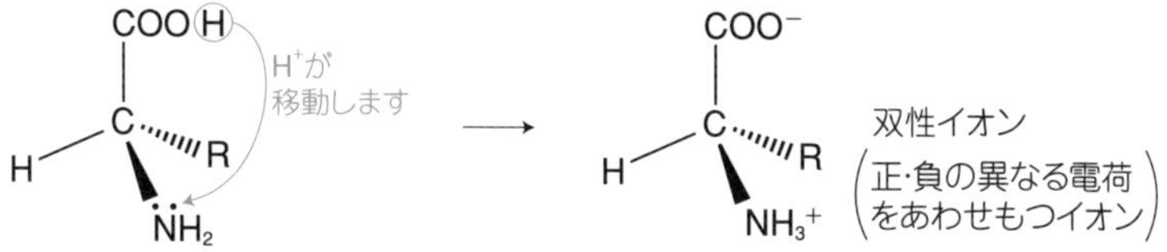

双性イオンになり，結晶をつくっています。α-アミノ酸の結晶は，双性イオンどうしが静電気力（クーロン力）で強く引きあい，イオン結晶のような構造になっています。イオン結晶のような構造なので，α-アミノ酸の結晶は，

① **有機化合物としては，融点が高い**
② **水に溶けやすく，ジエチルエーテルなどの有機溶媒に溶けにくいものが多い**

などの性質があります。

　α-アミノ酸は酸性の -COOH や塩基性の -NH₂ をもっているので，塩基や酸と反応できる**両性電解質（両性化合物）**であり，

**（1）-COOH はエステル化　　（2）-NH₂ はアセチル化**

することができます。

## （1）エステル化

　α-アミノ酸とエタノール$C_2H_5OH$などのアルコールの混合物に，触媒として濃硫酸$H_2SO_4$を加えて加熱するとエステル化が起こります。

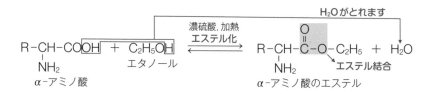

エステル化されたα-アミノ酸は，酸の性質を失います。

## (2) アセチル化

α-アミノ酸は，無水酢酸 $(CH_3CO)_2O$ でアセチル化されます。

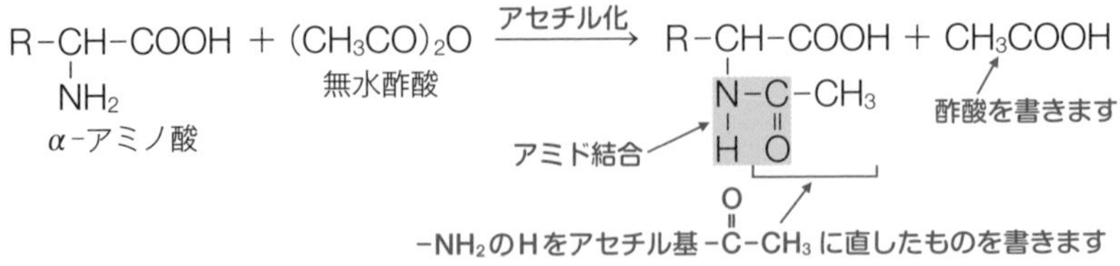

$$R-\underset{\underset{\alpha-アミノ酸}{\overset{|}{NH_2}}}{\overset{|}{CH}}-COOH + \underset{無水酢酸}{(CH_3CO)_2O} \xrightarrow{\text{アセチル化}} R-\overset{|}{\underset{\underset{アミド結合}{N-C-CH_3}}{\overset{|}{CH}}}-COOH + \underset{酢酸を書きます}{CH_3COOH}$$

$-NH_2$のHをアセチル基 $-\overset{O}{\overset{\|}{C}}-CH_3$ に直したものを書きます

アセチル化されたα-アミノ酸は，<u>塩基の性質を失います</u>。

---

**ポイント** α-アミノ酸の性質

● α-アミノ酸の結晶は，融点が高く，水に溶けやすいものが多い。

● $-COOH$ はエステル化され，$-NH_2$ はアセチル化される。

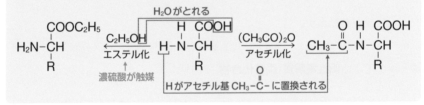

---

**練習問題**

　α-アミノ酸(または単にアミノ酸)は，右図に示した一般式で表される。Rが水素原子であるアミノ酸の名称は ア である。 ア 以外のアミノ酸には イ 炭素原子があるため，これらのアミノ酸には立体構造の違いに基づく ウ 異性体が存在する。水溶液中のアミノ酸は，陽イオン，陰イオン，および1分子中に正負の電荷をあわせもつ エ イオンとして存在する。

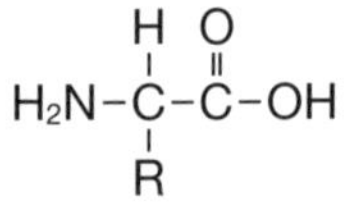

問　文中の ア ～ エ に適切な語句を入れよ。

$$H_2N-\underset{\underset{R}{\overset{|}{C}}}{\overset{\overset{H}{|}}{C}}-\overset{O}{\overset{\|}{C}}-OH$$

**答え** ア：グリシン　イ：不斉　ウ：鏡像(または 光学)
エ：双性

# Step 2 等電点の計算をマスターしよう！

## ●等電点

　α-アミノ酸の結晶を水に溶かすと，水溶液中で，陽イオン，双性イオン，陰イオンが次のような電離平衡の状態で存在します。陽イオン，双性イオン，陰イオンの割合は，水溶液のpHによって変化します。

$$\underset{\text{陽イオン}}{H_3\overset{+}{N}-\underset{H}{\overset{R}{\underset{|}{\overset{|}{C}}}}-COOH}\ \underset{H^+}{\overset{\substack{H^+\text{を失う}\\ OH^-}}{\rightleftarrows}}\ \underset{\text{双性イオン}}{H_3\overset{+}{N}-\underset{H}{\overset{R}{\underset{|}{\overset{|}{C}}}}-COO^-}\ \underset{H^+}{\overset{\substack{H^+\text{を失う}\\ OH^-}}{\rightleftarrows}}\ \underset{\text{陰イオン}}{H_2N-\underset{H}{\overset{R}{\underset{|}{\overset{|}{C}}}}-COO^-}$$

H⁺がくっつく（双性イオン→陽イオン）
H⁺がくっつく（陰イオン→双性イオン）

　例えば，水溶液を酸性($H^+$を与える)にすると，

$$\text{陽イオン}\ \xleftarrow{H^+\text{がくっつく}}\ \text{双性イオン}\ \xleftarrow{H^+\text{がくっつく}}\ \text{陰イオン}$$

の反応が起こり，陽イオンの割合が大きくなります。また，水溶液を塩基性($OH^-$を与える)にすると，

$$\text{陽イオン}\ \xrightarrow[(H^+\text{を失う})]{OH^-}\ \text{双性イオン}\ \xrightarrow[(H^+\text{を失う})]{OH^-}\ \text{陰イオン}$$

の反応が起こり，陰イオンの割合が大きくなります。

　ここで，グリシンの水溶液に直流電流を流し，電気泳動をおこなってみます。

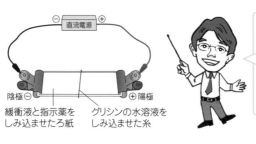

陰極⊖　⊕陽極
緩衝液と指示薬を　　グリシンの水溶液を
しみ込ませたろ紙　　しみ込ませた糸

ろ紙にしみ込ませる緩衝液の割合や種類を変えたり，緩衝液のかわりに塩酸や水酸化ナトリウム水溶液を使うことで，pHをいろいろな値に変えることができます。

第10講 アミノ酸・タンパク質

pH＝2（酸性）にしたろ紙の中心にグリシンの水溶液をつけ，電気泳動をおこ
↳糸のところ
ないます。酸性では，陽イオンの割合が大きいのでグリシンは陰極側⊖に移動し
ます。

pH＝10（塩基性）にしたろ紙の中心にグリシンの水溶液をつけ，電気泳動をお
↳糸のところ
こないます。塩基性では，陰イオンの割合が大きいのでグリシンは陽極側⊕に移
動します。

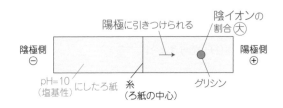

pH＝6（弱酸性）にしたろ紙の中心にグリシンの水溶液をつけ，電気泳動をお
↳糸のところ
こないます。pH＝6の弱酸性では，グリシンは陽極・陰極のどちらの極へも移
動せず，ろ紙の中心に止まっています。この

どちらの極へも移動しないときのpHを
そのα-アミノ酸の等電点

といいます。よって，グリシンの等電点は6になります。

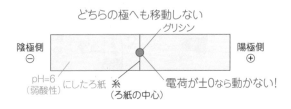

等電点では，α-アミノ酸のほとんどが双性イオン⊕になっていて，わずかにある陽イオン⊕と陰イオン⊖は同じ個数なので電荷の合計が0になっています。全体の電荷が0なので，どちらの極へも移動しません。

### 〈等電点のイメージ〉

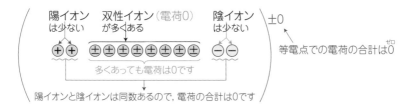

　等電点は，α-アミノ酸の種類によってさまざまな値になります。

| | | | | | | |
|---|---|---|---|---|---|---|
| 酸性アミノ酸 | の 等電点 は | 酸性 | 例 | グルタミン酸3 | | |
| 中性アミノ酸 | の 等電点 は | 弱酸性（中性付近） | 例 | グリシン6 アラニン6 | | |
| 塩基性アミノ酸 | の 等電点 は | 塩基性 | 例 | リシン10 | | |

になることを覚えておきましょう。

---

**ポイント** 水溶液中のα-アミノ酸

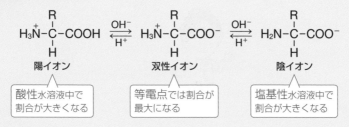

- ●等電点

　アミノ酸全体の電荷が0となっているときのpH

　等電点は，中性アミノ酸が6程度，酸性アミノ酸が3程度，塩基性アミノ酸が10程度

## ●等電点の求め方

　グリシンやアラニンなどの中性アミノ酸(陽イオン$A^+$, 双性イオン$A^{\pm}$, 陰イオン$A^-$とします)の等電点を, 次のように求めましょう。

　中性アミノ酸の平衡定数(電離定数)$K_1$, $K_2$は, 次のように表されます。

$$A^+ \rightleftarrows A^{\pm} + H^+ \qquad K_1 = \frac{[A^{\pm}][H^+]}{[A^+]}$$

$$A^{\pm} \rightleftarrows A^- + H^+ \qquad K_2 = \frac{[A^-][H^+]}{[A^{\pm}]}$$

　等電点では, アミノ酸のほとんどが双性イオン$A^{\pm}$で, わずかにある陽イオン$A^+$と陰イオン$A^-$の個数・物質量〔mol〕・モル濃度〔mol/L〕のどれもが同じになっています。つまり, 等電点では

$$[A^+] \quad = \quad [A^-] \quad \cdots ① \qquad \leftarrow [\ ]はモル濃度〔mol/L〕を表しています$$

となります。等電点では①式が成り立つので, $K_1 \times K_2$ を求めると,

双性イオンどうしなので, 消去できます

$$K_1 \times K_2 \quad = \quad \frac{[A^{\pm}][H^+]}{[A^+]} \times \frac{[A^-][H^+]}{[A^{\pm}]} = [H^+]^2$$

等電点では, $[A^+] = [A^-]$(①式)が成り立つので消去できます

となり,

$$[H^+]^2 \quad = \quad K_1 K_2$$

$$[H^+] \quad = \quad \sqrt{K_1 K_2}$$

$$pH = -\log_{10}[H^+]$$

$$\qquad = -\log_{10}\sqrt{K_1 K_2}$$

> 等電点における$[H^+]$は, 「かけ算した $K_1 \times K_2$ のルート」つまり $\sqrt{K_1 K_2}$ になります。

と求めることができます。

---

**ポイント** 等電点

中性アミノ酸の等電点における $[H^+]$ は,

$$[H^+] = \sqrt{K_1 K_2} \qquad \leftarrow 「かけ算した値のルートになる」と覚えよう$$

次の練習問題をやってみましょう。

## 練習問題

アラニンの陽イオン，双性イオンおよび陰イオンのモル濃度〔mol/L〕をそれぞれ[X]，[Y]，[Z]とするとき，アラニンの電離定数は次の通りである。

$$K_1 = \frac{[Y][H^+]}{[X]} = 10^{-2.4} \, mol/L$$

$$K_2 = \frac{[Z][H^+]}{[Y]} = 10^{-9.8} \, mol/L$$

アラニンの等電点として，最も近い値を次の ⓐ〜ⓗ のうちから1つ選べ。

ⓐ 4.1　　ⓑ 4.3　　ⓒ 4.6　　ⓓ 5.1　　ⓔ 5.6　　ⓕ 6.1

ⓖ 7.1　　ⓗ 9.1

### 解き方

アラニンの陽イオン $CH_3-CH-COOH$ のモル濃度を[X]，
　　　　　　　　　　　　　 |
　　　　　　　　　　　　 $NH_3^+$

双性イオン $CH_3-CH-COO^-$ のモル濃度を[Y]，
　　　　　　　　 |
　　　　　　　 $NH_3^+$

陰イオン $CH_3-CH-COO^-$ のモル濃度を[Z]とするので，
　　　　　　 |
　　　　　 $NH_2$

等電点では　[X]＝[Z]　となります。

$K_1 K_2 = [H^+]^2$　なので，

$[H^+] = \sqrt{K_1 K_2}$　← かけ算した値のルート

$[H^+] = \sqrt{10^{-2.4} \times 10^{-9.8}} = \sqrt{10^{-12.2}} = 10^{-6.1}$

となり，

$pH = -\log_{10}[H^+] = -\log_{10} 10^{-6.1} = 6.1$

です。

### 答え　ⓕ

うま味調味料の原材料は，
L-グルタミン酸ナトリウムなどです

Step **3** タンパク質を分類し，検出反応を４つ覚えよう！

●ペプチド

$\alpha$-アミノ酸の $-COOH$ と 別の$\alpha$-アミノ酸の $-NH_2$ との間で $H_2O$ がとれ，生成した化合物を**ペプチド**といいます。

┌→ ペプチド結合といいます

$$H_2N-\underset{R_1}{CH}-\underset{O}{C}-\boxed{OH + H}-N-\underset{R_2}{CH}-COOH \xrightarrow{\text{脱水縮合}} H_2N-\underset{R_1}{CH}-\underset{O H}{\boxed{C-N}}-\underset{R_2}{CH}-COOH + H_2O$$

$\alpha$-アミノ酸Ⅰ　　　　　$\alpha$-アミノ酸Ⅱ　　　　　　　　　　　ジペプチド

「$H_2O$ をとり」
つなぎます

とった $H_2O$ は
右辺に書きます

$\alpha$-**アミノ酸どうしからできたアミド結合** $-\underset{O\ H}{C-N}-$ **をとくにペプチド結合**といいます。

　２個の$\alpha$-アミノ酸からできたペプチド結合１個の化合物を**ジペプチド**といいます。「ジ」は，ペプチド結合の数ではなく，$\alpha$-アミノ酸の数を表しています。ですから，３個の$\alpha$-アミノ酸から$H_2O$が２個とれてできたペプチド

　　　　　　　　　　　　　　　　　── ペプチド結合は２個

$$H_2N-\underset{R_1}{CH}-\underset{O H}{C-N}-\underset{R_2}{CH}-\underset{O H}{C-N}-\underset{R_3}{CH}-COOH$$

は，**トリペプチド**といいます。

　多くの$\alpha$-アミノ酸から$H_2O$がとれてできたペプチドは**ポリペプチド**といいます。タンパク質は，おもにポリペプチドからなる高分子化合物です。

$$H_2N-\underset{R_1}{CH}-\underset{O}{C}-\boxed{OH + H}-N-\underset{R_2}{CH}-\underset{O}{C}-\boxed{OH} + \cdots + \boxed{H}-N-\underset{R_n}{CH}-\underset{O}{C}-OH$$

$H_2O$ がとれて
どんどん
つながると…

┌→ ペプチド結合

$$\longrightarrow H_2N-\underset{R_1}{CH}-\underset{O H}{C-N}-\underset{R_2}{CH}-\underset{O}{C}- \cdots -N-\underset{R_n}{CH}-\underset{O}{C}-OH + (n-1)H_2O$$

ポリペプチド

多くのタンパク質は，数十〜数百個のアミノ酸がペプチド結合してできています

ポイント　ペプチド

$$H_2N-\underset{R_1}{\underset{|}{CH}}-\overset{O}{\overset{\|}{C}}-\underset{H}{\underset{|}{N}}-\underset{R_2}{\underset{|}{CH}}-\overset{O}{\overset{\|}{C}}-OH \quad , \quad H_2N-\underset{R_1}{\underset{|}{CH}}-\overset{O}{\overset{\|}{C}}-\underset{H}{\underset{|}{N}}-\underset{R_2}{\underset{|}{CH}}-\overset{O}{\overset{\|}{C}}-\underset{H}{\underset{|}{N}}-\underset{R_3}{\underset{|}{CH}}-\overset{O}{\overset{\|}{C}}-OH$$

ジペプチド　　　　　　ペプチド結合は1個　　　　　　トリペプチド　　　ペプチド結合は2個

α-アミノ酸の数…2個　　　　　　　　　　　　α-アミノ酸の数…3個

## ●タンパク質の分類

タンパク質は,

　　　　（1）組成による分類方法　　　　（2）形による分類方法

を覚えておきましょう。

### （1）組成による分類方法

α-アミノ酸だけからできているタンパク質を単純タンパク質, α-アミノ酸の他に糖・リン酸・核酸などからできているタンパク質を複合タンパク質といいます。

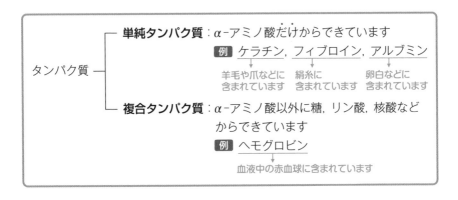

　　　　　　　　　　　単純タンパク質：α-アミノ酸だけからできています

　　　　　　　　　　　　　　　例　ケラチン, フィブロイン, アルブミン

　　　　　　　　　　　　　　　　　羊毛や爪などに　絹糸に　　　卵白などに
　　　　　　　　　　　　　　　　　含まれています　含まれています　含まれています

タンパク質

　　　　　　　　　　　複合タンパク質：α-アミノ酸以外に糖, リン酸, 核酸など
　　　　　　　　　　　　　　　　　　　からできています

　　　　　　　　　　　　　　　例　ヘモグロビン

　　　　　　　　　　　　　　　　　血液中の赤血球に含まれています

### （2）形による分類方法

繊維状のタンパク質を繊維状タンパク質, 球状のタンパク質を球状タンパク質といいます。

タンパク質 ─┬ **繊維状タンパク質**：ほとんどが水に溶けません
            └ **球状タンパク質**：多くが水に溶け，親水コロイドになります

よじった糸のように
なっています。
強くて水に溶けな
いので，動物のひ
づめや筋肉をつく
っています。

繊維状タンパク質
例 ケラチン

球状タンパク質
例 アルブミン

親水基を外側に向け
て球形になっていて，
水に溶け細胞の中を
移動できます。知られ
ている酵素のほとんど
は球状タンパク質です。

---

**ポイント** タンパク質の分類

● タンパク質 ─┬ 単純タンパク質
              └ 複合タンパク質　※組成による分類

● タンパク質 ─┬ 繊維状タンパク質
              └ 球状タンパク質　※形による分類

---

　タンパク質をつくっている$\alpha$-アミノ酸の配列順序（$\alpha$-アミノ酸の並んでいる順序）を，タンパク質の**一次構造**といいます。

　タンパク質の骨格は，ふつう ⟩C=O と ⟩N-H の間で ⟩C=O ⋯⋯ H-N⟨ のような水素結合をつくり，規則正しく並んでいます。

　例えば，羊毛や爪などに含まれているケラチンという単純タンパク質は，

コイル状にまいた右巻きの**$\alpha$-ヘリックス構造**，

絹糸に含まれているフィブロインという単純タンパク質は，

ジグザグに折れまがった**$\beta$-シート構造**

であることが知られています。

　タンパク質に見られる$\alpha$-ヘリックス構造や$\beta$-シート構造のような立体構造を，タンパク質の**二次構造**といいます。

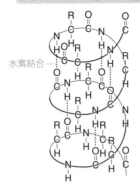

羊毛や爪などに含まれている
ケラチンの**α-ヘリックス構造**

絹糸に含まれている
フィブロインの**β-シート構造**

　実際のタンパク質は，<u>α-ヘリックス構造</u>や<u>β-シート構造</u>をあわせてもってい
二次構造
たり，<u>α-ヘリックス構造</u>がさらに複雑に折りたたまれた構造になっていたりし
二次構造
ます。このようなタンパク質のもつ複雑な立体構造を，タンパク質の**三次構造**と
いいます。三次構造には，

**イオン結合** や **ジスルフィド結合 -S-S-**

などがかかわっていることを知っておきましょう。

　三次構造をとったタンパク質がいくつか集まってできたかたまりは，タンパク
質の**四次構造**といいます。

　タンパク質の二次構造，三次構造，四次構造をまとめて，

**タンパク質の高次構造**

といいます。


## ●タンパク質の変性

　生卵(タンパク質)を加熱してゆで卵にしてしまうと，ゆで卵を冷やしても生卵
には戻りませんね。タンパク質の立体構造を保っている水素結合などは，加熱や
化学薬品に弱く，熱・強酸・強塩基・重金属イオン($Cu^{2+}$，$Pb^{2+}$など)・アルコ
ールなどを作用させると切れてしまいます。このとき，**<u>タンパク質の二次構造以</u>**
一次構造は変化しません
**<u>上の高次構造が変化して</u>，タンパク質が凝固・沈殿**します。この現象を**タンパク**
**質の変性**といい，変性を起こしたタンパク質はふつうもとには戻りません。

正常な球状タンパク質
の立体構造　　　　　　　　変性した球状タンパク質

## ●タンパク質やアミノ酸の検出反応について

タンパク質やアミノ酸の検出反応として，次の4つを覚えましょう。

### (1) ニンヒドリン反応　⇒アミノ基 $-NH_2$ の検出

アミノ酸やタンパク質に，ニンヒドリン水溶液を加えて温めると，ニンヒドリンが $-NH_2$ と反応して赤紫〜青紫色になります。

### (2) ビウレット反応　⇒ペプチド結合を2つ以上もつトリペプチド以上で起こる

タンパク質に水酸化ナトリウム$NaOH$水溶液を加え塩基性にした後，硫酸銅（Ⅱ）$CuSO_4$水溶液を加えると，ペプチド結合が$Cu^{2+}$と錯イオンをつくることで赤紫色になります。トリペプチド以上のペプチドで見られる反応です。

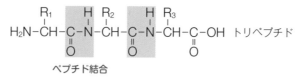

ペプチド結合

### (3) キサントプロテイン反応　⇒ベンゼン環をもつアミノ酸やタンパク質の検出

ベンゼン環をもつアミノ酸やタンパク質に濃硝酸$HNO_3$を加えて加熱すると，ベンゼン環がニトロ化されて黄色になります。冷却後，濃アンモニア水$NH_3$などを加えて塩基性にするとオレンジ色になります。

例 ベンゼン環をもつアミノ酸

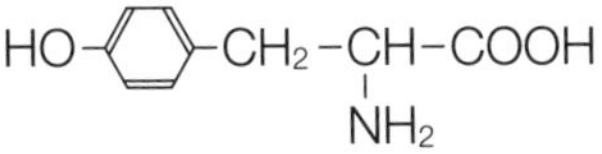

HO-⟨ ⟩-CH₂-CH-COOH
　　　　　　 |
　　　　　　NH₂
チロシン

## (4) 硫黄の検出　⇒硫黄元素Sを含むアミノ酸やタンパク質の検出

硫黄元素Sを含むアミノ酸やタンパク質に 水酸化ナトリウムNaOH を加えて加熱します。冷却後，酢酸鉛(Ⅱ)(CH₃COO)₂Pb 水溶液 を加えると，硫化鉛(Ⅱ)PbS の黒色沈殿が生成します。

例 硫黄Sを含むアミノ酸

HS-CH₂-CH-COOH
　　　　　 |
　　　　　NH₂
システイン

### ポイント　タンパク質やアミノ酸の検出方法

| ニンヒドリン反応 | アミノ基 -NH₂ の検出 |
|---|---|
| ●アミノ酸やタンパク質にニンヒドリン水溶液を加えて温めると，赤紫〜青紫色になる。 ||
| ビウレット反応 | ペプチド結合を2つ以上もつトリペプチド以上のペプチドで起こる |
| ●NaOH水溶液を加えた後，CuSO₄水溶液を加えると，赤紫色になる。 ||
| キサントプロテイン反応 | ベンゼン環をもつアミノ酸やタンパク質の検出 |
| ●濃硝酸を加えて加熱すると，ベンゼン環がニトロ化されて黄色になり，冷却後，さらに濃アンモニア水などを加えて塩基性にするとオレンジ(橙黄)色になる。 ||
| 硫黄の検出 | Sを含むアミノ酸やタンパク質の検出 |
| ●NaOHを加えて加熱し，冷却後，(CH₃COO)₂Pb水溶液を加えると，PbSの黒色沈殿が生成する。 ||

次の練習問題で頭の中を整理しましょう。

タンパク質は生命を維持するための重要な機能を
もっている分子の一つである。中でもヘモグロビン
(右図)は，ほとんどすべての脊椎動物に存在し，そ
の個体の隅々に酸素を運搬する役割をになっている
非常に重要なタンパク質である。そのため古くから
詳細に研究されてきた。

図　タンパク質の四次構造
（ヘモグロビン分子）

ヘモグロビン分子は，α鎖とβ鎖という2種類の
ポリペプチドがそれぞれ2本ずつ集まり，4本のポリ
ペプチドから構成されている。このα鎖とβ鎖は，ともに①βシート構造をも
たず，7から8か所で右巻きの②らせん構造をとっていることが分かっている。

(1)　次にタンパク質検出方法を3種類示す。
　　表の（　A　）から（　F　）に入る最も適切なものを，それぞれ答えよ。

| 検出方法 | 操　作 | 呈　色 | 検出の要因となる構造や官能基など |
|---|---|---|---|
| キサントプロテイン反応 | （　A　）を加えて加熱後，濃アンモニア水を加える | 橙黄色 | （　B　） |
| ビウレット反応 | 水酸化ナトリウム水溶液で塩基性にした後，（　C　）水溶液を加える | （　D　） | （　E　） |
| 酢酸鉛(Ⅱ)との反応 | 固体の水酸化ナトリウムを加え加熱後，酢酸鉛(Ⅱ)水溶液を加える | （　F　） | 硫黄 |

(2)　タンパク質溶液に多量の塩を加え，タンパク質を沈殿させて回収するこ
　　とがある。この現象を何というか答えよ。
(3)　下線部①および②の構造は，どのような力によって安定に保たれている
　　か，最も適切なものを1つ答えよ。
(4)　アミノ酸以外の成分を含んでいるタンパク質を何というか答えよ。

**解き方**

（1） キサントプロテイン反応は，濃硝酸でベンゼン環を検出します。
　　　ビウレット反応は，水酸化ナトリウムNaOH水溶液と硫酸銅（Ⅱ）CuSO₄水溶液を使用し，ペプチド結合（トリペプチド以上のペプチド）を検出します。このとき，赤紫色に呈色します。
　　　硫黄Sの検出には，水酸化ナトリウムNaOHと酢酸鉛（Ⅱ）（CH₃COO）₂Pbを使用し，黒色のPbSを沈殿させます。

（2） タンパク質は，親水コロイドなので塩析させることができます。

（3） β-シート構造やらせん構造（α-ヘリックス構造）は水素結合により安定に保たれています。

（4） アミノ酸以外に糖・リン酸・核酸などを含んでいるタンパク質を複合タンパク質といいます。

**答え**
　（1）　A：濃硝酸　　B：ベンゼン環　　C：硫酸銅（Ⅱ）
　　　　　D：赤紫色　　E：ペプチド結合（トリペプチド以上のペプチド）
　　　　　F：黒色
　（2）　塩析　　（3）　水素結合　　（4）　複合タンパク質

## 第11講　医薬品・酵素・核酸

Step **1**　医薬品は，用語が大切です。

**2**　酵素の特徴をマスターしよう！

**3**　核酸（DNA，RNA）を極めよう。

# Step ① 医薬品は，用語が大切です。

## ●医薬品

病気の治療に使われる医薬品について学ぶことにしましょう。

**医薬品の起こすさまざまな変化**を薬理作用といいます。薬理作用のうち，病気を治療する作用を主作用，それ以外の作用を副作用といいます。

医薬品には，**対症療法薬**や**化学療法薬**があります。対症療法薬は**病気の不快な症状をやわらげる医薬品**，化学療法薬は病原菌を死滅させて**病気の原因を根本的にとり除く医薬品**のことです。

> **暗記しよう!**
>
> 医薬品 ┌ **対症療法薬** … 病気の症状をやわらげる医薬品
> 　　　 └ **化学療法薬** … 病気の原因を根本的にとり除く医薬品

対症療法薬は，頭痛や発熱のときに使う**アセチルサリチル酸**(アスピリン)，肩こりや筋肉痛のときに使う**サリチル酸メチル**をおさえましょう。

また，化学療法薬は，はしか・敗血症の治療に使われた**サルファ剤**，感染症の治療に使う**抗生物質**をおさえましょう。

> **暗記しよう!**
>
> 医薬品 ┌ **対症療法薬** 例 アセチルサリチル酸(アスピリン)，サリチル酸メチル
> 　　　 └ **化学療法薬** 例 サルファ剤・抗生物質

抗生物質のうち，アオカビから発見された世界最初の抗生物質**ペニシリン**と最初の結核治療薬として使われた抗生物質**ストレプトマイシン**を知っておきましょう。また，抗生物質の使いすぎによって，抗生物質に抵抗力をもつ**耐性菌**の出現が社会問題になっています。

これも暗記しよう！

抗生物質 … ペニシリン，ストレプトマイシン など
耐性菌 … 抗生物質の多用により出現

## (1) 対症療法薬

**植物などを薬にしたもの**を生薬といいます。ヤナギの樹皮は解熱鎮痛作用をもつので，昔は生薬として利用されていました。ヤナギの樹皮の薬効成分はサリチル酸 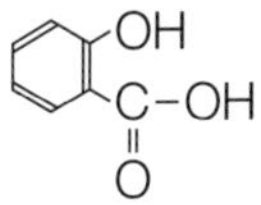 であり，サリチル酸は近年まで，医薬品として使われていました。

ところが，サリチル酸には胃をあらす副作用があるので，今はサリチル酸を無水酢酸 $(CH_3CO)_2O$ で**アセチル化**し副作用をおさえた**アセチルサリチル酸**（アスピリン） 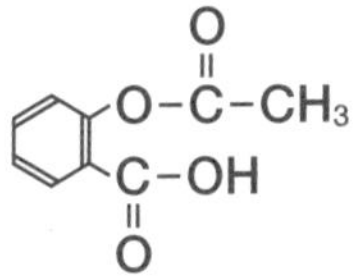 を解熱鎮痛剤として使っています。

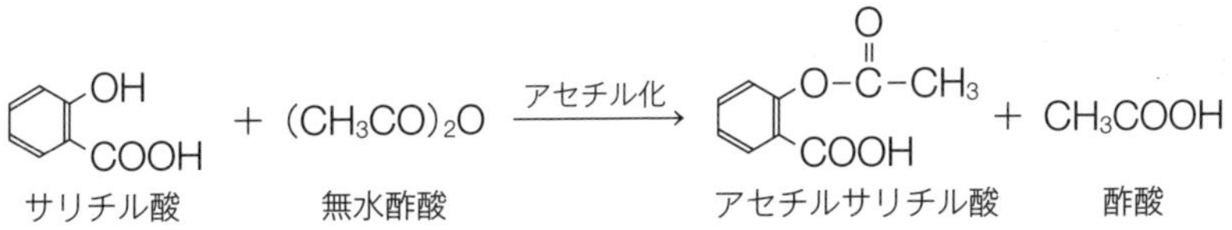

|  |  |  |  |
| --- | --- | --- | --- |
| サリチル酸 | 無水酢酸 | アセチルサリチル酸 | 酢酸 |

また，サリチル酸とメタノール $CH_3OH$ を反応させると**エステル化**により，消炎鎮痛用塗布薬として使われている**サリチル酸メチル**が生成します。

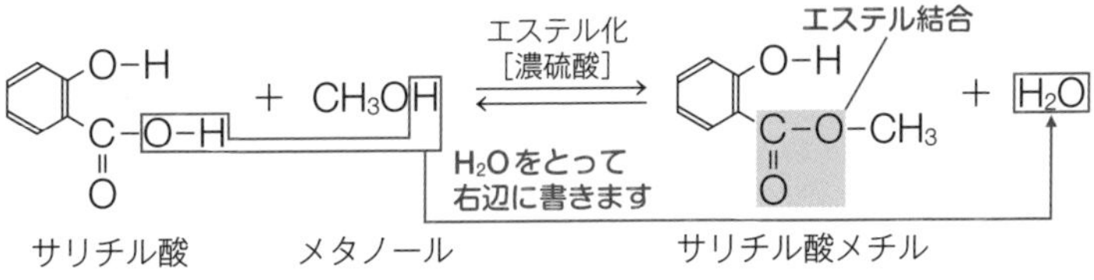

|  |  |  |
| --- | --- | --- |
| サリチル酸 | メタノール | サリチル酸メチル |

アセチルサリチル酸やサリチル酸メチルのつくり方は，p.274，275で学習しましたね。確認しておきましょう。

## (2) 化学療法薬

スルファニルアミド  $H_2N-\langle\ \rangle-SO_2NH_2$

やその誘導体

$H_2N-\langle\ \rangle-SO_2NHR$

↖—— この部分がいろいろなものにかわります

を，**サルファ剤**とよびます。サルファ剤は，細菌(大腸菌やサルモネラ菌など)の生育を阻止する化学療法薬です。大腸菌やサルモネラ菌などの細菌は，生命活動に必要な葉酸を

$p$-アミノ安息香酸  $H_2N-\langle\ \rangle-COOH$

からつくっています。サルファ剤と$p$-アミノ安息香酸は構造が似ているので，サルファ剤が投与されると，

細菌は p-アミノ安息香酸とサルファ剤をまちがえて取り込み，
葉酸をつくることができずに成長できない

のです。サルファ剤の構造式が$p$-アミノ安息香酸の構造式に似ていることを覚えておきましょう。ちなみに，ヒトは葉酸をつくらず食物から摂取するので，サルファ剤の影響をうけません。うまくできていますね。

　あと，サルファ剤以外の化学療法薬として，**抗生物質**をおさえましょう。

**暗記しよう！** 　抗生物質とは，微生物(カビなど)によってつくられる化学療法薬

のことです。代表的な抗生物質には，ペニシリンとストレプトマイシンがあります。

## ① ペニシリン

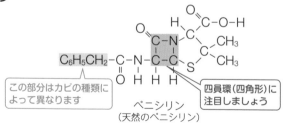

ペニシリン
(天然のペニシリン)

この部分はカビの種類によって異なります

四員環(四角形)に注目しましょう

356

イギリスの**フレミング**が，**アオカビ**の出す物質が細菌の生育を妨害することに気づき，この物質を**ペニシリン**と命名しました。ペニシリンについては，細菌の細胞壁の合成を阻害(ヒトは細胞壁をもたないため，ヒトには影響が少ない)することや四員環をもつことを知っておきましょう。

② ストレプトマイシン

ストレプトマイシンは，細菌のペプチドの合成過程を阻害し，最初の結核治療薬として使われました。

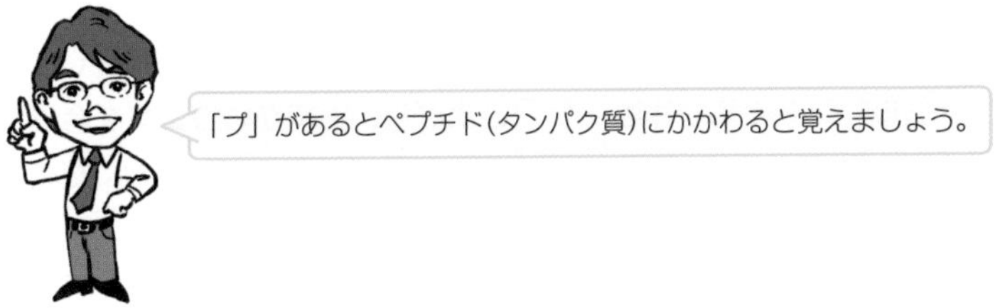

「プ」があるとペプチド(タンパク質)にかかわると覚えましょう。

抗生物質は，長く多量に使用すると，**抗生物質に対する抵抗力をもつ耐性菌**が出現しやすくなります。

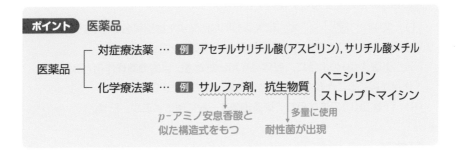

**ポイント** 医薬品

医薬品 ── 対症療法薬 … **例** アセチルサリチル酸(アスピリン)，サリチル酸メチル

── 化学療法薬 … **例** サルファ剤，抗生物質 { ペニシリン / ストレプトマイシン

*p*-アミノ安息香酸と似た構造式をもつ

多量に使用 耐性菌が出現

次の練習問題で，医薬品についての知識事項のまとめをしましょう。

　天然の植物・動物・鉱物などをそのまま，あるいは乾燥などの簡単な処理を
して用いる医薬品を ア とよぶ。

　古くから，ヤナギの樹皮に解熱鎮痛作用があることが知られていた。その成
分はサリシンで，体内で代謝されて生じる化合物Aが，薬理作用を示すと考え
られる。化合物Aは (a)強い胃痛を起こすこともあるため，化合物Aに無水酢
酸を反応させて得られる化合物Bが開発された。一方，化合物Aにメタノー
ルを反応させて得られる化合物Cは，消炎外用薬として使われている。これ
らの医薬品は，病気の原因となる細菌などに直接作用するわけではなく，病気
によって引き起こされる症状をやわらげる効果があり， イ 療法薬という。

　スルファニルアミドの誘導体は ウ とよばれ，細菌がもつ葉酸を合成す
る酵素のはたらきを阻害するが，ヒトは葉酸を合成する酵素をもたないため，
ヒトにはほとんど無害である。

　ある種の微生物によって生産され，別の微生物の生育または代謝を阻害する
物質を エ という。アオカビから発見された最初の エ は， オ と名
づけられ，細菌のもつ細胞壁の合成を阻害する。最初の結核治療薬として使わ
れたストレプトマイシンは，細菌のリボソームに結合し，タンパク質の合成過
程を阻害する。一方で，(b)これらの エ を多用すると，突然変異などによ
り エ が効かない細菌が出現するという問題も生じる。

（1）　文中の ア ～ オ に入る適切な語句または物質名を記せ。

（2）　化合物Bおよび化合物Cの物質名と構造式を記せ。

（3）　下線部(a)のように，医薬品を用いたとき，目的の薬理作用とは異なる
　　　作用が起こることがある。この作用を一般に何とよぶか。

（4）　下線部(b)で述べられている細菌を一般に何とよぶか，記せ。

---

**解き方**

（1），（2），（3）　天然の植物などの医薬品を<u>生薬</u>と
　　　　　　　　　　　　　　　　　ア
よびます。

　ヤナギの樹皮に含まれている解熱鎮痛作用をもつ
成分（サリシン）が，体内で代謝されて生じるサリチ

（グルコース部分）
O-C$_6$H$_{11}$O$_5$
CH$_2$OH
サリシンの構造

ル酸 COOH OH （化合物A）が薬理作用を示すと考えられます。サリチ

ル酸は強い胃痛を起こす（⇒<u>副作用</u>といいます）ことがあるので，サリチ
　　　　　　　　　　　　　　　　　(3)

ル酸を無水酢酸 (CH$_3$CO)$_2$O でアセチル化して得られるアセチルサリチル酸（化合物B）が開発されました。

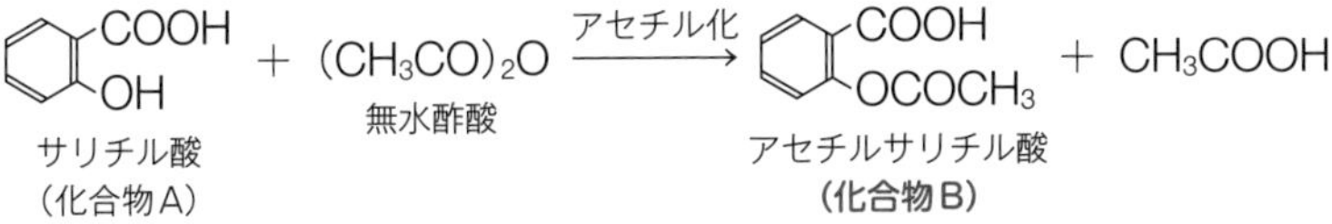

サリチル酸 + (CH$_3$CO)$_2$O →（アセチル化）→ アセチルサリチル酸 + CH$_3$COOH
（化合物A）　　無水酢酸　　　　　　　　　　（化合物B）

一方，サリチル酸にメタノール CH$_3$OH を反応させて得られるサリチル酸メチル（化合物C）は消炎外用薬として使われています。

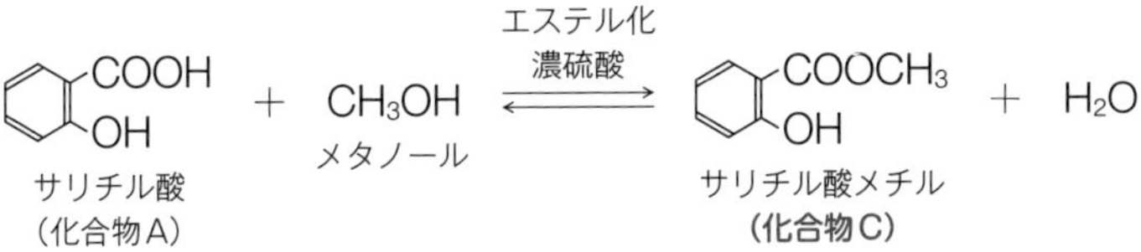

サリチル酸 + CH$_3$OH ⇄（エステル化 濃硫酸）サリチル酸メチル + H$_2$O
（化合物A）　メタノール　　　　　　　　　　（化合物C）

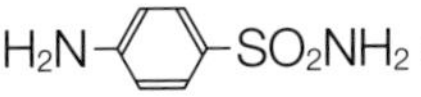

アセチルサリチル酸やサリチル酸メチルは，対症療法薬です。
　　　　　　　　　　　　　　　　　　　　　　イ

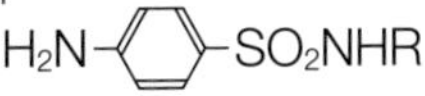

スルファニルアミド H$_2$N—◯—SO$_2$NH$_2$ の誘導体 H$_2$N—◯—SO$_2$NHR
はサルファ剤とよばれます。微生物により生産され，別の微生物の生育
　　ウ
を阻害する物質を抗生物質といい，アオカビから発見された最初の抗生
物質は，ペニシリンと名づけられました。
　エ　　　オ

（4）抗生物質が効かない細菌を耐性菌といいます。

**答え**　（1）ア：生薬　　イ：対症　　ウ：サルファ剤　　エ：抗生物質
　　　　　　　オ：ペニシリン

　　　（2）B：アセチルサリチル酸　　C：サリチル酸メチル

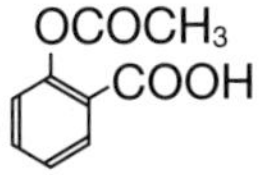

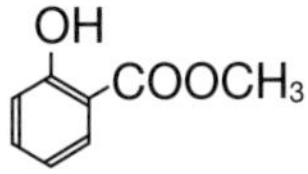

　　　（3）副作用

　　　（4）耐性菌

# Step **2** 酵素の特徴をマスターしよう！

「糖類」のところで，マルターゼ，インベルターゼ，…と多くの酵素（こうそ）を紹介しました。酵素とは，**触媒としてはたらくタンパク質**のことです。触媒ですから，活性化エネルギーを低下させ，反応速度を大きくします。

## (1) 基質特異性

酵素マルターゼは，二糖マルトースを単糖グルコース2分子に加水分解する反応の触媒としてはたらきます。

$$\text{マルトース} \xrightarrow[\text{酵素}]{\text{マルターゼ}} \text{グルコース}$$
$$C_{12}H_{22}O_{11} \qquad\qquad\qquad C_6H_{12}O_6$$

**酵素の反応の相手**を基質（きしつ）といいます。この反応でいえば，酵素マルターゼの基質は，マルトースということです。

**酵素は決まった基質にしか作用しません。**つまり，

マルターゼは，マルトースには触媒としてはたらくが，スクロースやセロビオースなどには触媒としてはたらかない

ということです。この性質を**基質特異性（きしつとくいせい）**といいます。

> **暗記しよう！** 酵素が特定の物質にしかはたらかない性質
> ⇒ 基質特異性

酵素（Eとします）には基質（Sとします）と**結合する場所**があり，この場所を**活性部位（かっせいぶい）**または**活性中心**といいます。酵素（E）はこの活性部位で基質（S）と結合し，**酵素−基質複合体**（ESとします）をつくります。その後，基質（S）は生成物（Pとします）に変化します。

> **チェックしよう！** EとSが結合し，ESをつくった後，Pが生成する。

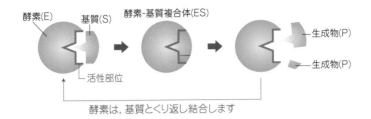

図中の文字:
酵素(E) 基質(S) 酵素-基質複合体(ES)
活性部位
生成物(P)
生成物(P)
酵素は，基質とくり返し結合します

## (2) 最適温度

　酵素反応は，温度の影響を受けやすく

**温度が高くなると反応速度は大きく**

なります。酵素が触媒としてはたらくとき，**反応速度が最も大きくなる温度**を最
適温度といい，多くの酵素の最適温度が，

$$35 \sim 40℃ \text{ くらい}$$

であることを覚えておきましょう。

　低温から最適温度までは，温度が高くなるにつれて反応速度が大きくなってい
きます。ただし，酵素はタンパク質ですから，**最適温度より高温になると熱によ
り変性**（⇒**熱変性**といいます）してしまい，ほとんどの酵素はその活性を失います
（⇒**失活**といいます）。

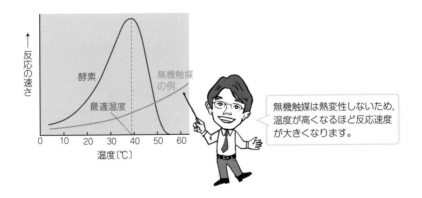

図中の文字:
反応の速さ
酵素
無機触媒
の例
最適温度
温度〔℃〕

吹き出し:
無機触媒は熱変性しないため，
温度が高くなるほど反応速度
が大きくなります。

## (3) 最適pH

酵素が触媒としてはたらくときに**反応速度が最も大きくなるpH**を最適pHといいます。最適pHが中性付近（7程度）の酵素が多いのですが，胃液に含まれているペプシンのように最適pHが酸性（2程度）になる酵素もあります。

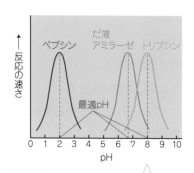

すい液に含まれているトリプシンは，最適pHが塩基性（8程度）ですね。

## ●おもな酵素

酵素の名前，基質，生成物は，次のフローチャートで覚えましょう。

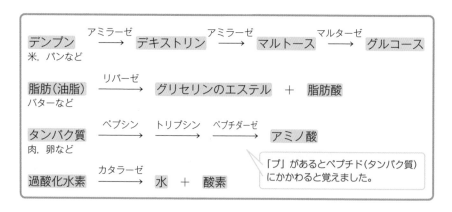

**練習問題**

　〈a〉酵素は特定の基質に作用する。これを酵素の基質 ア という。酵素がその基質 ア をもつのは、酵素が特有の イ 構造をもっているからである。酵素は特有の イ 構造にはまりこむ基質とだけ結合し、速やかに ウ をつくる。このとき、基質と結合する酵素の部位を エ という。また、〈b〉酵素反応の反応速度は、温度、水素イオン濃度、基質濃度などの影響を受ける。

（1）　文中の ア ～ エ にあてはまる最も適切な語句を記せ。

（2）　下線部aについて、酵素カタラーゼが作用する基質の物質名とその酵素による反応式を記せ。

（3）　下線部bについて、酵素反応の反応速度に関する記述①と②で、正しいものには○、誤っているものには×を記せ。

　①だ液アミラーゼの最適pHは約7、すい液に含まれるトリプシンの最適pHは約8であり、生体内のすべての酵素の最適pHは6～8の間にある。

　②酵素反応の反応速度が最適温度より高い温度において小さくなるのは、酵素を構成しているタンパク質が変性するためである。

---

**解き方**

（1）　酵素は特定の基質に作用する基質特異性があります。酵素が基質特異性をもつのは、酵素が特有の立体(または分子)構造をもっているからです。酵素(E)は基質(S)と酵素−基質複合体(ES)をつくります。このとき、基質と結合する酵素の部位が活性部位(または活性中心)です。

（2）　酵素カタラーゼは、過酸化水素 $H_2O_2$ に作用します。

$$2H_2O_2 \xrightarrow{\text{カタラーゼ}} 2H_2O + O_2$$

（3）　①　×　ペプシンの最適pHは約2なので、生体内のすべての酵素の最適pHは6～8の間にはありません。

　　　②　○　熱変性の説明です。

**答え**　（1）　ア：特異性　　イ：立体(または分子)

　　　　　ウ：酵素−基質複合体　　エ：活性部位(または活性中心)

　　　（2）　物質名：過酸化水素

　　　　　　反応式：$2H_2O_2 \longrightarrow 2H_2O + O_2$

　　　（3）　①　×　　②　○

## Step ③ 核酸（DNA，RNA）を極めよう。

### ●核酸

生物の細胞には，核酸とよばれる

酸性の高分子化合物

が存在します。

**核酸は遺伝やタンパク質の合成を支配している高分子化合物で，**

デオキシリボ核酸（DNA）　と　リボ核酸（RNA）
deoxyribonucleic acid　　　　　ribonucleic acid

の2種類があります。つまり，

チェック
しよう！　DNA と RNA を まとめて 核酸

とよんでいます。

核酸 ─┬─ DNA（デオキシリボ核酸）
　　　 └─ RNA（リボ核酸）
ということですね。

DNAとRNAの**特徴（1）～（4）**をおさえましょう。

**特徴（1）**　DNAとRNAのどちらも

リン酸　　糖　　塩基

をヌクレオチドといいます。

が多くつながってできた高分子
化合物です。

特徴(2)　DNAは細胞の核（かく）, RNAは細胞の核と細胞質（さいぼうしつ）に存在しています。

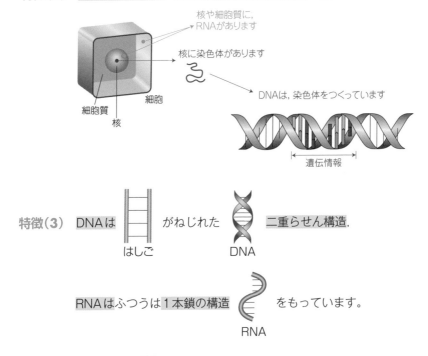

核や細胞質に, RNAがあります

核に染色体があります

DNAは, 染色体をつくっています

細胞

細胞質

核

遺伝情報

特徴(3)　DNAは はしご がねじれた DNA 二重らせん構造,

RNAはふつうは 1本鎖の構造 をもっています。

RNA

特徴(4)　DNAは遺伝情報をもち, それを伝え,

RNAはDNAの遺伝情報をもとにタンパク質を合成します。

---

**ポイント**　DNAとRNAの特徴のまとめ

DNAとRNAは, ヌクレオチドの高分子化合物つまりポリヌクレオチドです。
DNAとRNAは, 次に示した「違い↕」に注目し, 覚えよう。

DNA ⇒　二重らせん構造　・核に存在　　　　　・遺伝情報を保持し伝える
　　　　　↕　　　　　　　↕　　　　　　　　　↕
RNA ⇒　ふつう1本鎖の構造・核と細胞質に存在・タンパク質合成にかかわる

---

## ●DNAとRNAのつくり

リン酸$H_3PO_4$と五炭糖（ペントース）と窒素Nを含む塩基が結合した化合物を
ヌクレオチドといいます。

Cが5個の糖のことです

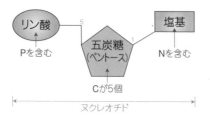

1や5は、五炭糖の炭素原子の番号です。

この**ヌクレオチドが数多くつながった高分子化合物**をポリヌクレオチドといい、

## ポリヌクレオチドが、DNAや RNA（核酸）

です。DNAとRNAのつくりは、次の❶、❷の違いがあります。

---

❶ 五炭糖（ペントース）が異なる

❷ 4種類ある「Nを含む塩基」のうち、1種類だけが異なる

---

❶と❷について、くわしく見ていくことにしましょう。

### ❶ 五炭糖（ペントース）が異なる

DNAをつくっている五炭糖はデオキシリボースで、

名前は、dとDが一致していますね — deoxyribose

RNAをつくっている五炭糖はリボースです。

名前は、rとRが一致していますね — ribose

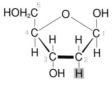

デオキシリボース

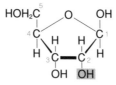

リボース

構造式は
ながめる程度
でOKです。

デオキシリボースとリボースを見ると、2位の炭素原子
についている HとOHが違うことに気づきますね。

## ❷ 4種類ある「Nを含む塩基」のうち，1種類だけが異なる

DNAやRNAをつくっている塩基は，それぞれ4種類です。

**DNA** ⇒ アデニン(A)，グアニン(G)，シトシン(C)，チミン(T)

**RNA** ⇒ アデニン(A)，グアニン(G)，シトシン(C)，ウラシル(U)

つまり，

DNAではチミン(T)であるところが，RNAではウラシル(U)になる

という点が異なります。これを，

### チミンが ウラギル（ウラシル）

と覚えましょう。これら塩基の構造式はかなり複雑ですから，とりあえずは，それぞれの塩基に対応する略号を覚えましょう。

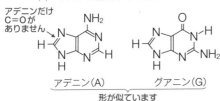

アデニン(A)，グアニン(G)，シトシン(C)，チミン(T)，ウラシル(U)
adenine — aとAが一致！　guanine — gとGが一致！　cytosine — cとCが一致！　thymine — tとTが一致！　uracil — uとUが一致！

### 参考 Nを含む塩基

(a) DNAを構成する塩基

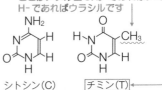
ここがメチル基CH₃-であればチミン，H-であればウラシルです

アデニンだけC=Oがありません

アデニン(A)　グアニン(G)
形が似ています

シトシン(C)　チミン(T)
形が似ています
この1種類だけが異なります
チミンがウラギル（ウラシル）でしたね
T　U

(b) RNAを構成する塩基

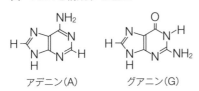

アデニン(A)　グアニン(G)　シトシン(C)　ウラシル(U)

### ポイント DNAとRNAのつくり

| 核 酸 | DNA（デオキシリボ核酸） | RNA（リボ核酸） |
|---|---|---|
| 五炭糖（ペントース） | デオキシリボース | リボース |
| 塩 基 | 形が似ている　形が似ている<br>A・G・C・T<br>アデニン　グアニン　シトシン　チミン | 形が似ている　形が似ている<br>A・G・C・U<br>アデニン　グアニン　シトシン　ウラシル |

## ●DNAの構造

DNAの**二重らせん構造**について考えます。まずは,

と覚えましょう。つまり,A(アデニン)とT(チミン)がツー(2本),G(グアニン)とC(シトシン)がさん(3本)の**水素結合**をつくり,二重らせん構造になっています。

エーツーティー(A2T)

$$A \vdots T$$

2本の水素結合

ジーさんシー(G3C)

$$G \vdots C$$

3本の水素結合

⋯⋯は水素結合を
表しています

ということです。このようにDNA中の塩基は必ず対(ペア)で存在しているので,

$$A \vdots T$$

AとTは同じmol存在する

$$G \vdots C$$

GとCは同じmol存在する

となります。

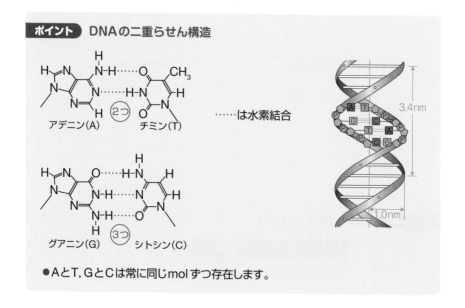

**ポイント** DNAの二重らせん構造

⋯⋯は水素結合

アデニン(A)　②つ　チミン(T)

グアニン(G)　③つ　シトシン(C)

3.4nm

1.0nm

●AとT,GとCは常に同じmolずつ存在します。

核酸は覚えることが多く，ちょっと大変ですね。

次の練習問題で必要な用語をおさえ，計算問題をマスターしましょう。

## 練習問題

生物の細胞には　ア　という高分子化合物が存在する。　ア　の基本構造は (a)窒素を含む環状構造の塩基，五炭糖（ペントース），　イ　からなる。　ア　にはDNAと　ウ　があり，DNAは糖の部分がデオキシリボース，　ウ　は糖の部分がリボースからできている。DNAはグアニン，アデニン，シトシン，　エ　の4つの塩基，　ウ　はグアニン，アデニン，シトシン，　オ　の4つの塩基で構成されている。DNAは2本の高分子が水素結合により強く結ばれ，安定な　カ　構造をとっている。DNAの役割は生命の　キ　情報を保持することであると考えられている。一方，　ウ　はDNAの情報をもとに　ク　を合成することが主な役割である。

（1）　文中の　ア　〜　ク　に，
適切な語句を入れよ。

（2）　下線部(a)の単量体の名称を
答えよ。

（3）　右図はDNAの構造を模式図
として示したものである。図中の
　ケ　〜　ス　にあてはまる物
質を，略記号で答えよ。

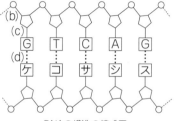

DNAの構造の模式図

（4）　模式図中の(b)〜(d)のうち，水素結合を示している記号を答えよ。

（5）　ある生物のDNA塩基組成（モル分率）を調べたら，アデニンが20 mol%を占めていた。このDNA中のグアニンの割合（モル分率）を求めよ。

（香川大）

**解き方**

（1），（2）　生物の細胞には核酸が存在します。核酸は，窒素Nを含む塩基，
五炭糖（ペントース），リン酸$H_3PO_4$からなるヌクレオチドが数多くつな
がったポリヌクレオチドです。核酸にはDNAとRNAがあり，糖の部分
は，

　　　　　DNAがデオキシリボース，RNAがリボース

です。塩基の部分は，

　　　DNAが，アデニン（A），グアニン（G），シトシン（C），チミン（T）
　　　RNAが，アデニン（A），グアニン（G），シトシン（C），ウラシル（U）

です。チミンがウラギル（ウラシル）でしたね。

　　　DNAは二重らせん構造をとり，生命の遺伝情報を保持する役割をもち，
RNAはDNAの情報をもとにタンパク質を合成する役割をもちます。

（3），（4）　A$\cdots\cdots$T，G$\cdots\cdots$C　の対（ペア）を思い出してください。

　　$\cdots\cdots$　が水素結合を表していましたね。

（5）　A = T = 20%　となります。G = C = $x$〔%〕　とおくと，

$$\underset{A}{20} + \underset{T}{20} + \underset{G}{x} + \underset{C}{x} = 100\%$$

となり，$x$=30%　とわかります。

　　よって，グアニン（G）の割合は30mol%です。

**答え**
- （1）　ア：核酸　　イ：リン酸　　ウ：RNA　　エ：チミン
　　　　オ：ウラシル　　カ：二重らせん　　キ：遺伝
　　　　ク：タンパク質
- （2）　ヌクレオチド
- （3）　ケ：C　　コ：A　　サ：G　　シ：T　　ス：C
- （4）　(d)
- （5）　30mol%

有機化学編

# 第12講 プラスチック・イオン交換樹脂・繊維・ゴム

Step 1 プラスチックの性質・名前・構造式・用途を覚えよう。

2 イオン交換樹脂のしくみをとらえよう！

3 機能性高分子化合物の性質や用途を覚えよう！

4 繊維は大まかに分類してから覚えていこう。

5 天然ゴムと合成ゴムの構造式を覚えよう。

**Step 1** # プラスチックの性質・名前・構造式・用途を覚えよう。

## ●プラスチックの分類

プラスチック(合成樹脂)は，熱に対する性質の違いから次のように分類できます。

プラスチック
（合成樹脂）

**熱可塑性樹脂** … 加熱するとやわらかくなり，冷やすと固まる性質をもつ

**熱硬化性樹脂** … 加熱すると硬くなる性質をもつ

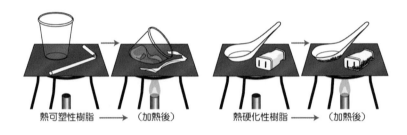

熱可塑性樹脂 ⟶ （加熱後）　　熱硬化性樹脂 ⟶ （加熱後）

プラスチックは，小さな分子が数百から数千以上もつながってできています。

**小さな分子 ● を単量体(モノマー)**，**単量体が多数つながった高分子化合物** $\left[\!\!-\!\bullet\!-\!\!\right]_n$ **を重合体(ポリマー)**，**単量体が重合体になる反応を重合**といいます。

$$n\,\bullet \xrightarrow{\quad 重合 \quad} \left[\!\!-\!\bullet\!-\!\!\right]_n$$

単量体　　　　　　　　　重合体
（モノマー）　　　　　　（ポリマー）

$n$は，●の結合している数を表しています。
$n$を重合度といいます。

この重合体(ポリマー) $\left[\!\!-\!\bullet\!-\!\!\right]_n$ が，

(1) 合成樹脂 (プラスチック)

(2) 合成繊維

(3) 合成ゴム

などとして使われています。

おもな重合には,

## (1) 付加重合    と    (2) 縮合重合

があります。

**(1) 付加重合**：C=C 結合などをもつ単量体が付加反応によって，結びつく反応

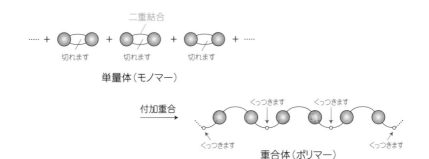

| 注意 | **2種類以上の単量体を用いた付加重合は共重合といいます。** |

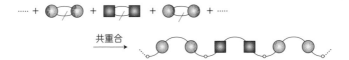

**(2) 縮合重合**：$H_2O$ などの簡単な分子がとれて結びつく反応

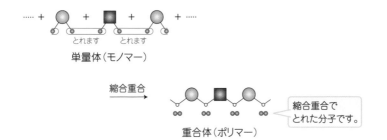

## ●熱可塑性樹脂

付加重合によりつくられるプラスチックは鎖状構造で，熱可塑性になります。
使われる単量体は，

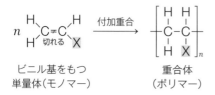

などの C=C 結合をもっています。

H
n H C = C H →付加重合→ [ H H
H 切れる X C-C
H X ]n

ビニル基をもつ                   重合体
単量体（モノマー）                （ポリマー）

－X がいろいろと変わることによって，さまざまな熱可塑性樹脂になります。
単量体や重合体の名前と構造式，用途を覚えましょう。

### (1) ポリエチレン（熱可塑性樹脂）

－X が －H の単量体はエチレンでした。**エチレンの重合体がポリエチレン**です。

$$n \, CH_2 = CH_2 \xrightarrow{\text{付加重合}} +CH_2-CH_2+_n$$
切れます                    ポリエチレン
エチレン

ポリエチレンには低密度と高密度のものがあります。低密度のものを**低密度ポ
リエチレン**，高密度のものを**高密度ポリエチレン**といいます。

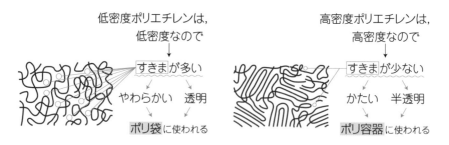

と覚えましょう。

低密度ポリエチレンは,

　　　画期的な触媒がなく, 高温・高圧でつくる

必要があり,

　　　高密度ポリエチレンは,

　　　画期的な触媒(⇒ **チーグラー・ナッタ触媒**)があるので,

　　　低温・低圧でつくることができる

とおさえましょう。「低密度は高温・高圧」,「高密度は低温・低圧」でつくります。

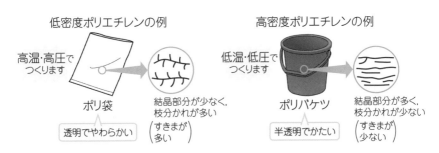

低密度ポリエチレンの例

高温・高圧で
つくります

ポリ袋

透明でやわらかい

結晶部分が少なく,
枝分かれが多い

すきまが
多い

高密度ポリエチレンの例

低温・低圧で
つくります

ポリバケツ

半透明でかたい

結晶部分が多く,
枝分かれが少ない

すきまが
少ない

## (2) その他, 付加重合によってつくられる熱可塑性樹脂

　ポリエチレン $\left[ CH_2-CH_2 \right]_n$ の他に, 次の①〜⑦のプラスチックを覚えましょう。

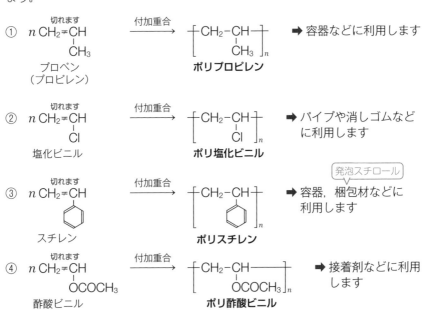

① 　　　切れます
　　$n\ CH_2＝CH$
　　　　　　$|$
　　　　　$CH_3$
　　　プロペン
　　（プロピレン）

　→ 付加重合 →

　$\left[ CH_2-CH \right]_n$
　　　　　$|$
　　　　$CH_3$
　**ポリプロピレン**

➡ 容器などに利用します

② 　　　切れます
　　$n\ CH_2＝CH$
　　　　　　$|$
　　　　　$Cl$
　　塩化ビニル

　→ 付加重合 →

　$\left[ CH_2-CH \right]_n$
　　　　　$|$
　　　　$Cl$
　**ポリ塩化ビニル**

➡ パイプや消しゴムなど
　に利用します

③ 　　　切れます
　　$n\ CH_2＝CH$
　　　　　　$|$

　　スチレン

　→ 付加重合 →

　$\left[ CH_2-CH \right]_n$
　　　　　$|$

　**ポリスチレン**

発泡スチロール

➡ 容器, 梱包材などに
　利用します

④ 　　　切れます
　　$n\ CH_2＝CH$
　　　　　　$|$
　　　　$OCOCH_3$
　　酢酸ビニル

　→ 付加重合 →

　$\left[ CH_2-CH \right]_n$
　　　　　$|$
　　　　$OCOCH_3$
　**ポリ酢酸ビニル**

➡ 接着剤などに利用
　します

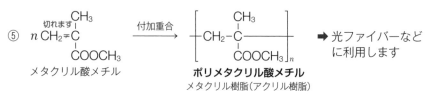

⑤ ポリメタクリル酸メチル メタクリル酸メチル

メタクリル樹脂（アクリル樹脂）

➡ 光ファイバーなど に利用します

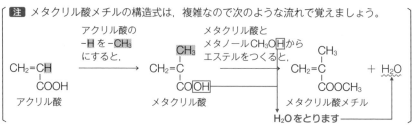

注 メタクリル酸メチルの構造式は，複雑なので次のような流れで覚えましょう。

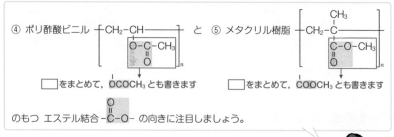

④ ポリ酢酸ビニル と ⑤ メタクリル樹脂

☐をまとめて，OCOCH₃とも書きます

☐をまとめて，COOCH₃とも書きます

のもつ エステル結合 −C−O− の向きに注目しましょう。

⑥

テトラフルオロエチレン

フッ素樹脂（テフロン）

テトラフルオロエチレンは， エチレン $CH_2=CH_2$ の水素原子H 4個がフッ素原子F になっています
↳テトラ ↳フルオロ

➡ フッ素樹脂は熱に強く，フライパンなどの表面の加工に使われています。

⑦

塩化ビニリデン

ポリ塩化ビニリデン

➡ 食品用ラップなどに利用 します

## (3) 縮合重合によりつくられる熱可塑性樹脂

縮合重合によってつくられるプラスチックは,

## ① ナイロン66（ポリアミド）
## ② ポリエチレンテレフタラート（ポリエステル）

↳略称PET
polyethylene terephthalate

を覚えましょう。ナイロンやポリエステルというと, 合成繊維をイメージすると思いますが, これらは繊維だけでなく, 熱可塑性樹脂としても使われています。

ナイロン66はアミド結合 $-\overset{\overset{O}{\|}}{C}-\overset{\overset{H}{|}}{N}-$ で多数つながっているため**ポリアミド**, PET

はエステル結合 $-\overset{\overset{O}{\|}}{C}-O-$ で多数つながっているため**ポリエステル**ともいいます。

ポリアミド は, $-\overset{\overset{O}{\|}}{C}-\boxed{O-H}$ と $H-\overset{\overset{H}{|}}{N}-$ の縮合
↳H₂Oをとります

ポリエステルは, $-\overset{\overset{O}{\|}}{C}-\boxed{O-H}$ と $H-O-$ の縮合
↳H₂Oをとります

が次々に起こることで生じます。

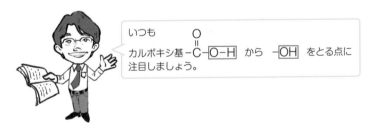

いつも
カルボキシ基 $-\overset{\overset{O}{\|}}{C}-\boxed{O-H}$ から $\boxed{OH}$ をとる点に注目しましょう。

### ① ナイロン66(6,6-ナイロン)

**ヘキサメチレンジアミン**のアミノ基 $-NH_2$ と**アジピン酸**のカルボキシ基 $-COOH$ 間の縮合重合により合成されます。

377

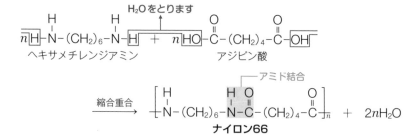

$$\xrightarrow{\text{縮合重合}} \left[ \begin{array}{c} H \\ | \\ N \end{array} - (CH_2)_6 - \begin{array}{c} H \\ | \\ N \end{array} \begin{array}{c} O \\ || \\ C \end{array} - (CH_2)_4 - \begin{array}{c} O \\ || \\ C \end{array} \right]_n + 2nH_2O$$

**ナイロン66**

　ナイロン66の「66」は，ヘキサメチレンジアミンの炭素原子Cの数とアジピン酸の炭素原子Cの数を表しています。ナイロン66は摩擦に強く弾力もあるので，合成繊維としてくつ下などに使われているのはもちろん，熱可塑性樹脂として機械部品などにも使われています。アメリカのカロザースが世界で最初に開発しました。

> ヘキサメチレンジアミンの「ヘキサ」は6，「メチレン」はメチレン基$-CH_2-$の部分，「ジ」は2，「アミン」はアミノ基$-NH_2$の部分を表しています。

## ② ポリエチレンテレフタラートPET

　**テレフタル酸**のカルボキシ基$-COOH$と**エチレングリコール**のヒドロキシ基$-OH$との間の縮合重合により合成されます。

$$n \boxed{HO} - \begin{array}{c} O \\ || \\ C \end{array} - \bigcirc - \begin{array}{c} O \\ || \\ C \end{array} - \boxed{OH} + n \boxed{H} - O - (CH_2)_2 - O - \boxed{H}$$

テレフタル酸　　　　　　　　　　エチレングリコール

$$\xrightarrow{\text{縮合重合}} \left[ \begin{array}{c} O \\ || \\ C \end{array} - \bigcirc - \begin{array}{c} O \\ || \\ C \end{array} - O - (CH_2)_2 - O \right]_n + 2nH_2O$$

**ポリエチレンテレフタラートPET**

　PETは軽くて丈夫なので，合成繊維としてワイシャツなどに使われているのはもちろん，熱可塑性樹脂としてペットボトルなどにも使われています。

## ●熱硬化性樹脂

　1分子中に反応できる場所が3か所以上ある単量体を重合させて生じる重合体（ポリマー）が熱硬化性樹脂になります。熱硬化性樹脂は，

### 立体網目状の構造をもち，熱や薬品に強い

性質があります。熱硬化性樹脂は，

### (1) フェノール樹脂　(2) 尿素樹脂　(3) メラミン樹脂
### 　　（ベークライト）　　（ユリア樹脂）

の3つを覚えましょう。いずれも，単量体としてホルムアルデヒド $H-\overset{\overset{O}{\|}}{C}-H$ が使われ，付加反応と縮合反応をくり返して進む付加縮合でつくられます。

## (1) フェノール樹脂（ベークライト）

　フェノール樹脂は，フェノールとホルムアルデヒドを反応させて合成します。

### ① ホルムアルデヒドとフェノールの付加反応

### ② 付加生成物とフェノールとの縮合反応

　このように①付加反応と②縮合反応がくり返される付加縮合で，次のようなフェノール樹脂が合成されます。

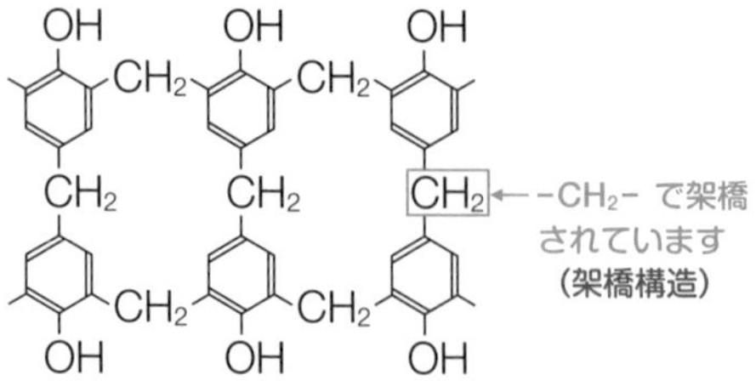

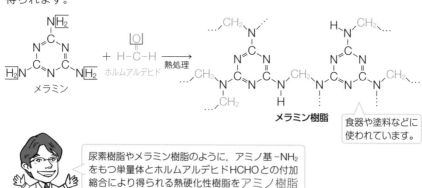

**フェノール樹脂**(ベークライト)

フェノール樹脂を合成するときに，酸を触媒とするとノボラック，塩基を触媒とするとレゾールという中間生成物が得られます。

フェノール樹脂はベークランドが発明したので，**ベークライト**ともよばれる世界初の合成樹脂です。電気絶縁性に優れ，電気部品などに使われています。

## (2) 尿素樹脂(ユリア樹脂)

**尿素**と**ホルムアルデヒド**を加熱すると，付加縮合が起こり**尿素樹脂**が得られます。

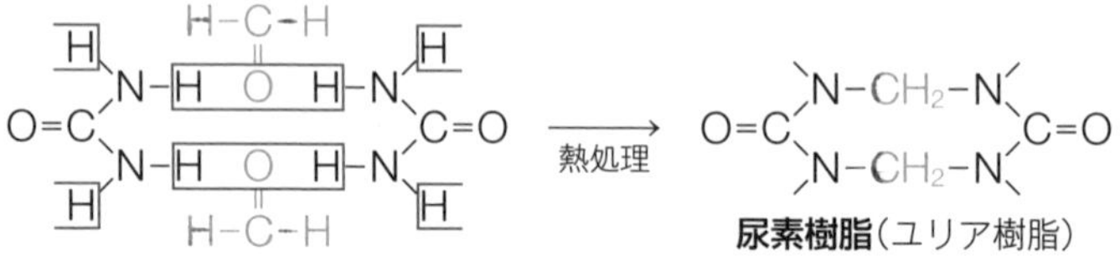

尿素　ホルムアルデヒド

→（熱処理）→ **尿素樹脂**(ユリア樹脂)

電気器具や家庭用品などの材料や，木材の接着剤などに使われています。

## (3) メラミン樹脂

**メラミン**と**ホルムアルデヒド**を加熱すると，付加縮合が起こり**メラミン樹脂**が得られます。

メラミン　＋　ホルムアルデヒド　→（熱処理）→

**メラミン樹脂**

食器や塗料などに使われています。

尿素樹脂やメラミン樹脂のように，アミノ基 $-NH_2$ をもつ単量体とホルムアルデヒド HCHO との付加縮合により得られる熱硬化性樹脂を**アミノ樹脂**といいます。

**練習問題**

発泡スチロールとして利用される　A　や，塗料や接着剤に利用され，ポリビニルアルコールの原料ともなる　B　，有機ガラスとして利用される(a)ポリメタクリル酸メチルや，銅線の被覆や農業用シートなどに用いられる(b)ポリ塩化ビニルなどは熱可塑性樹脂の例である。

一方，熱硬化性樹脂にもさまざまなものが知られている。フェノールと　C　を酸または塩基を触媒として加熱し合成されるフェノール樹脂，メラミンや尿素を　C　と加熱して合成される　D　などが例である。

(1)　　A　～　C　に入る適切な化合物名を記せ。

(2)　　D　に入る最も適切な物質名を次の①～⑤から選び，番号で答えよ。

　①　アミノ樹脂　　　②　アルキド樹脂　　　③　シリコーン樹脂

　④　エポキシ樹脂　　⑤　フッ素樹脂

(3)　下線部(a)のポリメタクリル酸メチル，下線部(b)のポリ塩化ビニルの単量体(モノマー)の構造式を書け。

(秋田大)

**解き方**

(1)　発泡スチロールとして利用されるのはポリスチレン，塗料や接着剤に利用されるのはポリ酢酸ビニルです。ポリ酢酸ビニルをNaOHなどでけん化するとポリビニルアルコールをつくることができます(詳しくは，p.394を参照してください)。フェノール樹脂はフェノールとホルムアルデヒドから，メラミン樹脂はメラミンとホルムアルデヒドから，尿素樹脂は尿素とホルムアルデヒドから，代表的なアルキド樹脂であるグリプタル樹脂は無水フタル酸とグリセリンから合成されます。

(2)　メラミン樹脂や尿素樹脂はアミノ樹脂ともいいます。

(3)　(a)ポリメタクリル酸メチル(メタクリル樹脂)　　(b)ポリ塩化ビニル

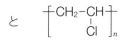

の構造式から考えましょう。

**答え**　(1)　A：ポリスチレン　B：ポリ酢酸ビニル　C：ホルムアルデヒド

　　　　(2)　①

　　　　(3)　a：CH₂=C-CH₃　　　　b：CH₂=CHCl
　　　　　　　　　　|
　　　　　　　　COOCH₃

## Step ② イオン交換樹脂のしくみをとらえよう！

### ●陽イオン交換樹脂と陰イオン交換樹脂

イオンを交換することができる官能基をもつ合成樹脂（プラスチック）をイオン交換樹脂（こうかんじゅし）といいます。イオン交換樹脂は，

陽イオン交換樹脂 ⇒ 陽イオンを交換することができる樹脂
陰イオン交換樹脂 ⇒ 陰イオンを交換することができる樹脂

と覚えましょう。

―イオン交換のしくみ―

例えば，塩化ナトリウム$Na^+Cl^-$水溶液を陽イオン交換樹脂に加えると $Na^+$ と $H^+$ が，陰イオン交換樹脂に加えると $Cl^-$ と $OH^-$ が交換されます。

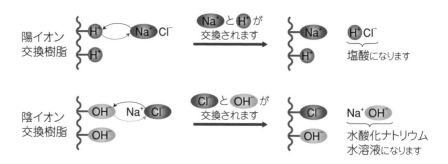

陽イオン交換樹脂と陰イオン交換樹脂をあわせて使うと，$NaCl$水溶液から純粋な水（⇒**脱イオン水（だつ・すい）**といいます）をつくることができます。

## ●陽イオン交換樹脂

2種類以上の単量体を用いた付加重合を共重合といいました。

共重合を利用して，次の手順1，2により，陽イオン交換樹脂をつくることができます。

**手順1** 共重合で架橋構造をもつポリスチレンをつくる。

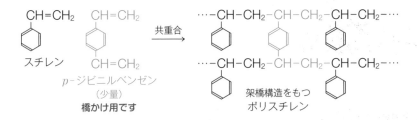

スチレン　　　　　に　少量の p-ジビニルベンゼン　　　　　を混ぜて

共重合させると，ポリスチレンの鎖に　　　　の橋がかかった構造（⇒架橋構造（かきょう）といいます）をもつ立体網目構造のポリスチレンをつくることができます。

スチレン
p-ジビニルベンゼン
（少量）
**橋かけ用です**

共重合

架橋構造をもつ
ポリスチレン

**手順2** ポリスチレンをスルホン化して陽イオン交換樹脂をつくる。

架橋構造をもつ**ポリスチレンをスルホン化**すると，ベンゼン環に酸性の基であるスルホ基 $-SO_3H$ を導入することができます。これが**陽イオン交換樹脂**です。

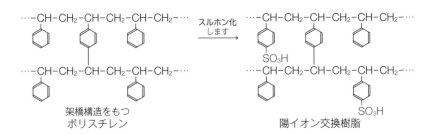

架橋構造をもつ
ポリスチレン

スルホン化
します

陽イオン交換樹脂

この陽イオン交換樹脂を筒状の容器(⇒**カラム**といいます)につめて，カラムの上部から，塩化ナトリウムNaCl水溶液を流すと，スルホ基 −SO₃H のH⁺ がNa⁺と置き換わり，下から塩酸HClが流出してきます。

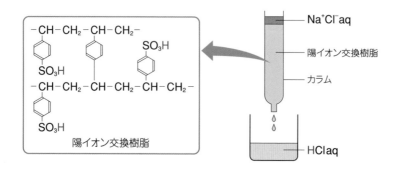

このようにして，水溶液中の陽イオンNa⁺とH⁺を交換することができます。次の式から，Na⁺ 1個がH⁺ 1個に交換されることがわかりますね。

$$\underset{SO_3{}^-H^+}{\bigcirc} + \underset{\text{mol}}{1Na^+} + Cl^- \rightleftharpoons \underset{SO_3{}^-Na^+}{\bigcirc} + 1H^+ + Cl^- \quad (1)$$

また，カラムに −N⁺(CH₃)₃OH⁻ などの塩基性の基をもつ陰イオン交換樹脂をつめて，カラムの上部から塩化ナトリウムNaCl水溶液を流すと，OH⁻ がCl⁻ と置き換わり，下から水酸化ナトリウムNaOH水溶液が流出してきます。このとき，Cl⁻ 1 molがOH⁻ 1 molに交換されます。

$$\underset{\substack{CH_2 \\ CH_3-N^+-CH_3OH^- \\ CH_3}}{\bigcirc} + Na^+ + 1Cl^- \rightleftharpoons \underset{\substack{CH_2 \\ CH_3-N^+-CH_3Cl^- \\ CH_3}}{\bigcirc} + Na^+ + 1OH^- \quad (2)$$

（1）式や（2）式のように，イオン交換樹脂がイオンを交換する反応は可逆反応であるため，使用済みの陽イオン交換樹脂は強酸の水溶液，陰イオン交換樹脂は強塩基の水溶液を流すともとのイオン交換樹脂に戻ります(**イオン交換樹脂の再生**)。

次の練習問題で計算問題に慣れましょう。

**練習問題**

　十分な量の陽イオン交換樹脂 R-SO₃H をカラムにつめ，濃度不明の塩化ナトリウム水溶液10mLを通し，流出液を0.010mol/Lの水酸化ナトリウム水溶液で滴定したところ，15mLを要した。この塩化ナトリウム水溶液のモル濃度〔mol/L〕を有効数字2桁で求めよ。

**解き方**

　NaCl水溶液のモル濃度を$x$〔mol/L〕とします。陽イオン交換樹脂 R-SO₃H に$x$〔mol/L〕のNaCl水溶液10mLを通すと次の反応が起こり，NaClと同じ物質量〔mol〕のHClが生成します。

$$R-SO_3^-H^+ \ + \quad 1Na^+Cl^- \quad \longrightarrow \quad R-SO_3^-Na^+ \ + \quad 1H^+Cl^-$$

（交換前）　　十分　　　　$x \times \dfrac{10}{1000}$mol

（交換後）　　余る　　　　　0　　　　　　　　　　　　　　　　$x \times \dfrac{10}{1000}$mol

　生成したHCl $x \times \dfrac{10}{1000}$mol を滴定するのに，0.010mol/L NaOH水溶液15mLが必要だったので，次の式が成り立ちます。

$$\underset{\text{HCl〔mol〕}}{\underset{\downarrow}{x \times \frac{10}{1000}}} \times \underset{\text{H}^+\text{〔mol〕}}{\underset{\downarrow}{1}} = \underset{\text{NaOH〔mol〕}}{\underset{\downarrow}{0.010 \times \frac{15}{1000}}} \times \underset{\text{OH}^-\text{〔mol〕}}{\underset{\downarrow}{1}}$$

$x = 0.015$mol/L

**答え**　0.015mol/L または $1.5 \times 10^{-2}$mol/L

# 機能性高分子化合物の性質や用途を覚えよう！

　特殊な機能をもたせた高分子化合物を機能性高分子化合物といいます。機能性高分子化合物には，導電性高分子や吸水性高分子，生分解性高分子などがあります。

## (1) 導電性高分子

　金属に近い電気伝導性を示す高分子化合物を導電性高分子（導電性樹脂）といい，スマートフォンなどの部品に使われています。白川英樹博士らによって開発されたポリアセチレンによる導電性高分子を覚えておきましょう。

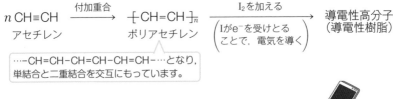

スマートフォン

## (2) 吸水性高分子

　水と接触すると，多量の水を吸収する高分子化合物を吸水性高分子（高吸水性樹脂）といい，紙おむつや土壌保水剤などに使われています。ポリアクリル酸ナトリウムが有名です。

$$\left[ CH_2-CH \atop \quad\quad COONa \right]_n$$ ポリアクリル酸ナトリウム　　$CH_2=CH \atop \quad\quad COONa$　アクリル酸ナトリウム

**参考** 吸水性高分子の吸水のしくみ

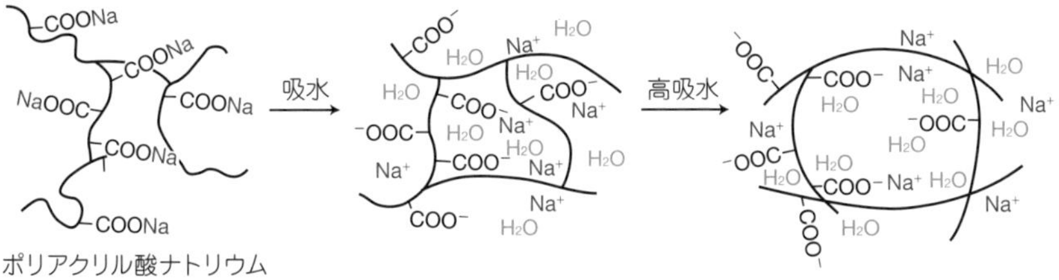

ポリアクリル酸ナトリウム

網目のすきまに水がとり込まれると、$-COONa$が電離し、$-COO^-$どうしが反発して網目のすきまが拡大します。このすきまに多量の水が入ることで、網目の内側でイオンの濃度が高くなります。このために浸透圧が大きくなり多量の水を吸収することができます。吸収された水は$-COO^-$や$Na^+$に水和することですきまに閉じ込められます。

## (3) 生分解性高分子

　土壌・水中の微生物や生体内の酵素によって分解される高分子化合物を**生分解性高分子（生分解性プラスチック）**といい、農業用フィルムや手術糸などに使われています。

　例えば、**ポリ乳酸** $\left[\begin{array}{c}O-CH-C\\ \quad CH_3 \ \ O\end{array}\right]_n$ や**ポリグリコール酸** $\left[\begin{array}{c}O-CH_2-C\\ \qquad \ \ O\end{array}\right]_n$ は、微生物や酵素などにより最終的に二酸化炭素$CO_2$や水$H_2O$に分解される生分解性高分子です。

**Step 4** 繊維は大まかに分類してから覚えていこう。

## ●繊維

　衣服の多くは，糸からできていますね。この糸は，繊維からできていて，繊維には，「**植物や動物からとれる天然繊維**」と「**天然繊維の構造を変化させたり，石油からつくられたりする化学繊維**」があります。

> 繊維 ── （1）**天然繊維** … 植物や動物からとれる繊維
> 衣服をつくる ── （2）**化学繊維** … 天然繊維の構造を変化させた繊維や石油からつくられる繊維

### （1）天然繊維

　天然繊維には，**植物からとれる**植物繊維（木綿や麻など）や**動物からとれる**動物繊維（絹や羊毛など）があります。

> **天然繊維** ── （a）**植物繊維** … 木綿（綿），麻
> ── （b）**動物繊維** … 絹（シルク），羊毛

### （a）植物繊維

　木綿（綿）は植物のワタ，麻は植物のアサから得られる繊維で，どちらも主成分が**セルロース $[C_6H_7O_2(OH)_3]_n$** です。

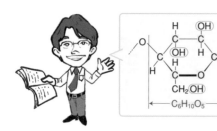

セルロース $(C_6H_{10}O_5)_n$は，$\beta$-グルコースどうしから $H_2O$ がとれてつながった構造をもっていました。セルロース $(C_6H_{10}O_5)_n$ のもつ（　）中のⒽ 3個をわかりやすく示した示性式 $[C_6H_7O_2(OH)_3]_n$ も使えるようにしましょう。

**(b) 動物繊維**

絹（シルク）はカイコのまゆ糸，羊毛はヒツジの体毛から得られる繊維で，どちらも主成分が**タンパク質**です。

## (2) 化学繊維

化学繊維には，<ruby>再生繊維<rt>さいせい</rt></ruby>（レーヨン），<ruby>半合成繊維<rt>はんごうせい</rt></ruby>，合成繊維があります。

化学繊維 ━┳━ **(a) 再生繊維（レーヨン）**
　　　　　┣━ **(b) 半合成繊維**
　　　　　┗━ **(c) 合成繊維**

**(a) 再生繊維（レーヨン）**

再生繊維（レーヨン）とは，木材パルプから得られる

### 短いセルロース繊維から再生した長いセルロース繊維

のことをいいます。長いセルロース繊維を再生するときには，

塩基性の水溶液に短いセルロース繊維を溶かし，希硫酸などの酸の中で再生

します。使う塩基性の水溶液の種類に注目し，レーヨンの名前を覚えましょう。

**① 水酸化ナトリウム NaOH 水溶液を使う場合**

　　⇒　ビスコースレーヨン  （繊維状に再生したとき）

　　⇒　セロハン  （膜状に再生したとき） ─ セロハンは，セロハンテープですよ。

**② シュバイツァー試薬[注]（$Cu(OH)_2$ ＋ 濃 $NH_3$ 水）を使う場合**
　　　　　　　　┗→ $[Cu(NH_3)_4]^{2+}$ が生じています

[注] シュワイツァー試薬とよぶこともある。

　　⇒　銅アンモニアレーヨン（キュプラ）

　　　　　　　　　　　　　　　　（繊維状）

## (b) 半合成繊維

**セルロース [$C_6H_7O_2(OH)_3$]$_n$ のもつヒドロキシ基 –OH の一部を反応させてつ**
[　]中にOHが3個あります
**くった繊維**を**半合成繊維**といいます。半合成繊維は，**アセテート**を覚えましょう。

―アセテート―

セルロース [$C_6H_7O_2(OH)_3$]$_n$ のもつ –OH をすべてアセチル化します。

アセチル基

$$-OH \ + \ (CH_3CO)_2O \ \longrightarrow \ -O-\overset{\overset{O}{\|}}{C}-CH_3 \ + \ CH_3COOH \ （アセチル化）$$

セルロースの　　無水酢酸
ヒドロキシ基

これにより，トリアセチルセルロース [$C_6H_7O_2(OCOCH_3)_3$]$_n$ をつくることが
できます。
→3個を表しています　→アセチル基 $CH_3-\overset{\overset{O}{\|}}{C}-$ を表しています

このトリアセチルセルロースのもつエステル結合の一部を加水分解すると，

**ジアセチルセルロース** [$C_6H_7O_2(OH)(OCOCH_3)_2$]$_n$ が得られます。
→2個を表しています　→アセチル基 $CH_3-\overset{\overset{O}{\|}}{C}-$ を表しています

この**ジアセチルセルロース**が，絹に似た光沢をもつ**アセテート（アセテート繊**
**維）**になります。
シャツやネクタイなどに使われます

---

セルロース [$C_6H_7O_2(OH)_3$]$_n$ のもつ–OHは，濃硝酸$HNO_3$と濃硫酸$H_2SO_4$の混合物（混酸）と反応させることで硝酸エステルにすることもできます。

濃硫酸
$$-O-\boxed{H \ + \ H-O}-NO_2 \ \longrightarrow \ -O-NO_2 \ + \ H_2O \ （エステル化）$$

セルロースの　　硝酸　　　　　硝酸エステル　　硝酸エステルが生成
ヒドロキシ基↓　　　　　　　　　　　　　　　するのでエステル化です
硝酸から-OH，ヒドロキシ
基から-Hがとれます

から

濃硫酸
$$[C_6H_7O_2(OH)_3]_n \ + \ 3nHNO_3 \ \longrightarrow \ [C_6H_7O_2(ONO_2)_3]_n \ + \ 3nH_2O \ （エステル化）$$
セルロース　　　　　硝酸　　　　　　トリニトロセルロース

となります。この反応でつくったトリニトロセルロース [$C_6H_7O_2(ONO_2)_3$]$_n$は，火薬として
点火すると一瞬で燃えつきます
→3個を表しています　→ニトロ基-NO₂を表しています

使われます。また，トリニトロセルロースの一部が加水分解されて-OHとなったジニトロセルロース [$C_6H_7O_2(OH)(ONO_2)_2$]$_n$は，セルロイドの原料として使われます。
めがねのフレームなどに使われます

## (c) 合成繊維

おもに**石油から得られる単量体(モノマー)を重合させてつくった繊維**を合成繊維といいます。次の①〜④をおさえましょう。

### ① アクリル繊維

アクリロニトリルを付加重合させるとポリアクリロニトリルが得られます。

$$n\ CH_2{=}CH \underset{\text{付加重合}}{\longrightarrow} \left[ CH_2{-}CH \right]_n$$

アクリロニトリル　　　ポリアクリロニトリル

**ポリアクリロニトリルを主成分とする合成繊維**をアクリル繊維といい，セーターなどに使われます。

**アクリル繊維を高温で処理して得られる合成繊維**を炭素繊維(**カーボンファイバー**)といいます。炭素繊維は，軽くて強いのでスポーツ用品や航空機の翼などに使われます。

### ② ナイロン(ポリアミド系合成繊維)

**多くのアミド結合** $-\overset{O}{\overset{\|}{C}}-\overset{H}{\underset{}{N}}-$ **でつながった合成繊維**をポリアミド系合成繊維といいます。世界で最初に開発されたナイロン66や，日本で開発されたナイロン6をおさえておきましょう。

#### (i) ナイロン66(6,6-ナイロン)

ナイロン66は，**ヘキサメチレンジアミン**のアミノ基 $-NH_2$ と**アジピン酸**のカルボキシ基 $-COOH$ との間の縮合重合により合成しました(p.378参照)。

$$n\,H{-}N{-}(CH_2)_6{-}N{-}H\ +\ n\,HO{-}C{-}(CH_2)_4{-}C{-}OH$$

ヘキサメチレンジアミン　　　　　　　アジピン酸
（H₂Oをとります）

$$\underset{\text{縮合重合}}{\longrightarrow} \left[ N{-}(CH_2)_6{-}N{-}C{-}(CH_2)_4{-}C \right]_n\ +\ 2nH_2O$$

**ナイロン66**(6,6-ナイロン)
（アミド結合）
くつ下やロープなどに使います。

第12講 プラスチック・イオン交換樹脂・繊維・ゴム

391

## (ii) ナイロン6

ナイロン6は，**環状のカプロラクタム**（ε-カプロラクタム）に少量の水を加え，加熱して合成します。環構造が切れて，次のような開環重合が起こります。

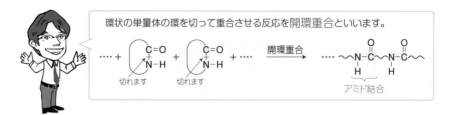

$$n\ H_2C \underset{CH_2-CH_2}{\overset{CH_2-CH_2}{<}} \underset{N-H}{\overset{C=O}{>}} \quad \xrightarrow{開環重合} \quad \left[ \overset{H}{N}-(CH_2)_5-\overset{O}{C} \right]_n$$

カプロラクタム      **ナイロン6**（6-ナイロン）

単量体（カプロラクタム）の炭素原子の数を表しています

環状の単量体の環を切って重合させる反応を開環重合といいます。

## (iii) アラミド繊維

ベンゼン環をアミド結合が結びつけた高分子化合物を**アラミド**といいます。アラミドは，強度，耐熱性，耐薬品性に優れていて，防弾チョッキや消防服などに使われています。（鉄より強い！）

**HClをとります**

$$n\ Cl-\overset{O}{C}-\underset{}{\bigcirc}-\overset{O}{C}-Cl \ + \ n\ H-\overset{H}{N}-\underset{}{\bigcirc}-\overset{H}{N}-H$$

テレフタル酸ジクロリド      $p$-フェニレンジアミン

$$\xrightarrow{縮合重合} \left[ \overset{O}{C}-\underset{}{\bigcirc}-\overset{O}{C}-\overset{H}{N}-\underset{}{\bigcirc}-\overset{H}{N} \right]_n \ + \ 2n\ HCl$$

アラミド繊維

③ **ポリエステル**（ポリエステル系合成繊維）

多くのエステル結合 $-\overset{O}{\overset{\|}{C}}-O-$ でつながった合成繊維をポリエステル系合成繊維

といい，**ポリエチレンテレフタラートPET**をおさえましょう。

ポリエチレンテレフタラートPETは，**テレフタル酸**と**エチレングリコール**との間の縮合重合により合成しました（p.378参照）。

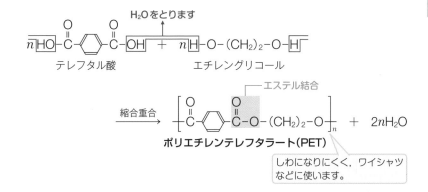

テレフタル酸　　　　　エチレングリコール

**ポリエチレンテレフタラート(PET)**

しわになりにくく，ワイシャツなどに使います。

④ **ビニロン**

ビニロンは，**木綿に似た性質をもつ**日本で最初に開発された**合成繊維**です。

**ポリビニルアルコール**（PVA）の $-OH$ の約3分の1が**アセタール化**されており，親水基である $-OH$ が多く残っているため，吸湿性があります。分子間で水素結合することで強度があり，ロープ，ネットなどに使われます。

ビニロンは次の手順①〜④でつくります。

**手順①** アセチレンに酢酸を付加し，酢酸ビニルをつくります。

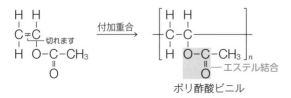

**手順②** 酢酸ビニルを付加重合させて，ポリ酢酸ビニルをつくります。

$$
\begin{array}{c}
\text{H H} \\
\text{C=C} \\
\text{H O-C-CH}_3 \\
\text{O}
\end{array}
\xrightarrow[\text{付加重合}]{}
\left[
\begin{array}{c}
\text{H H} \\
\text{C-C} \\
\text{H O-C-CH}_3 \\
\text{O}
\end{array}
\right]_n
$$

切れます　　　　　　　　　　　エステル結合
　　　　　　　　　　　　　　　ポリ酢酸ビニル

**手順③** ポリ酢酸ビニルを水酸化ナトリウム$NaOH$水溶液で加水分解（けん化）して，ポリビニルアルコールをつくります。

$$
\left[
\begin{array}{c}
\text{H H} \\
\text{C-C} \\
\text{H O-C-CH}_3 \\
\text{O}
\end{array}
\right]_n
\xrightarrow[\text{けん化}]{n\text{NaOH}}
\left[
\begin{array}{c}
\text{H H} \\
\text{C-C} \\
\text{H OH}
\end{array}
\right]_n
+ \ n\text{CH}_3\text{COONa}
$$

切れます　　　　　　　　　　　ポリビニルアルコール（PVA）

**手順④** ポリビニルアルコールの －OH の一部をホルムアルデヒド水溶液（ホルマリン）でアセタール化して，ビニロンをつくります。

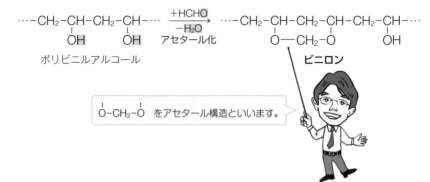

ポリビニルアルコール

$O$-$CH_2$-$O$ をアセタール構造といいます。

次の練習問題で重要な用語をおさえましょう。

**練習問題**

　私たちが身につけている衣料は，天然繊維や化学繊維からつくられている。天然繊維は　A　繊維と　B　繊維，化学繊維は　C　繊維，　D　繊維と　E　繊維に分類される。このうち　E　繊維は，おもに石油から得られる比較的小さな分子を重合させた高分子化合物からつくられる。テレフタル酸と　1　を　2　重合させてつくられる(a)ポリエチレンテレフタラートは，分子内に多くの　3　結合をもった重合体である。(b)ナイロン6は，　4　の開環重合によりつくられる。アクリルには，アクリロニトリルを　5　重合させた(c)ポリアクリロニトリルを主成分とするアクリル繊維と，アクリロニトリルに酢酸ビニルを　5　重合させたアクリル系繊維がある。アクリル系繊維のように，2種類以上の単量体を　5　重合させることを　6　重合という。酢酸ビニルを　5　重合させたのち，水酸化ナトリウムで処理すると　7　とよばれる反応が起こり，ポリビニルアルコールが得られる。ポリビニルアルコールを　8　で処理して水に溶けないようにしたものが(d)ビニロンである。

(1)　文中の　A　～　E　にあてはまる最も適切な語を次の語群より選べ。
　　　㋐　撥水（はっすい）　㋑　炭素　㋒　動物　㋓　再生　㋔　植物
　　　㋕　食物　㋖　人造　㋗　半合成　㋘　ガラス　㋙　合成

(2)　文中の　1　～　8　にあてはまる適切な語あるいは化合物名を書け。

(3)　下線部(a)～(d)の高分子化合物のうち，絹と同じ様式の結合をもつものを選んでその記号を書け。また，その結合の名称と構造式も書け。(新潟大)

- - - - - - - - - - - - - - - - - - - - - - - - - - - - - - - - - - - - - - - -

**解き方**

(1)，(2)　繊維は次のように分類できます。

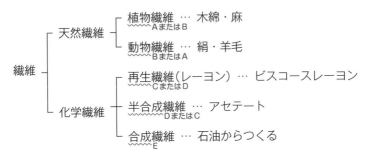

ポリエチレンテレフタラートPETは，テレフタル酸とエチレングリコールを縮合重合させてつくられ，多くのエステル結合 $-\overset{\overset{\text{O}}{\|}}{\text{C}}-\text{O}-$ をもったポリエステルです。

ナイロン6は，カプロラクタムの開環重合によりつくられます。

ポリアクリロニトリルは，アクリロニトリルを付加重合させてつくります。2種類以上の単量体を付加重合させることを共重合といいます。

酢酸ビニルを付加重合させてポリ酢酸ビニル，ポリ酢酸ビニルをNaOHでけん化（加水分解）しポリビニルアルコールをつくります。ビニロンは，このポリビニルアルコールをホルムアルデヒドの水溶液で処理（アセタール化）してつくります。（ホルムアルデヒドの水溶液をホルマリンといいます。）

（3） 天然繊維の絹はタンパク質なのでペプチド結合 $-\overset{\overset{\text{O}}{\|}}{\text{C}}-\overset{\overset{\text{H}}{|}}{\text{N}}-$ をもっています。合成繊維のナイロン66やナイロン6も絹と同じ様式の結合 $-\overset{\overset{\text{O}}{\|}}{\text{C}}-\overset{\overset{\text{H}}{|}}{\text{N}}-$ （⇒アミド結合）をもっています。そのため，ナイロンは絹のような感触・光沢をもちます。

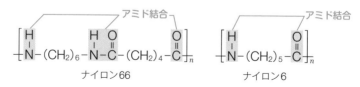

ナイロン66　　　　　ナイロン6

**答え**
(1) A，B：⑦，㋐（順不同）　C，D：㋑，㋜（順不同）　E：㋚

(2) 1：エチレングリコール（または1,2-エタンジオール）

2：縮合　　3：エステル

4：カプロラクタム（または $\varepsilon$-カプロラクタム）

5：付加　　6：共　　7：けん化（または加水分解）

8：ホルムアルデヒド（またはホルマリン）

(3) (b)，アミド結合，$-\overset{\overset{}{|}}{\underset{\text{H}}{\text{N}}}-\overset{\overset{}{|}}{\underset{\text{O}}{\text{C}}}-$

## Step ⑤ 天然ゴムと合成ゴムの構造式を覚えよう。

### ●ゴム

ゴムは，

> **天然ゴム** … ゴムノキの樹液からつくるゴム
>
> **合成ゴム** … 天然ゴムに似た構造をもつように，人工的につくり出されたゴム

に分けられます。

### ●天然ゴム

ゴムノキの樹皮に切り傷をつけると，**ラテックス**という白い液体が得られます。**このラテックスを集め，酸を加えて固める**と天然ゴム（生ゴム）が得られます。

$$\cdots-CH_2\underset{C=C}{\overset{CH_3\ \fbox{シス形}\ H}{}}CH_2-CH_2\underset{\underset{CH_3\ \fbox{シス形}}{C=C}{H}}{}CH_2-CH_2\underset{C=C}{\overset{CH_3\ \fbox{シス形}\ H}{}}CH_2-\cdots$$

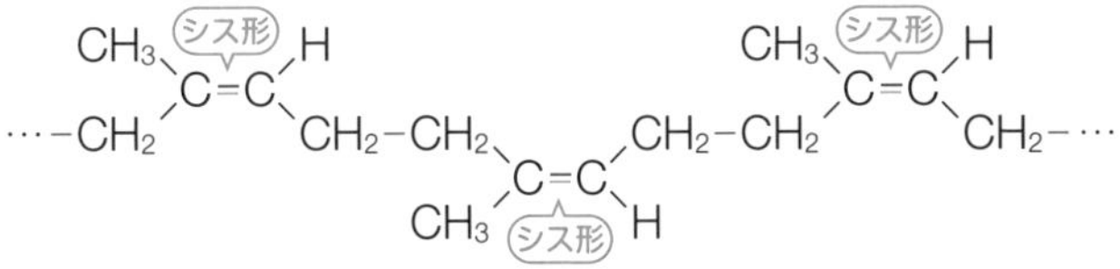

天然ゴム（生ゴム）の構造（ポリイソプレン構造）

天然ゴム（生ゴム）は，

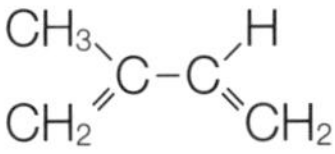

イソプレン $C_5H_8$ の単位　　　　　　　　　　がくり返された

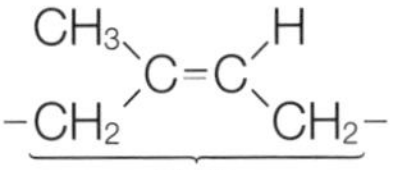

（$C_5H_8$）

ポリイソプレン構造をもち，その分子式は $(C_5H_8)_n$

になります。

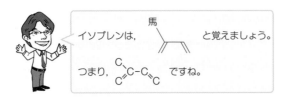

イソプレンは， 馬 と覚えましょう。

つまり， $\underset{C}{\overset{C}{C}}-C=C$ ですね。

天然ゴムについては，次のポイント❶〜❹をおさえましょう。

❶　天然ゴムは，イソプレン $\overset{1}{C}H_2 = \overset{2}{\underset{\overset{|}{CH_3}}{C}} - \overset{3}{C}H = \overset{4}{C}H_2$　が切れて生じる

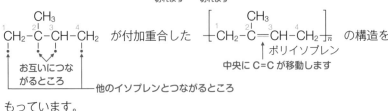

もっています。

❷　天然ゴムのC=C結合の部分は，すべてシス形です。シス形のゴムは，分子が折れまがり丸まった形になっています。これを引っぱると伸びた形となり，またもとの丸まった形へと自然に戻ります。このように，天然ゴムはゴム特有の弾性(ゴム弾性)を示します。

❸　天然ゴムに少量の硫黄Sを加えて加熱すると，ゴム分子どうしにところどころでSの**橋を架ける**(⇒架橋構造といいます)ことができます。**Sを加えて加熱する操作**を加硫，**加硫して得られるゴム**を弾性ゴムといいます。

$$-S \{ \underset{-S-S}{\overset{-S-}{{}}} \} -S- \quad -S-S \{ \underset{}{\overset{}{{}}} \} -S-$$

弾性ゴム

> 加硫により架橋構造ができて弾性が強くなるだけでなく，強度も大きくなります。

**多量のSを加えて加熱する**とエボナイトという硬い物質になります。

❹　天然ゴムを空気中に放置しておくと，C=C結合の部分が空気中の酸素$O_2$やオゾン$O_3$により酸化されて弾性(ゴム弾性)を失い劣化してしまいます。この現象を**ゴムの劣化**といいます。

> C=C結合の部分がすべてトランス形のポリイソプレンは，硬く，弾性に乏しい性質があり，グタペルカ(グッタペルカ)とよばれます。

## ●合成ゴム

C=C 結合を2個もつ**ジエン化合物**を使って，合成ゴムをつくることができます。

「ジ」は2個，
「エン」はアルケンのもつ C=C を表して
います。

付加重合すると，C=C 結合が中央に移動する点に注意しましょう。

### (1) 付加重合により得られる合成ゴム

単量体のジエン化合物 $CH_2=CH-C=CH_2$ ← $\underset{CH_3}{CH_2=CH-C=CH_2}$ に似ていますね
$\underset{X}{}$ イソプレン

は，$-X$ が $-H$ のときは1,3-ブタジエン，$-Cl$ のときはクロロプレンといいます。

1,3-ブタジエン $\overset{1}{C}H_2=\overset{2}{C}H-\overset{3}{C}H=\overset{4}{C}H_2$ の「1,3-」は
C=C の位置番号を示しています。
クロロプレンの名前は覚えましょう。

① ブタジエンゴム(BR)

**1,3-ブタジエン** $\overset{1}{C}H_2=\overset{2}{C}H-\overset{3}{C}H=\overset{4}{C}H_2$ を付加重合させて合成します。

ゴムチューブなどに使われます。

付加重合すると，C=Cが
中央に移動します
↓

$n CH_2=CH-CH=CH_2 \xrightarrow{\text{付加重合}} \{CH_2-CH=CH-CH_2\}_n$

1,3-ブタジエン　　　　　　　　　　**ブタジエンゴム(BR)**
(ポリブタジエン)

### ② クロロプレンゴム（CR）

**クロロプレン** $CH_2=CCl-CH=CH_2$ を付加重合させて合成します。

ベルトや接着剤などに使われます。

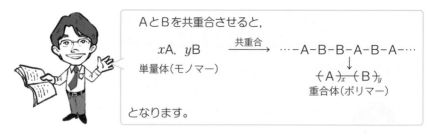

付加重合すると，C＝Cが中央に移動します

$$n\,CH_2=\underset{Cl}{C}-CH=CH_2 \xrightarrow{\text{付加重合}} \left[ CH_2-\underset{Cl}{C}=CH-CH_2 \right]_n$$

クロロプレン

**クロロプレンゴム（CR）**
（ポリクロロプレン）

## (2) 共重合により得られる合成ゴム

AとBを共重合させると，

$$x A,\ y B \xrightarrow{\text{共重合}} \cdots-A-B-B-A-B-A-\cdots$$
$$\downarrow$$
$$\{A\}_x\{B\}_y$$
重合体（ポリマー）

単量体（モノマー）

となります。

### ① スチレン-ブタジエンゴム（SBR）　styrene butadiene rubber

**1,3-ブタジエン** $CH_2=CH-CH=CH_2$ と**スチレン** $CH_2=CH-C_6H_5$ を共重合

させて合成します。自動車のタイヤなどに使われます。

$$x\,CH_2=CH-CH=CH_2\ +\ y\,CH_2=CH$$

1,3-ブタジエン

スチレン

共重合すると，C＝Cが中央に移動します

$$\xrightarrow{\text{共重合}} \left[ CH_2-CH=CH-CH_2 \right]_x \left[ CH_2-CH \right]_y$$

**スチレンブタジエンゴム（SBR）**

タイヤ

**1,3-ブタジエン** $CH_2=CH-CH=CH_2$ と**アクリロニトリル** $CH_2=CH-CN$
を共重合させて合成します。石油ホース，耐油性パッキンなどに使われます。

$$x CH_2=CH-CH=CH_2 \ + \ y CH_2=CH$$
$$\underset{\text{1,3-ブタジエン}}{} \qquad \qquad \underset{\text{アクリロニトリル}}{\overset{|}{CN}}$$

共重合すると，C=Cが中央に移動します

$$\xrightarrow{\text{共重合}} \left[ CH_2-CH=CH-CH_2 \right]_x \left[ \underset{\overset{|}{CN}}{CH_2-CH} \right]_y$$

**アクリロニトリルブタジエンゴム（NBR）**

---

**ポイント　合成ゴム**

$$\underset{\overset{|}{H}}{\overset{\overset{|}{H}}{C}}=\underset{\overset{|}{X}}{\overset{\overset{|}{H}}{C}}-C=\underset{\overset{|}{H}}{\overset{\overset{|}{H}}{C}} \xrightarrow{\text{付加重合}} \left[ \underset{CH_2}{\overset{H}{C}}=\underset{CH_2}{\overset{X}{C}} \right]_n$$

⇐ シス形のものがゴム弾性を示します

| -X | 単量体（モノマー） | 重合体（ポリマー） | |
|---|---|---|---|
| -H | 1,3-ブタジエン | ポリブタジエン | ➡ ブタジエンゴム（BR） |
| -Cl | クロロプレン | ポリクロロプレン | ➡ クロロプレンゴム（CR） |

$$x CH_2=CH-CH=CH_2 \ + \ y CH_2=\underset{\overset{|}{X}}{CH}$$
$$\underset{\text{1,3-ブタジエン}}{}$$

$$\xrightarrow{\text{共重合}} \left[ CH_2-CH=CH-CH_2 \right]_x \left[ \underset{\overset{|}{X}}{CH_2-CH} \right]_y$$

| -X | 名　称 |
|---|---|
| ⟨○⟩ | スチレンブタジエンゴム（SBR） |
| -C≡N | アクリロニトリルブタジエンゴム（NBR） |

最後の練習問題です。がんばりましょう。

**練習問題**

　ゴムの木の樹皮を傷つけると流出する白濁液を　ア　という。　ア　に酢酸などの凝固剤を加えて固まらせると生ゴム（天然ゴム）が得られる。生ゴムは，イソプレンが規則的に〔　A　〕したものであり，生ゴムを加熱するとイソプレンが生じる。

$$H_3C \atop H_2C \Big\rangle C-C \Big\langle {H \atop CH_2}$$
イソプレン

　一方，合成ゴムはイソプレンよりも炭素数が1個少ない1,3-ブタジエンや，クロロプレンなどを重合させたもので，タイヤや防振ゴムなどに利用される。また，1,3-ブタジエンとスチレンを混ぜて〔　B　〕させたものはスチレン-ブタジエンゴムといい，耐摩耗性や耐熱性にすぐれ，大量に合成されている。これらのゴムは非常に弾力に富むという特徴的な性質をもつが，これは重合物中に存在する二重結合に由来する。

　この弾性は空気中で徐々に失われるが，これは重合物中の二重結合が酸化されるためである。生ゴムに5〜8%の硫黄を加え加熱すると，弾力がより大きくなった弾性ゴムが得られる。このような操作を　イ　とよぶ。　イ　によりゴムは石油などの有機溶剤に溶けにくくなり，化学的に安定化する。生ゴムに30〜40%の硫黄を加え加熱すると，　ウ　という硬い物質になる。

(1)　文中の　ア　〜　ウ　にあてはまる適切な語句を入れよ。

(2)　〔　A　〕，〔　B　〕にあてはまる重合反応の様式を記せ。

(3)　生ゴム中に含まれるポリイソプレンの構造を右の例にならい，シス-トランス構造がわかるように記せ。

$$\Big[ {H \atop H} \Big\rangle C=C \Big\langle {H \atop \ } \Big]_n$$
（例）ポリアセチレン

（富山大）

**解き方**

(1), (2)　ゴムの木の樹皮を傷つけると流出する白濁液をラテックスといいます。生ゴム(天然ゴム)は，イソプレンが規則的に付加重合したものです。スチレン-ブタジエンゴムSBRは，1,3-ブタジエンとスチレンを混ぜて共重合させたものです。

　　生ゴムに5〜8％のSを加え加熱する操作を加硫とよびます。生ゴムに30〜40％のSを加え加熱すると，エボナイトという硬い物質になります。

(3)　ポリイソプレンは  が付加重合した構造をもっています。シス形で答えましょう。

**答え**　(1)　ア：ラテックス　　イ：加硫　　　ウ：エボナイト

　　　　　(2)　A：付加重合　　B：共重合

　　　　　(3)
$$\left[\begin{array}{c} H_2C \\ H_3C \end{array}C=C\begin{array}{c} CH_2 \\ H \end{array}\right]_n$$

これで 無機・有機化学の授業
は，終講です。暗記する内容
が多く，大変だったと思います。
この本でみなさんが覚えたこと
は，入試では役に立ってくれる
はずです。自分のやってきたこと
を信じ，これからも懸命に努力
して下さい。応援しています。

橋爪 健作

# 無機化学の反応式一覧

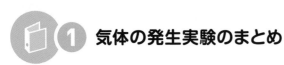

# 気体の発生実験のまとめ

| 気体・色・におい | 製　　法 | 反　　応 | 捕集法 |
|---|---|---|---|
| $H_2S$　腐卵臭 | 硫化鉄(Ⅱ)に塩酸または希硫酸を加える。 | $FeS + 2HCl \longrightarrow FeCl_2 + H_2S\uparrow$<br>$FeS + H_2SO_4 \longrightarrow FeSO_4 + H_2S\uparrow$ | 下方 |
| $CO_2$ | 石灰石や大理石($CaCO_3$)に塩酸を加える。 | $CaCO_3 + 2HCl$<br>　　$\longrightarrow CaCl_2 + H_2O + CO_2\uparrow$ | 下方 |
| $SO_2$　刺激臭 | ①亜硫酸ナトリウムに希硫酸を加える。 | $Na_2SO_3 + H_2SO_4$<br>　　$\longrightarrow Na_2SO_4 + H_2O + SO_2\uparrow$ | 下方 |
| | ②亜硫酸水素ナトリウムに希硫酸を加える。 | $NaHSO_3 + H_2SO_4$<br>　　$\longrightarrow NaHSO_4 + H_2O + SO_2\uparrow$ | |
| | ③銅に濃硫酸を加えて加熱する。 | $Cu + 2H_2SO_4$<br>　　$\longrightarrow CuSO_4 + 2H_2O + SO_2\uparrow$ | |
| $NH_3$　刺激臭 | 塩化アンモニウムに水酸化ナトリウム，または水酸化カルシウムを混合し加熱する。 | $NH_4Cl + NaOH$<br>　　$\longrightarrow NaCl + H_2O + NH_3\uparrow$<br>$2NH_4Cl + Ca(OH)_2$<br>　　$\longrightarrow CaCl_2 + 2H_2O + 2NH_3\uparrow$ | 上方 |
| $HCl$　刺激臭 | 塩化ナトリウムを濃硫酸とともに加熱する。 | $NaCl + H_2SO_4$<br>　　$\longrightarrow NaHSO_4 + HCl\uparrow$ | 下方 |
| $HF$　刺激臭 | フッ化カルシウム(ホタル石)を濃硫酸とともに加熱する。 | $CaF_2 + H_2SO_4$<br>　　$\longrightarrow CaSO_4 + 2HF\uparrow$ | 下方 |
| $CO$ | ギ酸を濃硫酸とともに加熱する。 | $HCOOH \longrightarrow H_2O + CO\uparrow$ | 水上 |
| $N_2$ | 亜硝酸アンモニウム水溶液を加熱する。 | $NH_4NO_2 \longrightarrow 2H_2O + N_2\uparrow$　熱分解反応 | 水上 |
| $H_2$ | 亜鉛に塩酸または希硫酸を加える。 | $Zn + 2HCl \longrightarrow ZnCl_2 + H_2\uparrow$<br>$Zn + H_2SO_4 \longrightarrow ZnSO_4 + H_2\uparrow$ | 水上 |
| | 鉄に塩酸または希硫酸を加える。 | $Fe + 2HCl \longrightarrow FeCl_2 + H_2\uparrow$<br>$Fe + H_2SO_4 \longrightarrow FeSO_4 + H_2\uparrow$ | |
| $NO_2$　赤褐色 刺激臭 | 銅に濃硝酸を加える。 | $Cu + 4HNO_3$<br>　　$\longrightarrow Cu(NO_3)_2 + 2H_2O + 2NO_2\uparrow$ | 下方 |
| $NO$ | 銅に希硝酸を加える。 | $3Cu + 8HNO_3$<br>　　$\longrightarrow 3Cu(NO_3)_2 + 4H_2O + 2NO\uparrow$ | 水上 |
| $O_2$ | 酸化マンガン(Ⅳ)に過酸化水素水を加える。　触媒 | $2H_2O_2 \longrightarrow 2H_2O + O_2\uparrow$ | 水上 |
| | 塩素酸カリウムに酸化マンガン(Ⅳ)を加えて加熱する。 | $2KClO_3 \longrightarrow 2KCl + 3O_2\uparrow$　熱分解反応 | |
| $Cl_2$　黄緑色 刺激臭 | 酸化マンガン(Ⅳ)に濃塩酸を加えて加熱する。　酸化剤 | $MnO_2 + 4HCl$<br>　　$\longrightarrow MnCl_2 + 2H_2O + Cl_2\uparrow$ | 下方 |

**注意** 色，においが書いていないものは，無色，無臭です。

**2 無機化学 重要反応式100**

試験で頻出の反応式には★をつけてあります。

| | | | |
|---|---|---|---|
| ★ | 反応式 ① | 硫化鉄(Ⅱ)に塩酸を加える。 | $FeS + 2HCl \longrightarrow FeCl_2 + H_2S$ |
| ★ | 反応式 ② | 硫化鉄(Ⅱ)に希硫酸を加える。 | $FeS + H_2SO_4 \longrightarrow FeSO_4 + H_2S$ |
| ★ | 反応式 ③ | 石灰石に塩酸を加える。 | $CaCO_3 + 2HCl$ $\longrightarrow CaCl_2 + H_2O + CO_2$ |
| ★ | 反応式 ④ | 亜硫酸ナトリウムに希硫酸を加える。 | $Na_2SO_3 + H_2SO_4$ $\longrightarrow Na_2SO_4 + H_2O + SO_2$ |
| | 反応式 ⑤ | 亜硫酸水素ナトリウムに希硫酸を加える。 | $NaHSO_3 + H_2SO_4$ $\longrightarrow H_2O + SO_2 + NaHSO_4$ |
| ★ | 反応式 ⑥ | 塩化アンモニウムと水酸化ナトリウムを混合し，加熱する。 | $NH_4Cl + NaOH$ $\longrightarrow NH_3 + H_2O + NaCl$ |
| ★ | 反応式 ⑦ | 塩化アンモニウムと水酸化カルシウムを混合し，加熱する。 | $2NH_4Cl + Ca(OH)_2$ $\longrightarrow 2NH_3 + 2H_2O + CaCl_2$ |
| ★ | 反応式 ⑧ | 塩化ナトリウムを濃硫酸とともに加熱する。 | $NaCl + H_2SO_4$ $\longrightarrow HCl + NaHSO_4$ |
| ★ | 反応式 ⑨ | フッ化カルシウム(ホタル石)を濃硫酸とともに加熱する。 | $CaF_2 + H_2SO_4$ $\longrightarrow 2HF + CaSO_4$ |
| | 反応式 ⑩ | ギ酸を濃硫酸とともに加熱する。 | $HCOOH \longrightarrow CO + H_2O$ |
| | 反応式 ⑪ | 塩素酸カリウムに酸化マンガン(Ⅳ)を加え，加熱する。 | $2KClO_3 \longrightarrow 2KCl + 3O_2$ |
| | 反応式 ⑫ | 亜硝酸アンモニウムの水溶液を加熱する。 | $NH_4NO_2 \longrightarrow N_2 + 2H_2O$ |
| ★ | 反応式 ⑬ | 亜鉛に塩酸を加える。 | $Zn + 2HCl \longrightarrow ZnCl_2 + H_2$ |
| ★ | 反応式 ⑭ | 亜鉛に希硫酸を加える。 | $Zn + H_2SO_4 \longrightarrow ZnSO_4 + H_2$ |
| ★ | 反応式 ⑮ | 鉄に塩酸を加える。 | $Fe + 2HCl \longrightarrow FeCl_2 + H_2$ |
| ★ | 反応式 ⑯ | 鉄に希硫酸を加える。 | $Fe + H_2SO_4 \longrightarrow FeSO_4 + H_2$ |
| ★ | 反応式 ⑰ | 銅に濃硫酸を加えて加熱する。 | $Cu + 2H_2SO_4$ $\longrightarrow CuSO_4 + SO_2 + 2H_2O$ |
| ★ | 反応式 ⑱ | 銅に濃硝酸を加える。 | $Cu + 4HNO_3$ $\longrightarrow Cu(NO_3)_2 + 2NO_2 + 2H_2O$ |
| ★ | 反応式 ⑲ | 銅に希硝酸を加える。 | $3Cu + 8HNO_3$ $\longrightarrow 3Cu(NO_3)_2 + 2NO + 4H_2O$ |
| ★ | 反応式 ⑳ | 過酸化水素の水溶液に酸化マンガン(Ⅳ)を加える。 | $2H_2O_2 \longrightarrow O_2 + 2H_2O$ |
| ★ | 反応式 ㉑ | 酸化マンガン(Ⅳ)に濃塩酸を加えて加熱する。 | $MnO_2 + 4HCl$ $\longrightarrow MnCl_2 + Cl_2 + 2H_2O$ |

無機化学の反応式一覧

| | | | |
|---|---|---|---|
| ★ 反応式 ㉒ | 硫化水素の水溶液に二酸化硫黄を通じる。 | $2H_2S + SO_2 \longrightarrow 3S + 2H_2O$ | |
| ★ 反応式 ㉓ | アンモニアと塩化水素の反応。 | $NH_3 + HCl \longrightarrow NH_4Cl$ | |
| ★ 反応式 ㉔ | ヨウ化カリウム水溶液に塩素水を加える。 | $2KI + Cl_2 \longrightarrow I_2 + 2KCl$ | |
| ★ 反応式 ㉕ | 臭化カリウム水溶液に塩素水を加える。 | $2KBr + Cl_2 \longrightarrow Br_2 + 2KCl$ | |
| ★ 反応式 ㉖ | ヨウ化カリウム水溶液に臭素水を加える。 | $2KI + Br_2 \longrightarrow I_2 + 2KBr$ | |
| 反応式 ㉗ | 水素とフッ素を低温・暗所で混合する。 | $H_2 + F_2 \longrightarrow 2HF$ | |
| 反応式 ㉘ | 水素と塩素の混合気体に光をあてる。 | $H_2 + Cl_2 \longrightarrow 2HCl$ | |
| ★ 反応式 ㉙ | フッ素と水の反応。 | $2F_2 + 2H_2O \longrightarrow 4HF + O_2$ | |
| ★ 反応式 ㉚ | 塩素と水の反応。 | $Cl_2 + H_2O \rightleftharpoons HCl + HClO$ | |
| 反応式 ㉛ | ヨウ化物イオンを含む水溶液にヨウ素を加える。 | $I^- + I_2 \rightleftharpoons I_3^-$ | |
| 反応式 ㉜ | さらし粉に塩酸を加える。 | $CaCl(ClO) \cdot H_2O + 2HCl$ $\longrightarrow CaCl_2 + Cl_2 + 2H_2O$ | |
| 反応式 ㉝ | 高度さらし粉に塩酸を加える。 | $Ca(ClO)_2 \cdot 2H_2O + 4HCl$ $\longrightarrow CaCl_2 + 2Cl_2 + 4H_2O$ | |
| ★ 反応式 ㉞ | 二酸化ケイ素とフッ化水素酸の反応。 | $SiO_2 + 6HF \longrightarrow H_2SiF_6 + 2H_2O$ | |
| 反応式 ㉟ | 酸素中で無声放電を行うか，酸素に紫外線を当てる。 | $3O_2 \longrightarrow 2O_3$ | |
| ★ 反応式 ㊱ | ヨウ化カリウム水溶液にオゾンを通じる。 | $2KI + O_3 + H_2O$ $\longrightarrow I_2 + 2KOH + O_2$ | |
| 反応式 ㊲ | 硫黄を空気中で燃焼させる。 | $S + O_2 \longrightarrow SO_2$ | |
| ★ 反応式 ㊳ | 硫化水素とヨウ素の反応。 | $H_2S + I_2 \longrightarrow S + 2HI$ | |
| 反応式 ㊴ | 過酸化水素と二酸化硫黄の反応。 | $H_2O_2 + SO_2 \longrightarrow H_2SO_4$ | |
| 反応式 ㊵ | スクロースに濃硫酸を加える。 | $C_{12}H_{22}O_{11} \longrightarrow 12C + 11H_2O$ | |
| ★ 反応式 ㊶ | 二酸化硫黄を酸化バナジウム(V)を触媒として，空気中の酸素と反応させる。 | $2SO_2 + O_2 \longrightarrow 2SO_3$ | |
| 反応式 ㊷ | 発煙硫酸を希硫酸でうすめる。 | $SO_3 + H_2O \longrightarrow H_2SO_4$ | |
| ★ 反応式 ㊸ | ハーバー・ボッシュ法における反応。 | $N_2 + 3H_2 \rightleftharpoons 2NH_3$ | |
| 反応式 ㊹ | 白金を触媒としてアンモニアを空気中の酸素と反応させる。 | $4NH_3 + 5O_2 \longrightarrow 4NO + 6H_2O$ | |
| 反応式 ㊺ | 一酸化窒素を空気中の酸素で酸化する。 | $2NO + O_2 \longrightarrow 2NO_2$ | |
| 反応式 ㊻ | 二酸化窒素を温水と反応させる。 | $3NO_2 + H_2O \longrightarrow 2HNO_3 + NO$ | |
| 反応式 ㊼ | オストワルト法全体の反応。 | $NH_3 + 2O_2 \longrightarrow HNO_3 + H_2O$ | |
| 反応式 ㊽ | 硝酸ナトリウムに濃硫酸を加え，加熱する。 | $NaNO_3 + H_2SO_4$ $\longrightarrow HNO_3 + NaHSO_4$ | |

| | | |
|---|---|---|
| 反応式(49) | 黄リンが空気中で自然発火するときの反応。 | $P_4 + 5O_2 \longrightarrow P_4O_{10}$ |
| 反応式(50) | 十酸化四リンを水に溶かして加熱する。 | $P_4O_{10} + 6H_2O \longrightarrow 4H_3PO_4$ |
| 反応式(51) | リン酸カルシウムと希硫酸の反応。 | $Ca_3(PO_4)_2 + 2H_2SO_4 \longrightarrow Ca(H_2PO_4)_2 + 2CaSO_4$ |
| 反応式(52) | 赤熱したコークスに高温の水蒸気を通じる。 | $C + H_2O \longrightarrow CO + H_2$ |
| 反応式(53) | 一酸化炭素の空気中での燃焼。 | $2CO + O_2 \longrightarrow 2CO_2$ |
| ★反応式(54) | 石灰石を加熱する。 | $CaCO_3 \longrightarrow CaO + CO_2$ |
| ★反応式(55) | 二酸化炭素を石灰水に通じる。 | $CO_2 + Ca(OH)_2 \longrightarrow CaCO_3 + H_2O$ |
| 反応式(56) | 二酸化ケイ素を加熱し，炭素と反応させる。 | $SiO_2 + 2C \longrightarrow Si + 2CO$ |
| 反応式(57) | 二酸化ケイ素を水酸化ナトリウムとともに加熱する。 | $SiO_2 + 2NaOH \longrightarrow Na_2SiO_3 + H_2O$ |
| 反応式(58) | 二酸化ケイ素を炭酸ナトリウムとともに加熱する。 | $SiO_2 + Na_2CO_3 \longrightarrow Na_2SiO_3 + CO_2$ |
| 反応式(59) | 水ガラスに塩酸を加える。 | $Na_2SiO_3 + 2HCl \longrightarrow H_2SiO_3 + 2NaCl$ |
| 反応式(60) | ナトリウムと空気中の酸素との反応。 | $4Na + O_2 \longrightarrow 2Na_2O$ |
| 反応式(61) | リチウムと空気中の酸素との反応。 | $4Li + O_2 \longrightarrow 2Li_2O$ |
| 反応式(62) | カリウムと空気中の酸素との反応。 | $4K + O_2 \longrightarrow 2K_2O$ |
| ★反応式(63) | ナトリウムと常温の水の反応。 | $2Na + 2H_2O \longrightarrow 2NaOH + H_2$ |
| 反応式(64) | リチウムと常温の水の反応。 | $2Li + 2H_2O \longrightarrow 2LiOH + H_2$ |
| 反応式(65) | カリウムと常温の水の反応。 | $2K + 2H_2O \longrightarrow 2KOH + H_2$ |
| 反応式(66) | 酸化ナトリウムと水の反応。 | $Na_2O + H_2O \longrightarrow 2NaOH$ |
| 反応式(67) | 酸化ナトリウムに塩酸を加える。 | $Na_2O + 2HCl \longrightarrow H_2O + 2NaCl$ |
| 反応式(68) | 二酸化炭素と水酸化ナトリウムの反応。 | $CO_2 + 2NaOH \longrightarrow Na_2CO_3 + H_2O$ |
| 反応式(69) | 炭酸ナトリウムに塩酸を加える。 | $Na_2CO_3 + 2HCl \longrightarrow H_2O + CO_2 + 2NaCl$ |
| 反応式(70) | 炭酸水素ナトリウムに塩酸を加える。 | $NaHCO_3 + HCl \longrightarrow H_2O + CO_2 + NaCl$ |
| ★反応式(71) | 炭酸水素ナトリウムを加熱する。 | $2NaHCO_3 \longrightarrow Na_2CO_3 + H_2O + CO_2$ |
| 反応式(72) | アンモニアソーダ法全体の反応。 | $2NaCl + CaCO_3 \longrightarrow Na_2CO_3 + CaCl_2$ |
| 反応式(73) | 塩化ナトリウムの飽和水溶液にアンモニアと二酸化炭素を通じる。 | $NaCl + NH_3 + CO_2 + H_2O \longrightarrow NaHCO_3 + NH_4Cl$ |
| ★反応式(74) | 酸化カルシウムと水の反応。 | $CaO + H_2O \longrightarrow Ca(OH)_2$ |

| 反応式⑦ | バリウムと空気中の酸素との反応。 | $2Ba + O_2 \longrightarrow 2BaO$ |
|---|---|---|
| 反応式⑦ | カルシウムと空気中の酸素との反応。 | $2Ca + O_2 \longrightarrow 2CaO$ |
| 反応式⑦ | マグネシウムを空気中で強熱する。 | $2Mg + O_2 \longrightarrow 2MgO$ |
| 反応式⑦ | バリウムと常温の水の反応。 | $Ba + 2H_2O \longrightarrow Ba(OH)_2 + H_2$ |
| ★ 反応式⑦ | カルシウムと常温の水の反応。 | $Ca + 2H_2O \longrightarrow Ca(OH)_2 + H_2$ |
| 反応式⑧ | マグネシウムと熱水の反応。 | $Mg + 2H_2O \longrightarrow Mg(OH)_2 + H_2$ |
| 反応式⑧ | 酸化カルシウムに塩酸を加える。 | $CaO + 2HCl \longrightarrow H_2O + CaCl_2$ |
| ★ 反応式⑧ | 白濁した石灰水に二酸化炭素を通じると白いにごりが消える反応。 | $CaCO_3 + CO_2 + H_2O$ $\rightleftharpoons Ca(HCO_3)_2$ |
| ★ 反応式⑧ | 白濁の消えた石灰水を加熱する，または，鍾乳洞で鍾乳石や石筍ができるときの反応。 | $Ca(HCO_3)_2$ $\longrightarrow CaCO_3 + CO_2 + H_2O$ |
| 反応式⑧ | セッコウを加熱する。 | $CaSO_4 \cdot 2H_2O$ $\longrightarrow CaSO_4 \cdot \frac{1}{2}H_2O + \frac{3}{2}H_2O$ |
| 反応式⑧ | アルミニウムを酸素中で加熱する。 | $4Al + 3O_2 \longrightarrow 2Al_2O_3$ |
| ★ 反応式⑧ | アルミニウムに塩酸を加える。 | $2Al + 6HCl \longrightarrow 2AlCl_3 + 3H_2$ |
| ★ 反応式⑧ | アルミニウムに水酸化ナトリウム水溶液を加える。 | $2Al + 2NaOH + 6H_2O$ $\longrightarrow 2Na[Al(OH)_4] + 3H_2$ |
| 反応式⑧ | 酸化鉄(Ⅲ)とアルミニウムの粉末を混合して点火する。 | $Fe_2O_3 + 2Al \longrightarrow 2Fe + Al_2O_3$ |
| ★ 反応式⑧ | 酸化アルミニウムと塩酸の反応。 | $Al_2O_3 + 6HCl \longrightarrow 3H_2O + 2AlCl_3$ |
| ★ 反応式⑨ | 酸化アルミニウムと水酸化ナトリウム水溶液の反応。 | $Al_2O_3 + 2NaOH + 3H_2O$ $\longrightarrow 2Na[Al(OH)_4]$ |
| 反応式⑨ | 水酸化アルミニウムと塩酸の反応。 | $Al(OH)_3 + 3HCl \longrightarrow 3H_2O + AlCl_3$ |
| 反応式⑨ | 水酸化アルミニウムと水酸化ナトリウム水溶液の反応。 | $Al(OH)_3 + NaOH \longrightarrow Na[Al(OH)_4]$ |
| 反応式⑨ | ミョウバンを水に溶かす。 | $AlK(SO_4)_2 \cdot 12H_2O$ $\longrightarrow Al^{3+} + K^+ + 2SO_4^{2-} + 12H_2O$ |
| ★ 反応式⑨ | 赤鉄鉱と一酸化炭素の反応。 | $Fe_2O_3 + 3CO \longrightarrow 2Fe + 3CO_2$ |
| 反応式⑨ | 酸化カルシウムと二酸化ケイ素との反応。 | $CaO + SiO_2 \longrightarrow CaSiO_3$ |
| 反応式⑨ | 酸化銅(Ⅱ)に希硫酸を加える。 | $CuO + H_2SO_4 \longrightarrow H_2O + CuSO_4$ |
| 反応式⑨ | 硫酸銅(Ⅱ)五水和物を加熱する。 | $CuSO_4 \cdot 5H_2O \longrightarrow CuSO_4 + 5H_2O$ |
| 反応式⑨ | 水酸化銅(Ⅱ)を加熱する。 | $Cu(OH)_2 \longrightarrow CuO + H_2O$ |
| 反応式⑨ | クロム酸イオンの水溶液を酸性にする。 | $2CrO_4^{2-} + 2H^+ \longrightarrow Cr_2O_7^{2-} + H_2O$ |
| 反応式⑩ | ニクロム酸イオンの水溶液を塩基性にする。 | $Cr_2O_7^{2-} + 2OH^-$ $\longrightarrow 2CrO_4^{2-} + H_2O$ |

# さくいん

〔橋爪のゼロから劇的にわかる無機・有機化学の授業　改訂版〕橋爪健作

S4e094